高等职业教育专业教材

动物性食品卫生检验技术

刘秀玲　王中华　主编

中国轻工业出版社

图书在版编目（CIP）数据

动物性食品卫生检验技术/刘秀玲，王中华主编. —北京：中国轻工业出版社，2024.8

高等职业教育"十二五"规划教材

ISBN 978-7-5019-9939-2

Ⅰ.①动… Ⅱ.①刘…②王… Ⅲ.①动物性食品—食品检验—高等职业教育—教材 Ⅳ.①TS207.3

中国版本图书馆 CIP 数据核字（2014）第 227173 号

责任编辑：张　靓　　　责任终审：滕炎福　　　封面设计：锋尚设计
版式设计：王超男　　　责任校对：燕　杰　　　责任监印：张京华

出版发行：中国轻工业出版社（北京鲁谷东街 5 号，邮编：100040）
印　　刷：三河市万龙印装有限公司
经　　销：各地新华书店
版　　次：2024 年 8 月第 1 版第 6 次印刷
开　　本：720×1000　1/16　印张：20
字　　数：405 千字
书　　号：ISBN 978-7-5019-9939-2　定价：46.00 元
邮购电话：010-85119873
发行电话：010-85119832　　010-85119912
网　　址：http://www.chlip.com.cn
Email：club@chlip.com.cn
版权所有　侵权必究
如发现图书残缺请直接与我社邮购联系调换
241542J2C106ZBW

本书编写人员

主　编　刘秀玲　（商丘职业技术学院）
　　　　王中华　（商丘职业技术学院）

副主编　杨玉红　（鹤壁职业技术学院）
　　　　司俊娜　（河南职业技术学院）
　　　　谢　昕　（河南职业技术学院）

参　编　（按姓氏笔画排序）
　　　　张　代　（商丘职业技术学院）
　　　　刘晓倩　（河南牧业经济学院）
　　　　连慧香　（信阳农林学院）
　　　　赵平娟　（山东省农业科学院）
　　　　岳晓禹　（河南牧业经济学院）

前　言

随着我国经济的持续发展以及人民生活水平的日益提高，肉、蛋、乳、水产品等动物性产品及其制品在城乡居民饮食结构中所占比例越来越高。由于生活质量的不断提高，绿色、环保、健康的食品成为人们追求的消费理念。但是腐败变质的、被有害物质污染的、残留农药或有害化学物的甚至掺假的动物性食品，严重地影响着消费者的身心健康。所以，加强动物性食品卫生检验，保证食用安全，是维护消费者利益、保障人类健康的重要保证。

《动物性食品卫生检验技术》是一门综合性、应用性课程配套教材。在编写过程中以动物及其产品的安全为主题、监控为保障、检疫检验为核心，同时也融入了动物性食品卫生检验的最新国家标准；并增加了检验检测的新技术内容。全书共分为四个模块、十三个项目，重点介绍了动物性食品的污染及控制，畜禽的宰前检疫和屠宰加工过程中的卫生检验，屠宰畜禽常见传染病、寄生虫病的检疫检验要点，肉与肉制品、乳与乳制品、蛋与蛋制品及水产品的卫生检验，并对屠宰加工企业的卫生要求做了详细介绍。

本教材是按照教育部高职高专教材建设要求，以适应社会行业需要为目标，针对高职高专学生特点和培养目标，紧密围绕培养高等技术应用型专业人才的要求编写，内容符合"以应用为目的，以必需、够用为度，以讲清概念、强化应用为重点；加强针对性和实用性"的要求。

本教材适合作为高等职业院校畜牧兽医、动物医学、动物防疫与检疫、动物产品加工与检测、食品检测等专业及相关专业的教学使用，也可作为本专业及相关专业人员的参考书。

  本教材在编写过程中得到了兄弟院校领导和老师的大力支持，在此一并表示最衷心的感谢！

  由于编者水平有限，书中错误之处在所难免，敬请同行专家和广大读者批评指正。

编者

目 录

绪论 ………………………………………………………………………… 1
 一、动物性食品卫生检验的任务和作用 ………………………………… 1
 二、动物性食品的安全现状 ……………………………………………… 2
 三、动物性食品卫生检验的发展趋势 …………………………………… 3
 四、动物性食品卫生检验的对策 ………………………………………… 4

模块一　动物性食品安全与卫生管理

项目一　动物性食品污染与控制 ……………………………………… 6
 任务一　动物性食品污染的分类与途径 ………………………………… 6
 任务二　动物性食品污染的危害 ………………………………………… 13
 任务三　动物性食品污染的控制 ………………………………………… 15

项目二　屠宰加工企业的卫生要求 …………………………………… 22
 任务一　屠宰加工企业的选址和布局的卫生要求 ……………………… 22
 任务二　屠宰加工场所的基本条件和卫生要求 ………………………… 31

模块二　畜禽屠宰加工的兽医卫生监督与检验

🔍 **项目一　屠宰畜禽收购与运输检疫** ………………………………………… 37

　　任务一　屠宰畜禽收购检疫 ………………………………………………… 37
　　任务二　屠宰畜禽运输过程中的兽医卫生监督 ………………………………… 40

🔍 **项目二　屠宰畜禽的宰前检疫与管理** ………………………………………… 50

　　任务一　屠畜的宰前检疫 …………………………………………………… 51
　　任务二　家禽的宰前检疫 …………………………………………………… 55
　　任务三　畜禽的宰前管理 …………………………………………………… 56

🔍 **项目三　屠宰加工过程的兽医卫生监督** ……………………………………… 58

　　任务一　屠宰畜禽加工过程的兽医卫生监督 …………………………………… 58
　　任务二　生产人员的个人卫生与防护 ………………………………………… 71

🔍 **项目四　屠宰畜禽的宰后检验与卫生处理** …………………………………… 73

　　任务一　屠宰畜禽的宰后检验 ………………………………………………… 73
　　任务二　组织器官病变的鉴定与卫生处理 …………………………………… 88

🔍 **项目五　常见疫病的检疫检验与处理** ……………………………………… 103

　　任务一　屠畜常见传染病的检疫检验与处理 ………………………………… 103
　　任务二　家禽常见传染病的检疫检验与处理 ………………………………… 121
　　任务三　屠畜常见寄生虫病的检疫检验与处理 ……………………………… 128
　　任务四　家禽、家兔常见寄生虫病的检疫检验与处理 ……………………… 140

项目六 品质异常肉的鉴定与卫生处理 …………………… 144

任务一 性状异常肉的鉴定与卫生处理 ……………………… 144
任务二 掺假和劣质肉的鉴定与卫生处理 …………………… 149
任务三 病死动物肉的鉴定与卫生处理 ……………………… 155
任务四 中毒动物肉的鉴定与卫生处理 ……………………… 157

模块三 畜禽产品的加工卫生与检验

项目一 宰后肉的变化及卫生检验 ………………………… 162

任务一 肉在保藏时的变化 …………………………………… 163
任务二 肉新鲜度的检验 ……………………………………… 171

项目二 肉的加工保藏及肉制品的卫生检验 …………… 176

任务一 肉的冷冻加工和冷藏肉的卫生检验 ………………… 176
任务二 熟肉制品的卫生检验 ………………………………… 187
任务三 腌腊肉制品的卫生检验 ……………………………… 190
任务四 肉类罐头的卫生检验 ………………………………… 192

项目三 乳与乳制品的卫生检验 …………………………… 199

任务一 鲜乳的卫生检验 ……………………………………… 199
任务二 品质异常乳的检验与卫生处理 ……………………… 213
任务三 乳制品的检验 ………………………………………… 219

项目四　蛋与蛋制品的卫生检验 233

任务一　蛋保藏时的变化及新鲜度的检验 233
任务二　蛋制品的加工卫生与检验 246

项目五　水产品的卫生检验 255

任务一　鱼在保藏过程中的变化 255
任务二　鱼与鱼制品的加工卫生与检验 259
任务三　贝甲类的检验 264
任务四　水产品的卫生评价 267

模块四　实训指导

实训一　参观定点屠宰场 272
实训二　屠猪的宰后检验技术 273
实训三　家禽屠宰检验技术 281
实训四　肉的新鲜度检验 283
实训五　大肠菌群的测定 288
实训六　肉制品中亚硝酸盐测定 290
实训七　注水畜禽肉的检验 292
实训八　病死畜禽肉的实验室检验 296
实训九　乳酸度测定、掺假掺杂乳、乳房炎乳的检验 298
实训十　乳中抗生素残留的检验 302
实训十一　鲜蛋的卫生检验 303

参考文献 306

绪 论

动物性食品又称动物源性食品，是指动物生产的肉、蛋、乳等可食性组织及其加工的产品。通过本课程的学习，使学生熟悉动物性食品卫生检验的任务与内容、基本程序、主要方法及相关标准；能根据畜产品质量和安全的要求，对生产中原料、半成品、成品进行检验并做出品质判断。并通过国家职业技能鉴定，获得国家食品检验工、畜产品检验工、畜产品加工等职业资格证书。

一、动物性食品卫生检验的任务和作用

1. 动物性食品中可能存在的有害因素

动物性食品在生产过程中可能存在很多有害因素，如病原体的代谢产物；农药、化学物质及放射性污染；抗生素、激素的残留；口蹄疫病毒、疯牛病的感染性蛋白因子、禽流感病毒、结核分枝杆菌、狂犬病病毒等人兽共患病原体。

2. 动物性食品卫生检验的任务

（1）防止人畜共患病和其他动物疫病的传播和蔓延 通过食用动物及其产品能够感染人的人畜共患病主要有炭疽、结核病、沙门菌病、钩端螺旋体病、布鲁菌病、猪丹毒、狂犬病、口蹄疫、念珠菌病、囊尾蚴病、旋毛虫病、弓形虫病、肉孢子虫病等，动物性食品卫生检验的重要任务之一，就是要把患有人兽共患病的病畜禽及其产品检验出来，进行合理的处理，以防人兽共患病的传播和蔓延。

患病畜禽的产品、副产品及加工废弃物常带有病原微生物。如果处理不当，就会对畜牧养殖业造成严重的威胁，甚至引起动物疫病的发生和流行。

（2）防止食物中毒及有毒有害化学物质通过动物性食品对人体造成危害 动物性食品卫生检验既要重视食品动物活体上是否带有各种微生物，又要加强动物性食品在加工、运输、贮藏、销售等过程中的卫生监督与管理，才能有效地防止食物中毒的发生。同时还要加强动物性食品中有毒有害物质的检测，使人们避免食入含有有毒有害化学物质的动物性食品，保障人类的健康。

（3）维护动物性食品出口贸易信誉，提高动物性食品在国际市场的竞争

力 我国加入世贸组织后，只有提高动物性食品的贸易信誉，才能参加世界贸易竞争，而动物性食品贸易信誉的提高，有赖于建立健全兽医卫生监督机制和采用先进的检验手段予以解决。

（4）为制定和完善我国食品安全法律法规提供科学依据 食品卫生检验在动物性食品安全监督检验和安全评价上，不仅要严格执行国家的法律法规和食品安全标准。同时，还要为我国制定有关食品安全方面的法律法规及安全标准提供科学依据。

（5）提高动物性食品加工企业的经济效益 通过收购时的检疫检验和运输中的监督检查，可以避免购进病畜禽和次劣蛋、乳；通过宰前检疫，做到病、健分宰，可防止病畜禽对健畜禽产品的污染；通过加工过程中的卫生监督和产品的卫生质量检验，可以反映加工过程中存在的卫生质量问题，以便及时纠正，避免因卫生质量问题造成次品或废品而使企业蒙受经济损失。

3. 动物性食品卫生检验的作用

通过研究和进行动物性食品卫生检验，安全而有效地利用各种动物性产品及其副产品，防止各类污染物进入食物链，保护人类生活环境和食品安全。做好从"农场到餐桌"避免残留，制定动物性食品中兽药残留检测的标准方法。

二、动物性食品的安全现状

1. 环境污染引起的残留问题

土壤、水、空气、植物和动物群之间是相互作用的，其中任何一个环节遭到了污染必将导致食物的安全问题。大气污染和农药残留会造成食物链最底层的污染，被吃后在第一级消费者体内残留，以此类推将会最终残留到食物链的顶端——人类的体内，从而造成身体上的伤害。因此，我们必须以可持续发展为基础来发展经济，保护生存环境，保障动物性食品的安全。

2. 违禁药品或饲料添加剂的非法使用

近十年来，随着畜牧业规模化、商业化的发展，兽药及饲料添加剂在畜牧业生产中得到了广泛的应用，降低了动物死亡率，缩短了动物饲养周期，促进了动物性产品产量的增长和动物性集约化养殖的发展。但由于不当或非法使用药物，过量的药物残留在动物体内。当人们食用了残留超标的动物食品后，会在人体内蓄积，产生过敏、畸形、癌症等不良后果，直接危害人体的健康及生命。

3. 微量元素、有毒金属及亚硝酸盐的污染及危害

饲料中某些微量元素或有毒金属污染同样会造成动物的损害，例如铜、锌、砷、铝、汞、铅污染会造成微量元素在动物内脏中累积，直接对使用者产生危害。这些金属元素排入土壤和水源中，最终还是会集中在农产品中，又通过食物链危及动物和人类。例如：砷可引起代谢障碍，首先危害的就是神经细胞，表现为中毒性神经衰弱综合征、多发性神经炎等；铅主要蓄积在人体的骨骼中，最终

可损害神经系统、造血器官及肾脏，常见症状有食欲不振、胃肠炎、口腔金属味、失眠、关节肌肉酸痛、便秘和贫血等，严重者可发生休克或死亡；亚硝酸盐具有强烈的致癌性，少量多次长期摄入或一次过量摄入均可致癌。

4. 肉制品加工过程中带来的污染

在肉制品加工过程中，有些企业不按规定要求，过量使用硝酸盐、亚硝酸盐、色素、调味剂和防腐剂等，恶意使用硫黄、甲醛、双氧水等漂白剂，从而导致有害物质超标。

5. 人畜共患病的蔓延

由于我国地域广大，动物品种繁多，特别是随着市场经济的发展，畜产品市场放开搞活，动物产品流通渠道增多且频繁，各地防疫基础水平普遍不高等因素，致使我国动物疫病流行仍然很严重。特别是疯牛病、口蹄疫、禽流感等，不仅对我国的养殖业造成巨大经济损失，而且会严重影响动物和动物产品的贸易。因此，控制人畜共患病已刻不容缓。

6. 动物性食品源头污染严重，有毒有害物质残留量超标

滥用兽药、饲料添加剂使用混乱、农药残留、食品添加剂滥用等是动物性食品源头污染的常见因素，对消费者的健康构成了严重威胁。因此，对动物性食品进行兽药、饲料添加剂、农药、环境化学有害物质残留量及食品添加剂的检验与监督处理，是动物性食品卫生检验的重要内容。

7. 转基因食品的安全性亟待研究

随着生物技术的发展，转基因动物性食品也陆续出现。转基因动物有生产性能好、生长快、经济效益好等优点，具有良好的发展前景。但转基因食品的安全性问题至今尚无结论，是当前和今后动物性食品卫生学研究的热点和重点问题。

三、动物性食品卫生检验的发展趋势

可概括为"前景广阔、任重道远"。当种植业发展到一定程度，温饱问题解决后，人们对动物性食品的追求呈现多元化、高质量化，要求畜牧业大力发展，为人类提供更多优质、安全的动物性食品。为此，必须尽快实现动物及动物产品检验检疫工作的正规化、程序化和法制化。

1. 加强产品产地的环境监管，从源头把好质量关

动物饲养场应选择在无工业污染、环境安静之处，防止工业废水、废气、废渣和噪声对动物的侵害；保证饮水清洁，水质良好，防止农药、化肥及其他有毒物质污染水源；圈舍建设要标准化设计和施工，做到地面硬化、粪便易除、光线充足、通风良好，能防暑防寒；及时清除和处理粪便、更换垫草、冲洗圈舍、定期消毒，保持畜体卫生。

2. 加强监管，限制兽药及违禁药物的使用

20世纪90年代，国家曾实施过"放心肉"工程，但当初的"放心肉"仅仅

局限于确保畜禽无病残留和注水肉的问题，根本没有涉及药物残留和非法使用违禁药物的问题。因此，政府职能部门必须高度重视新的历史条件下的畜产品安全建设，特别是药物残留检测标准的建设，具有十分重要的历史意义。

3. 建立大的企业或联合体

以发展规模养殖场、食品加工厂为重点，引入现代企业管理理念和现代生产方式，建立大的企业或联合体，创立自己的品牌。小作坊式的工厂生产规模小、资金少、没有统一的操作规程、专业技术水平低，可以走联合体的形式，统一管理，制定统一的行业标准和规范，在饲养、加工、运输和包装等环节中严格执行操作规程，杜绝污染。

4. 加强检疫监督

为了确保消费者吃上放心畜产品，加强养殖环节监管，把检验检疫关口前移，在畜产品上市前，按国家有关法规和标准严格检验检疫，同时完善畜产品质量追溯制度。加强流通环节的监督检查，逐步提高检疫手段和方法，确保畜产品的安全。

5. 加强法制管理，从根本上解决动物性食品安全的问题

《中华人民共和国动物防疫法》和《中华人民共和国进出境动植物检疫法》是动物的引进、流通、饲养管理以及产品销售等各个环节应遵循的兽医规定，应在基层大力宣传，提高养殖者和经营者的法制观念，一旦发现违法、违规现象应加大力度、严格处理。

四、动物性食品卫生检验的对策

1. 建立和完善动物疫病的监测与预警系统

利用影响动物性食品安全的人兽共患病监测技术，开展流行病学监测，结合网络信息技术、分析技术实现食源性人兽共患病的监测、预报系统，实现资源和信息共享，有利于及时、快速地把握人兽共患病的流行规律和疫情信息，对防止疫病进入食物链起着重要的作用。

2. 建立和完善动物性食品检测技术

开展动物性食品中病原体检测技术及化学污染物监测技术的研发与技术储备，建立和完善相关人兽共患病和化学污染物残留检测技术体系，包括动物防疫监督、饲草饲料质量监测、兽药疫病监测和畜牧兽医器械质量监测等体系，是畜牧业健康可持续发展的重要保障。

3. 建立统一协调的管理、监督和检测机构

实现医学、兽医卫生相衔接的公共卫生体系，制定出综合防控计划，统一协调行动。有相应的单位和实验室人员参与，加强合作，优势互补，联防联控，使得影响生态产业链的各个环节的风险降低到最小。

4. 建立风险评估体系

根据不同地域经济文化、生活习惯等因素对动物性食品生产、消费进行风险

评估，有相应的资料储备，进行风险分析评估，为作出合理决策和提高处理应急突发事件效率提供试验数据。

5. 加强兽医相关人员培训

加强兽医相关人员技术和管理方面的培训，使专业技术人员具有检查来自动物风险型的食品和分析病原传染风险等能力，并能制定与食品安全标准相关的一些风险处理方案。

6. 加强对动物性食品生产经营企业的监管

保证动物性食品的卫生和安全，是动物性食品生产经营企业责无旁贷的义务。应大力推行GMP和HACCP管理系统，以促使食品生产经营企业对食品的生产经营过程实施全面质量控制，确保最终产品的安全卫生。规范加工企业的从业资格，推广和完善定点屠宰制度，确保动物福利制度的实施，逐步形成以加工企业为中心的动物性食品产销体系。

7. 提高消费者和养殖者的食品安全意识

养殖者是动物性食品生产的主体，加强养殖者的教育培训，增进环保意识，引导他们生产绿色安全食品，进而从源头上控制食品安全。在西方一些国家，饲养者必须参加由国家组织的统一培训学习，经过一定时间的农业科技知识与相关规程培训，才能从事种、养殖业生产。在我国也应加大对从业者的培训力度，坚决杜绝劣质畜产品或患病动物直接进入市场。

模块一　动物性食品安全与卫生管理

项目一　动物性食品污染与控制

知识目标
1. 理解动物性食品污染的概念和分类；
2. 理解动物性食品污染的来源和途径；
3. 理解动物性食品污染的危害。

技能目标
1. 掌握动物性食品污染的控制；
2. 掌握常用的动物性食品污染的评价指标。

任务一　动物性食品污染的分类与途径

一、动物性食品污染的概念

1. 食品污染

食品污染按世界卫生组织的定义是指：食物中原来含有或者加工时人为添加的生物性或化学性物质，其共同特点是对人体健康有急性或慢性的危害。

2. 动物性食品污染

动物性食品污染是指肉、乳、蛋、水产品及其制品受到了上述有害物质的污染，以致使食品的卫生质量下降或对人体健康造成不同程度的危害。广义地说，食品在生产（种植、养殖）、加工、运输、贮藏、销售、烹调等各个环节，混入、残留或产生不利于人体健康、影响其食用价值与商品价值的因素，均可称为动物性食品污染。

3. 食品污染的特点

（1）污染源除了直接污染食品原料和制成品外，多半是通过食物链逐级富集的；

（2）造成的危害，除了引起急性疾患外，更可积蓄或残留在体内，造成慢性损害和潜在性的威胁；

（3）被污染的食品，除少数表现出感官变化外（如细菌污染），多数不能被感官所识别；

（4）常规的冷、热处理不能达到绝对无害，尤其是有毒化学物质造成的污染。

二、动物性食品污染的分类

按污染的来源与方式可分为内源性污染和外源性污染两大类；按污染源的特性可分为生物性污染和非生物性污染两大类。目前，一般按污染物性质的不同，将其分为生物性污染、化学性污染及放射性污染三大类。

（一）生物性污染

生物性污染（biological pollution）是指微生物、寄生虫和昆虫对动物性食品的污染。

1. 微生物污染

细菌与细菌毒素、霉菌与霉菌毒素和病毒是造成食品生物性污染的最重要因素。动物性食品中的微生物，包括人兽共患传染病的病原体，以食品为传播媒介的致病菌及病毒，以及引起人类食物中毒的细菌、真菌及其毒素。如炭疽杆菌、沙门菌、布鲁菌、葡萄球菌及其肠毒素、黄曲霉菌及黄曲霉毒素、口蹄疫病毒、禽流感病毒等。

2. 寄生虫污染

寄生虫污染主要是那些能引起人患共患寄生虫病的病原体，通过动物性食品使人发生感染。常见的有猪肉和牛肉的囊尾蚴、旋毛虫、弓形虫、棘球蚴、细颈囊尾蚴、姜片吸虫、卫氏并殖吸虫、华支睾吸虫、肉孢子虫等。

3. 昆虫污染

昆虫污染主要是指在肉、鱼、蛋等动物性食品中的蝇蛆、酪蝇、皮蠹等。使食品感官性状不良、营养价值降低，甚至不能食用等。

（二）化学性污染

化学性污染（chemical pollution）是指各种有毒有害化学物质对动物性食品

的污染。包括各种有毒的金属、非金属、有机化合物和无机化合物等。化学物质污染所涉及的范围较广，情况也较复杂，按污染来源，主要可分为以下几类。

1. 兽药残留

食品中兽药残留立法委员会（Codex Committee on Residues of Veterinary Drugs in Foods，CCRVDF）认可的兽药是指治疗、预防或诊断目的，或者为改变生理功能或行为而用于肉用动物（meat - producing animals）或泌乳动物（milk - producing animals）、畜禽、鱼或蜂等任何食用动物的任何物质。

由于兽药的广泛应用，肉、蛋、乳及水产品中含有各种兽药残留是不可避免的。所谓兽药残留，按 CCRVDF 所下的定义是指动物产品（animal product）的任何食用部分（edible portion）所含兽药的母体化合物及（或）其代谢物，以及与兽药有关的杂质的残留。动物性食品中的兽药残留量虽然很低，但对人体健康的潜在危害却甚为严重，而且影响深远，因而已引起人们的广泛关注。

药物残留，大都是用药错误造成的，其主要原因如下：

（1）不正确地应用药物，如用药剂量、给药途径、用药部位和用药动物的种类等不符合用药规则，这些因素有可能延长药物残留在体内的时间，从而需要增加休药的天数；

（2）在休药期结束前屠宰动物；

（3）屠宰前用药掩饰临诊症状，以逃避宰前检疫；

（4）以未经批准的药物作为添加剂饲喂动物；

（5）药物标识不当即药物标签上的用法指示不当，造成违章残留药物；

（6）饲料污染，如饲料粉碎设备受污染或将盛过抗菌药物的容器用于贮藏饲料；

（7）肉用动物饮入厩舍粪尿池中含有抗生素等药物的废水和排放的污水（如猪经常摄入这种污水）。

2. 农药残留

农药（pesticide）是指用于控制和消灭危害动植物的害虫、病菌、病毒、鼠类、除草剂和调节植物生长的各种药物。农药被广泛用于农业、林业、畜牧业、渔业、卫生等多个领域，对促进增产丰收、除害灭病、保护人类健康起着重要的作用。但多数农药对人畜都有不同程度的毒性，引起一系列的毒副作用（有机氯农药、有机磷农药）。

农药的生产和使用过程中均可污染环境，如农药厂的废气、废水、废渣的排放和使用农药时，均可对空气、水和土壤造成污染，然后通过农作物的吸收，使粮食或畜禽饲料、饲草中的农药浓度大大提高。如果农药使用不当，或保管不严，直接或间接地污染了食品，人们食用后，有可能发生急性中毒；或者是家畜、畜禽长期食用含有农药的饲草、饲料，农药就会在畜禽体内蓄积，这些畜禽作为人类的食品时，就会造成对人体健康的危害，引起慢性中毒或慢性损害（有机氯农药）。

3. 工业"三废"

随着工业的快速发展，很多种类的有毒化学物质进入了人类生活和劳动的环境中。据统计，美国每年进入市场的新的化学物已超过 500 多种，其中包括药物和其他环境化学物质。

在工业生产的过程中，产生大量的工业"三废"（即废气、废水、废渣）。其中有许多有害的化学物质，随着"三废"的排放，使水、土壤和空气等自然环境受到污染。

还有被称为"化学艾滋病毒"、"世纪之毒"的二噁英就是燃烧天然及化学物过程中产生的有毒物质。肉用畜禽以及水产动物生活在这样的生活环境中，长期受到有毒物质污染的影响，这些有毒物质就会在其体内蓄积，成为被污染的动物性食品。

工业"三废"中排出的有害物质主要有汞、铅、镉、铬、砷等金属毒物和氟化物、多氯联苯等非金属毒物。

（三）放射性污染

自从地球形成以来，自然界就存在着放射性核素（radionuclide）。这些天然放射性核素构成了自然界的天然辐射源，其中参与外环境和生物体之间的物质交换，并存在于动植体内的放射性核素，就构成了食品的天然放射性本底（radioactive background）。食品吸附吸收外来的放射性核素，当其放射性高于天然放射性本底时，称为食品的放射性污染（radioactive pollution）。

近几十年来，原子能的利用在逐年增加，放射性核素在医学和科学实验中的广泛应用，使人类环境中放射性物质的污染急剧增加，从而通过食物链进入人体，威胁着人类的健康。因此，调查研究和防止放射性物质对食品的污染，已成为食品卫生学的重要课题。

三、动物性食品污染的来源与途径

动物性食品都是来自畜禽和水生动物，受各种污染的机会很多，其污染的方式、来源及途径也是多方面的。总的来说可分为两方面，即内源性污染和外源性污染。

（一）内源性污染

食用动物在生前受到的污染，称为内源性污染（endogenous pollution），又称第一次污染。根据污染物的不同，内源性污染又可分为以下三种。

1. 内源性生物性污染

凡动物体在生活过程中，由本身携带的微生物或寄生虫而造成食品污染的，称为内源性生物性污染。引起动物性食品内源性生物性污染的原因有以下几个方面。

(1) 畜禽在生前感染了人兽共患病　受到病原体污染的肉、蛋、乳就成了人类感染人兽共患病的传播媒介。

(2) 畜禽在生前感染了固有的疫病　畜禽在生前感染的固有的疫病虽不感染人，但由于患病机体抵抗力降低，正常存在于肠道的某些微生物，如大肠埃希菌和沙门菌等就乘机而入，引起继发性感染。人们食用了这种禽肉后，有可能发生食物中毒，这在公共卫生上具有重要的意义。如果对这些病畜禽肉及其废弃物处理不当，则会引起畜禽疫病的流行，给畜牧业造成极大的危害。

(3) 畜禽在生活期间带染了某些微生物　在正常情况下，一些微生物（如大肠埃希菌等）可存在于动物体的某些部位（如消化道、呼吸道、泌尿生殖道等），在正常生理条件下，这些微生物对于维持机体消化道、呼吸道等的微生态平衡起着很重要的作用。但是，当动物在屠宰前处于不良条件（如长途运输、过劳、饥饿等），机体抵抗力降低时，这些微生物便侵入肌肉、肝脏等部位，造成肉品的污染，在一定条件下又成为肉品腐败变质和食肉中毒的重要原因。

2. 内源性化学性污染

由于化学工业的发展，大量化学物质在工业、农业、医疗卫生以及日常生活等各个方面的广泛的应用，一些有毒的化学物质，它们常以液体（液滴）、气体（气雾）或固体（颗粒）的形式存在于周围环境中，再通过食物链，最终进入人体。由于食物链中每一环节的生物，都有蓄积和浓集环境化学毒物的作用，所以这些食品被人摄入后，即会产生毒性作用。如农药污染农作物、湖水（鱼、虾可使滴滴涕浓集150万～300万倍，当这种鱼、虾被水鸟食入体内后，又可浓缩12万倍以上）。

医药用的化学制剂、抗菌制剂（砷制剂、汞制剂）与工农业生产用的重金属毒物都能在畜禽及水生动物生活期间蓄积于体内，造成动物性食品的内源性污染。

再如"垃圾猪"的问题，所谓垃圾猪是指靠吃各种垃圾长大的猪。这种垃圾猪体内含有有害成分，尤其是重金属的含量严重超标。有人对垃圾猪的血液、肝脏、猪油、肥肉、瘦肉中的重金属含量进行检测，发现"垃圾猪"脂肪中砷的含量比对照猪高出13倍，铅高出8倍，猪肝中铜较对照猪高出1倍。在对照猪肝中未检出铅、汞、铬，而在垃圾猪肝中均有检出。

3. 内源性放射性污染

环境中的放射性物质可通过多种途径进入水生动物和畜禽体内，使动物性食品受到放射性污染。

水生生物对放射性物质具有很强的浓集作用，这在食品卫生上很重要。环境中放射性核素通过牧草、饲草、饲料和饮水等途径进入畜禽体内，并蓄积在相应的组织器官中。乳和蛋是人类重要的动物性食品，它们受到放射性污染后，对人类的健康危害很大。

（二）外源性污染

动物性食品在其加工、运输、贮藏、销售、烹饪等过程中受到的污染，称为外源性污染（exogenous pollution），又称第二次污染。外源性污染在动物性食品的微生物污染方面，具有重要的卫生学意义。

1. 外源性生物性污染

动物性食品在加工、运输、贮藏、销售、烹饪等过程中，不遵守操作规程，使其受到微生物等的污染，称为外源性生物性污染，这是动物性食品受微生物污染的主要途径之一，其污染的来源和原因如下：

（1）通过水的污染　各种天然水源（包括地下水和地表水）除含有自然的水栖微生物外，还受周围环境的影响，如生活区污水、医院污物、厕所、动物圈舍等的污染，致使水中出现致病性微生物，这样的水就成了动物性食品微生物污染的主要来源之一。

不论何种食品加工企业或经营部门，其生产用水必须符合《生活饮用水卫生标准》（GB 5749—2006），并对用后的污水进行无害化处理。

（2）通过空气的污染　空气中的微生物分布是不均匀的，是受气候和周围环境影响的。动物性食品受空气中微生物污染的数量，是与空气污染的程度成正比关系的。空气中的微生物随着风沙、尘土飞扬或沉降，而附着于动物性食品上。此外，在讲话、咳嗽或打喷嚏时，带有微生物的痰沫、鼻涕与唾液的飞沫，可以随空气直接或间接地污染动物性食品。

（3）通过土壤的污染　在自然界中，土壤是含微生物最多的场所，1g 表层泥土可含有微生物 $10^7 \sim 10^8$ 个，常为动物性食品污染的主要来源。土壤中除正常的自养型微生物外，还可由于病人和患病动物的排泄物、动物尸体，以及屠宰加工废弃物、污水等使土壤中带染各种致病性微生物。此外，土壤本身还存在着能够较长期生活的致病性微生物，如肉毒梭菌等。

肉品在加工、运输、贮藏、烹调的各个环节中，如果直接落地接触土壤，就会造成微生物污染。这些沾上土壤中腐物寄生菌群的肉品，很容易发生腐败变质。若污染上病原微生物，则可对人体健康造成危害。

（4）生产加工过程的污染　生产加工过程对动物性食品的污染是多方面的，几乎每个生产加工环节都能造成动物性食品的微生物污染。如动物皮毛上的微生物、肠内容物中的微生物，如果加工中操作不当就会污染肉品；又如，挤乳过程中牛体表及乳房未经清洗、挤乳工人的手或挤乳器在挤乳前未经严格清洗和消毒，就可能将微生物带入乳汁中；食品加工人员患有呼吸道或胃肠道传染病等。

（5）运输过程的污染　在运输过程中常常由于违反操作要求而造成微生物的严重污染。如运输车辆不清洁、用前未经彻底清洗和消毒、运输途中，包装破损或没有盖紧奶桶等，以致使食品在运输过程中受微生物的污染。

（6）保藏过程的污染　由于环境被微生物污染而造成食品的污染。例如，将肉类贮存于阴冷潮湿、霉菌孳生的仓库内，致使肉品受到霉菌的污染；或存于露天广场，受到风尘中微生物的污染。

（7）病媒害虫的污染　苍蝇、老鼠、蟑螂等均带有大量的微生物，特别是致病性微生物。有学者证实，一只家蝇，身体表面可带细菌达数百万个，而其肠道内可含细菌达数千万个。另有学者证实，有8%的苍蝇肠道内带有志贺菌，甚至在苍蝇肠道内有炭疽杆菌存在。鼠类的粪、尿中常有沙门菌、钩端螺旋体等病原微生物。

2. 外源性化学性污染

动物性食品在加工、运输、贮藏、销售和烹饪过程中受到的有毒有害化学物质的污染，称为动物性食品外源性化学性污染。这是动物性食品受有毒化学物质污染的另一个重要方面。

（1）空气中有毒化学物质对动物性食品的污染　燃料燃烧所排出的废气，工厂生产中的有毒化学物质随工业废气排入空气。这些有害气体，又在气流作用下，逐渐向周围扩散，自然沉降或随雨滴降落在动物性食品上，就可造成动物性食品的污染。

（2）水中有毒化学物质对动物性食品的污染　水中不仅存在着生物性污染，而且也存在着严重的化学性污染问题。水的化学性污染来源主要是未经处理的工业废水、屠宰废水和生活污水，油轮漏油，农药及沉积于水源底质的一些重金属毒物等。如无机物（汞、镉、铅、砷、钡、铬、钒等重金属类及氧化物、氟化物等）；有机物（有机氯农药、有机磷农药、多氯联苯、合成洗涤剂、多环芳烃、酚类等）。食品加工用水受到污染。

（3）土壤中有毒化学物质对食品的污染　土壤是各种废弃物的天然收容所，所以土壤的污染与动物性食品卫生也有着密切的关系。土壤中污染的有毒化学物质主要来源于工业"三废"、农药、化肥、垃圾、污水等。当动物性食品在加工、运输、贮藏过程中，接触了这种被污染的土壤，或风沙尘土沉降于食品表面，就会造成化学性污染。如汞、铅、镉、铬、铜、锌、锰、镍、砷等重金属元素和有机氯、有机磷等。

土壤、空气、水的污染都不是孤立的，而是相互关联的。污染物质在三者之间相互转化和迁移，往往形成环境污染的循环，从而造成有毒化学物质对食品的直接或间接污染。

（4）运输过程造成有毒化学物质对动物性食品的污染　食品与化学药品、农药等同车混装运输，则更容易造成食品的污染。在市内短途运输多用三轮车、平板车运输，无防护设备，易受灰尘、泥沙、雨水中化学物质的污染。

（5）生产加工过程造成有毒化学物质对动物性食品的污染　主要是食品添加剂的不合理使用，从而造成有毒化学物质对动物性食品的污染。绝大多数食品添加剂都是化学物质，对人或多或少都有一定的毒性。另外，在食品加工过程中，也会产生像苯并（α）芘、N-亚硝基化合物。食品包装材料选择不当，也会造成动物性食品的污染。

任务二 动物性食品污染的危害

动物性食品污染对人体健康造成的危害除了急性损害、慢性损害外，还可造成致突变、致畸和致癌作用。因此，必须采取有效措施来防止动物性食品的污染。

一、生物性污染的危害

(1) 引起人类的感染性疾病　人兽共患传染病和寄生虫病。
(2) 微生物性食物中毒　引起食物中毒的细菌、真菌及其毒素。
(3) 动物性食品的腐败变质　微生物、寄生虫、昆虫等使食品的品质降低，或变为不能食用的状态。

二、化学性污染的危害

化学性有毒物质的危害，随化学有毒物的种类及污染量的不同，对人体产生的毒性作用有急性中毒、慢性中毒和致癌、致畸、致突变等。这里着重介绍在进食后很快就引起病理反应的部分有毒化学物质引起的急性中毒。

1. 砷化物中毒

元素砷的毒性极小，但其化合物的毒性很强，其中尤以 As_2O_3（俗称砒霜或信石）的毒性最强。砷化物引起中毒的原因主要是误食了用含砷毒饵诱杀的动物或毒死的畜禽肉或滥用含砷高的食品添加剂等。砷化物中毒的临床症状为，开始自觉胃部极度不适，同时感觉口腔、咽喉、食道及心窝部呛辣烧灼，难以忍受，继而流涎，恶心，剧烈呕吐，腹痛，腹泻；少尿，蛋白尿或血尿；血压下降，心搏无力；眩晕，头痛，意识模糊，四肢麻木，感觉迟钝甚至消失等，严重时死亡。

2. 有机磷中毒

有机磷农药的品种多，应用范围广，有些品种对人的毒性很强，在存放和使用过程中如不注意，就可能污染食品，进而引起消费者食物中毒。引起有机磷中毒的原因主要有误食了被有机磷农药毒死的畜禽肉、野生动物肉及水产品等，其次是运输过有机磷农药的车船或盛过有机磷农药的容器又运输或盛装食品后，人们食入受污染的食品而发生中毒。

有机磷农药中毒的潜伏期短，多在摄入后 30min 左右发病。其中毒症状可分为 3 种类型：

(1) 毒蕈碱样症状　这类症状出现最早，主要表现为平滑肌和腺体活动增强，因而出现恶心、呕吐、腹痛、腹泻、流泪、流涎、多汗甚至大汗淋漓；继而视物不清、瞳孔缩小，中毒晚期瞳孔散大；呼吸困难、血压升高、心跳加快，甚至发生肺水肿、缺氧、大小便失禁，最后可因呼吸衰竭而死亡。

（2）烟碱样症状　主要表现为骨骼肌兴奋。一般多从颜面、眼睑和舌肌等肌肉震颤开始，继而发展为肌肉跳动、痉挛、牙关紧闭、颈项强直，病情严重者发展至全身肌肉抽搐和肌肉麻痹。

（3）中枢神经系统症状　主要表现为头晕、头痛、烦躁、意识障碍、阵发性惊厥，甚至昏迷，最后多因呼吸中枢衰竭而死亡。

3. 锌中毒

锌中毒最常见的原因是锌容器或工具的锌溶入酸性食品中而引起，即使盛放弱酸性食品，锌也会溶于食品中；其次是误食了磷化锌农药所拌毒饵毒死的野生动物或畜禽肉而引起中毒。

潜伏期数分钟至1h。病人多先自觉口腔（特别是咽喉部）和胃部有紧束感及烧灼感，继而出现恶心、呕吐、腹痛、腹泻、全身无力、四肢冰凉、出冷汗、吞咽困难。病情严重者发生休克。

4. 有机氟中毒

有机氟是一类内吸性杀虫剂，用于防止农林虫害和鼠害，效果很好。但人类也可误食被其污染的食品或毒死的动物肉而发生食物中毒。

有机氟中毒的潜伏期短者30~120min，长者15h左右。临床表现为头晕、头痛、视力模糊、恶心、呕吐、口渴、上腹部有灼烧感、腹痛、体温下降、疲乏无力、四肢麻木等。病情严重者可发生心肌损害、心律紊乱、血压下降、烦躁不安、四肢冰凉、神志不清、惊厥、痉挛，最后有的病人可出现肠麻痹、大小便失禁、呼吸和循环衰竭等。

5. 亚硝酸盐中毒

引起亚硝酸盐中毒的原因主要是腌腊肉品使用过量亚硝酸盐，或腌制肉时亚硝酸盐没混均匀，都可使腌腊肉品消费者发生中毒。

亚硝酸盐食物中毒的潜伏期短者3~15min，长者1~3h。主要症状为嘴唇、指甲以及全身皮肤出现紫绀等组织缺氧症状，并有头晕、头痛、呕吐、腹泻、心率加速、呼吸急促和语无伦次等症状，严重者瞳孔散大、两眼上翻、意识模糊、惊厥、抽搐、大小便失禁、嗜睡，甚至休克、昏迷，如治疗不及时或不得当，病人均可能在昏迷中因呼吸衰竭而死亡。

三、放射性污染的危害

动物实验及现场人群调查研究证明，人和动物在大剂量照射情况下，可以发生放射病，并可致死。一次较大剂量或长期小剂量照射，均能引起慢性放射病和长期效应，如血液学变化，性欲减退，生育能力障碍，以及发生肿瘤和缩短寿命等。很早就有放射性物质引起人体肿瘤的报道，如 X 射线引起皮肤癌，接触放射线物质的工人发生肝癌等。

放射性物质对食品污染的途径主要有以下两条。

1. 通过食物链

进入大气的放射性尘埃，随气流和雨水扩散，大部分会沉降到江河湖海和大地表面，污染水域和植被，然后通过作物、饲料、牧草等进入畜禽体内，通过水体进入水产动物体内，最终以食品途径进入人体。而各种放射性物质经食物链进入人体的转移过程，会受到诸如放射性物质的性质、环境条件、动植物的代谢情况和人的膳食习惯等因素的影响。

2. 污染水体

放射性物质污染的另一问题是对水体的污染，水域面积占地球面积三分之二以上，可以说是核试验放射性物质的主要受纳体，也是核动力工业放射性物质的受纳体。水体中的水生生物对放射性核素有明显的富集作用，浓集系数可达 $10^3 \sim 10^4$。进入水域的放射性核素，一部分被水吸收后消除，一部分被水生生物吸收、富集并随食物链转移。

任务三　动物性食品污染的控制

动物性食品污染的控制是指对动物性食品及其原料进行污染源、污染种类和污染量的定性和定量评定，确定其食用安全性，并制定切实可行的预防措施的过程。其评价体系包括各种检验规程、卫生标准的建立，以及各种污染因子对人体潜在危害性的评估进口动物性食品的风险评估。动物性食品的安全性评价体系的完善与否，是一个国家社会文明程度和经济发达程度的标志。

一、动物性食品污染控制的分类

（一）生物性污染控制

1. 防止内源性污染

（1）科学管理，提高动物抗病能力；

（2）保护环境，建立无病害畜禽群体；

（3）积极开展动物疫病的预防、控制和动物及动物产品检验检疫工作；

（4）对动物及动物产品实施可追溯管理；

（5）做好动物疫病特别是人畜共患病的诊治工作；

（6）对动物尸体必须进行无害化处理。

2. 防止外源性污染

（1）加强对动物性食品加工、包装、贮藏、流通等环节的监管力度，防止二次污染；

（2）在动物屠宰、乳制品加工实行从原料到产品的全过程质量安全监控；
（3）生产用水要符合《GB 5749—2006 生活饮用水卫生标准》的规定；
（4）加工场地、设备、运输器材、包装材料要严格按国家卫生标准要求；
（5）从业人员定期体检，对患传染病的人员坚决清除；
（6）各级动物卫生监督机构加强对动物产品的检验和加工过程的监督。

（二）畜禽标识和可追溯体系建设

动物标识及可追溯体系是以新型的动物标识为载体，以现代信息网络技术为手段，通过标识编码、标识佩戴、身份识别、信息录入与传输、数据分析和查询，实现动物及其产品从田园到餐桌的安全监管（即 HACCP 控制系统），为动物疫病防控和动物性食品质量安全控制提供可靠的科学依据。

1. 动物标识申购与发放管理系统的建立

该系统（HACCP）关系着控制系统的成败，应由国家动物疫病控制中心根据省级机构上报的信息统一进行编码、并制定生产厂家下达生产命令进行生产，同时全程监控具体情况，各级各有关单位应按发放、接收和回收程序进行痕迹管理。

2. 动物生命周期全程监控系统

该系统（HACCP）是控制系统的重要组成部分，通过对动物的饲养信息、防疫档案、检疫证明和监督数据传输到中央数据库，运用这一信息和动物的唯一编码，可实现快速、准确地追溯到原产地及同群畜，从而达到控制动物性食品污染的目的。

二、动物性食品生物性污染的评价指标

（一）细菌菌相

动物性食品的细菌菌相是指动物性食品被细菌污染后共存于食品中的细菌种类及其相对数量的构成。其中相对数量较大的细菌称之为优势菌种（属、株）。

食品在细菌作用下所发生的变化程度和特征，主要取决于菌相，特别是优势菌种。菌相又因细菌污染来源、食品的理化性质、环境条件和细菌间共生与抗生等因素的影响而不同，所以通过食品性质及其所处条件的调查，可预测食品菌相，而检测食品菌相又可对食品的变化程度和特征作出估计。

（二）菌落总数与细菌总数

动物性食品中污染细菌的数量通常指的是每克或每毫升中或每平方厘米面积食品上的细菌数目而言，并不考虑其种类。由于所用检测计数方法的不同而有两种表示方法：

1. 菌落总数

菌落总数即在严格规定的条件下（样品处理、培养基及其 pH、培养温度与时间、计数方法等），使适应这些条件的每一个活菌细胞必须而且只能生成一个肉眼可见的

菌落，这种计数结果称为该食品的菌落总数。菌落总数的单位为个/g（mL，cm²）。

2. 细菌总数

细菌总数即是将食品经过适当处理（溶解和稀释），在显微镜下对细菌细胞数进行直接计数，其中包括各种活菌，也包括尚未消失的死菌，这种计数结果称为细菌总数。

我国食品安全标准中常采用菌落总数。

有的食品当细菌数达到 $10^6 \sim 10^7$ 个/g 时，即能从感官上发现变质。食品中细菌数量越多，则将加速其腐败变质。有人认为，菌数达 $10^6 \sim 10^7$ 个/g 的食品，即可能引起食物中毒。

由上可见，食品中细菌数量主要有两方面的食品卫生意义：一方面，食品中含有细菌数量的多少，可以反映出食品被污染的程度，对食品卫生质量的评定，具有重要的参考价值。也就是说，食品中细菌数量愈多，说明食品污染愈严重，愈不新鲜；细菌数量愈少，说明卫生质量愈好。另一方面，可根据细菌数量的多少，来预测食品的贮存程度和时间。

尽管食品中细菌的数量对评定食品的新鲜度和卫生质量起着一定的指标作用，但要作出比较正确的判断，还必须配合大肠菌群最可能数的测定和其他项目的检验。

（三）大肠菌群

大肠菌群系指一群在 37℃、24h 能发酵乳糖、产酸、产气、需氧和兼性厌氧的革兰阴性无芽孢杆菌。它包括肠杆菌科中的 4 个属，即大肠埃希菌属、柠檬酸杆菌属、克雷伯菌属及肠杆菌属。大肠菌群的细菌主要来源于人畜粪便，故以此作为粪便污染指标来评价食品的卫生质量，具有广泛的卫生学意义。

最初大肠菌群仅作为水源受粪便污染的指标菌，后来在食品卫生中引入了大肠菌群的概念，现已广泛应用于世界上许多国家，其中也包括我国在内，以大肠菌群作为食品被污染的指标细菌。根据所含大肠菌群数的多少来判定食品的卫生质量，如大肠菌群数越多，表示受粪便污染的程度越大，受肠道中病原菌污染可能性也越大。因此，为确保动物性食品的卫生质量，就必须要求尽可能使大肠菌群的数量降低到最小的程度。

要求动物性食品中完全不存在大肠菌群，实际上是不可能的，重要的是它的污染程度。

我国和许多国家食品的大肠菌群数均以每 100mL（g）检样中大肠菌群最可能数（Most probable number，MPN）表示。在我国的食品卫生标准中，对一些动物性食品的大肠菌群 MPN 都作了明确的规定，不得超出。在规定指标以内的食品，经过人们的长期食用，证明基本是安全的。

（四）致病菌

此处所说的致病菌主要是指肠道致病菌和致病性球菌。现行《食品安全国家

标准　食品微生物学检验》（GB 4789.4～4789.14—2010）中包括沙门菌、志贺菌、致泻大肠埃希菌、副溶血性弧菌、小肠结肠炎耶尔森菌、空肠弯曲菌、金黄色葡萄球菌、溶血性链球菌、肉毒梭菌及其肉毒毒素、产气荚膜梭菌、蜡样芽孢杆菌等11种。在《变形杆菌食物中毒诊断标准及处理原则》（WS/T 9—1996）中，变形杆菌亦为食物中毒性病原菌。食品的种类不同，检验何种致病菌各有侧重。我国规定，在食品中不得检出致病菌。

（五）寄生虫

目前，从食品卫生角度来讲，在食品中不得检出寄生虫虫体和虫卵。在《GB 16548—1996 畜禽病害肉尸及其产品无害化处理规程》中已明确规定了应进行无害化处理的寄生虫病肉尸及其产品。

三、化学性污染控制及评价指标

目前我国滥用兽药的情况较严重，而且尚无关于各种药物及化学物质的允许残留量及休药期方面的具体规定。为了满足当前我国畜牧业生产以及动物性食品出口贸易的需要，生产实践中可参考美国、欧盟等制定的食用动物组织（或产品）中药物和化学物质的允许残留量、应用限制及休药期等。农残控制主要是：①合理使用农药；②使用国家规定标准的动物体表杀虫剂；③动物饲料农残要符合卫生标准的规定；④加强农药监督管理；⑤建立健全农药残留限量标准；⑥动物卫生监督部门应加强对农药残留的检测。兽药残留的控制主要是：①加强兽药监督管理；②规范使用兽药；③合理使用饲料药用添加剂；④严格遵守休药期；⑤禁止使用违禁药物；⑥开展兽药残留监控。

（一）相关术语与定义

1. 药物或化学物质残留（Drug or chemical residue）

通过各种途径（如食物链、饲料添加剂）给动物应用药物或化学物质进入并残留于动物组织中的药物或化学物质及其代谢物，称为药物或化学物质残留（残留又称残毒或残留物）。残留一般包括药物或化学物质的原形及其在动物体内的代谢降解物。残留量以每kg（或L）食品中的药物或化学物质，以及它们的衍生物残留的质量表示，如mg/kg或mg/L；μg/kg或μg/L；ng/kg或ng/L。

2. 适用动物或靶动物（Target animal）

检测某种药物的安全性和药物作用时，必须直接在由药厂提出的可供治疗的动物种类中进行。如治疗牛酮血病的药物必须用牛进行药效试验，并作出安全评价，而不能用其他的动物。此时牛即为适用动物或靶动物。食用动物用药的安全性检测和组织中药物残留的研究，也必须在靶动物上进行。

3. 无意残留（Unintentional residue）

无意残留是指在饲料或食物中发现的某一种或几种非用于控制传染性疾病，

或寄生虫性疾病，或改善生产性能，或提高产量的化学物质的残留。无意残留包括食用动物在生长、产品的加工或贮存等过程中，通过食物链进入动物体内的或加工过程中污染受到动物性食品中的化学物质的残留。然而，有意用药物防治畜禽疾病或促进畜禽生长为目的，或给食品中加入食品添加剂，不能算作无意残留。所以，无意残留与实际应用的药物或化学物质的残留不同。但是，在进行残留物检测时，无意残留又无法与实际应用的药物或化学物质的残留相区分。

4. 无作用剂量（No effect level）

大多数有毒物质都有其无作用剂量或最高无不良作用剂量（maximum no adverse effect level）。无作用剂量是指在一定期间内对机体不产生有害作用的最大剂量。若稍超过最大无作用剂量，则化学物质可使机体呈现一定的生物学变化，这种剂量称为阈剂量或阈值（threshold value）。由此可见，阈剂量是指使机体产生超出维持其稳定状态能力的生物学变化的最低剂量，若低于此剂量，机体就不会出现任何损害。严格来说，"无作用剂量"一词不够确切，因为只是人们没有观察到损害作用，并非绝对无作用，所以后来改称为"未观察到作用的剂量"（no observed effect level，NOEL）。但目前"无作用剂量"等名词仍广泛应用。实验动物无作用剂量是指长期饲喂某种受试物而对试验动物不引起有害作用的最大量，其单位以每天每千克体重试验动物应用受试物的毫克数计，即 mg/(kg·d)。

在制定一种药物或化学物质的允许残留浓度时，必须通过试验获得该药物或化学物质对最敏感的哺乳动物的无作用剂量（或浓度），即不影响动物的生理功能和生长速度，不改变器官重量和体重，也不影响细胞结构和细胞酶活性的剂量（或浓度）。一种新的人用药品在准许投放市场之前，必须用其长期饲喂最敏感的动物，并证实对试验动物确实无不良作用。

（二）化学性污染评价指标

1. 安全系数（Safety factor）

由于人和试验动物对某些化学物质的敏感有较大的差异，为安全起见，由动物数值换算成人的数值（如以试验动物的作用剂量来推算人体每日允许摄入量）时，一般要缩小100倍，这就是安全系数。它是根据种间毒性相差约10倍，同种动物敏感程度的个体差异相差约10倍（10×10＝100）而制定出来的。实际应用中，可根据不同的化学物质选择不同的安全系数。

2. 日许量（Acceptable daily intake，ADI）

人体每日允许摄入量简称日许量，是指人终生每日摄入某种药物或化学物质，对健康不产生可觉察有害作用的剂量。ADI 以相当于人体每日每千克体重摄入的毫克数表示 [mg/(kg·d)]。ADI 的计算公式为：

$$ADI = \frac{试验动物无作用剂量}{安全系数}$$

ADI 值是根据当时已知的所有资料而制定的，并随获得新的资料而修正。制定 ADI 值的目的是规定人体每日可从食品中摄入某种药物或化学物质残留而不引起可觉察危害的最高量。为使制定出的 ADI 值尽量适用，应采用与人的生理状况近似的动物进行喂养试验，或者在可能的条件下，从志愿者的试验中获取无作用剂量。

3. 最高残留限量（Maximum residue limit，MRL）

最高残留限量是指允许在食品中残留药物或化学物质的最高量或浓度。过去常称为允许残留量或允许量（toletance level），1976 年 WHO 决定，将允许量改称为最高残留限量（maximum residue limit，MRL），并确定用 mg/kg 表示，不再用 ppm 表示。但目前允许残留量仍被广泛应用。

MRL 是根据 ADI，按以下公式计算出来的。

$$\text{食物中最高残留限量 (mg/kg)} = [\text{ADI (mg/kg)} \times \text{平均体重 (kg)}] / [\text{人每日食物总量 (kg)} \times \text{食物系数 (\%)}]$$

一般在规定药物残留允许浓度时，常可见到 4 种主要类型的允许量，即限定允许量、可忽略允许量、零允许量和暂行允许量。

（1）限定允许量（Finite tolerance） 是指食物中允许存在的非致癌性药物或化学物质的可检出量在确定限定允许量时，人的 ADI 测定中的安全系数应为 100。对致畸物，则安全系数至少为 1000。一般来说，肉中总残留的最高浓度超过 10μg/kg 时，视为限定允许量。

（2）可忽略允许量（Negligible tolerance） 由于每日摄入某种物质而发生的不具毒理学意义的微量残留称可忽略允许量，它仅仅是人最高每日允许摄入量的一小部分。一般以采用最灵敏分析方法测出的某种残留物的最低限作为可忽略允许量。肉中总残留的最高浓度为 100μg/kg、蛋和乳中为 10μg/kg 被视为可忽略允许量。如果总残留超过此量，则属于限定允许量范围。

（3）零允许量（Zero tolerance） 由于不允许极毒的化合物和大多数致癌化合物残留在食品中，所以制定了零允许量。美国由食品与药物管理局（FDA）负责制定致癌物的零允许量。

在 20 世纪 70 年代前，用于检测致癌物如己烯雌酚（DES）最灵敏的生物测定方法不能检测出 2μg/kg 以下的 DES，低于此浓度的残留不可能被检出，从而被视为零。随着更灵敏的分析方法的出现，DES 的零允许量（2μg/kg）被撤销。美国于 1979 年 11 月 1 日最后决定禁止将 DES 作为促生长剂用于食品动物。

（4）暂行允许量（Temporary tolerance） 是指在一定时期内有效的允许量，在掌握新资料后再行修正。美国 FDA、环境保护局（Environmental protection Agency，EPA）及农业部（United States Department of Agriculture，USDA）等常称暂行允许量为行政允许量或临时允许量。

4. 安全界限（Margin of safety）

一种药物在批准用于食用动物以前，应向药品管理机构提交充分的科学证据，证明产品可安全而有效地用于食用动物。此外，还必须了解药品的代谢特性，如在组织中的衰减曲线，以保证供食用的产品中无有害残留物存在。

安全界限应多大呢？有些学者认为危险与受益的比率为 $1:10^5 \sim 1:10^8$，即药品的有害作用，包括引起死亡的可能性在内，在10万次至1亿次用药中只发生1次。若将 $1:10^8$ 定为实际安全性而被普遍采用，则大多数药物（麻醉剂、抗生素和许多其他化疗剂等）即不被完全废弃，也将受到严格限制。

在估算安全界限时，药理作用与剂量关系是很重要的。所有化学物质的剂量水平，一般可按其药理作用分为无效、有效、中毒及死亡。多数普通药物对人的无效量、有效量、中毒量和致死量的比率不大于 $1:10:100:1000$。这种比率大致也可用于任何种类的动物。

5. 休药期（Withdrawal time）

休药期也称廓清期（clearance period）或消除期（depletion period），系指畜禽停止给药到许可屠宰或它们的产品（乳、蛋）许可上市的间隔时间。凡食用动物应用的药物或其他化学物质，均需规定休药期。休药期的规定是为了减少或避免供人食用的动物组织或产品中残留药物超量。在休药期间，动物组织或产品中存在的具有毒理学意义的残留可逐渐消除，直至达到安全浓度，即低于允许残留量。休药期随动物种属、药物种类、制剂形式、用药剂量及给药途径等不同而有差异，一般约为几小时、几天到几周，这与药物在动物体内的消除率和残留量有关。

项目小结

动物性食品污染给人类身心健康和畜牧业发展造成的危害，世界上时有发生，在不发达国家和发展中国家尤为突出。如何控制动物性食品污染，对人类社会来说显得极为重要。为了有效防止动物性食品污染，减少动物性食品污染给人类社会带来的灾难，维护动物性食品安全，必须严格执行国家有关法规，建立健全动物源性食品质量安全管理控制体系，抓源头，重点做好动物疫病的防控，规范使用兽药，实施畜禽标示和可追溯管理，最大限度地防患于未然。

复习思考题

1. 什么是食品污染、动物性食品污染、休药期、生物性污染、内源性污染、外源性污染、细菌菌相、菌落总数与细菌总数。
2. 简述食品污染的特点和动物性食品污染的分类。
3. 引起动物性食品内源性生物性污染的原因有哪几个方面？
4. 简述动物性食品生物性污染的评价指标。

项目二 屠宰加工企业的卫生要求

知识目标
1. 了解屠宰加工企业的基础设施和建筑结构；
2. 了解屠宰场对设施的卫生要求；
3. 了解屠宰加工场所应具备的基本条件；
4. 了解屠宰加工场所的卫生要求。

技能目标
1. 根据屠宰加工企业的卫生要求能合理选择厂址；
2. 能合理布局屠宰加工企业的生产区、非生产区等场所的位置；
3. 掌握屠宰加工企业总平面布局的卫生要求。

任务一 屠宰加工企业的选址和布局的卫生要求

一、屠宰加工企业选址及布局

（一）厂址选择

（1）屠宰与分割车间所在屠宰厂或肉联厂选址时，不得靠近城市水源的上游，并应位于城市居住区夏季风向最大频率的下风侧。

（2）屠宰与分割车间所在厂的厂址必须具备符合要求的水源和电源，其位置应选择在交通运输方便、货源流向合理的地方，根据节约用地和不占农田的原则，结合卫生和加工工艺要求因地制宜地确定，并应符合城镇规划的要求。

（3）厂址周围应有良好的环境卫生条件，并应避开产生有害气体、烟雾、粉尘等物质的工业企业及其他产生污染源的地区或场所。

（4）屠宰与分割车间所在厂区附近，应有允许经过处理后的污水排放渠道或场所。

（二）总平面布置

（1）屠宰厂或肉联厂应划分为生产区和非生产区。生产区必须单独设置活猪与废弃物的出入口，产品和人员出入口须另设，且产品与活猪、废弃物在厂内不得共用一个通道。

（2）生产区各车间的布局与设施必须满足生产工艺流程和卫生要求，健康猪和疑病猪必须严格分开，原料、半成品、产品等加工应避免迂回运输，防止交叉污染。

（3）屠宰与分割车间应设置在不可食用肉处理间、废弃物集存场所、污水处理场、锅炉房、煤场等建（构）筑物及场所的上风向，其间距应符合环保、食品卫生以及建筑防火等方面的要求。

（4）屠宰与分割车间的布置应考虑与其他建筑物的联系，并使厂内的非清洁区与清洁区明显分开，防止后者受到污染。

（5）生产区应与生活区分开设置，并且生产区应在生活区的下风向。

（6）活禽进厂、成品出厂和人员进出厂区应分离，不得共用一个大门，厂内不得共用一个通道。

（7）活禽屠宰加工车间应划分非清洁区（挂禽、宰杀、脱毛、内脏整理等区域）和清洁区（胴体挂放、分割、包装等区域），并相互隔离，各区域之间不产生交叉污染。

（8）不可食用肉处理间、锅炉房与贮煤场所、污水与污物处理设施应与屠宰加工车间间隔一定距离，并位于主风向下风处。

（9）冷库应与屠宰、分割加工车间相连。

（三）环境卫生

（1）屠宰与分割车间所在厂区的路面、场地应平整、无积水，主要道路及场地宜采用混凝土或沥青铺设。

（2）厂区内建（构）筑物周围、道路的两侧空地均应绿化。

（3）"三废"处理不应低于国家有关标准的要求。

（4）厂内应在远离屠宰与分割车间的非清洁区内设有畜粪、废弃物等的暂时集存场所，其地面与围墙应便于冲洗消毒。运送废弃物的车辆还应配备清洗消毒设施及存放场所。

（5）活猪进厂的入口处应设置与门同宽、长3m，深0.10~0.15m，且能排放消毒液的车轮消毒池。

急宰间、不可食用肉处理间及隔离间的出入口处应设置便于手推车出入的消毒池。消毒池应与门同宽、长2m，深0.10m，且能排放消毒液。

（6）厂区内的室外厕所均应采用水冲式的，且应有防蝇设施。

（四）建筑

（1）屠宰与分割车间的建筑面积与建筑设施应与生产规模相适应，车间内各加工区应按生产工艺流程划分明确，人流、物流互不干扰，并符合工艺、卫生及检验要求。

(2) 地面应采用不渗水、防滑、易清洗、耐腐蚀的材料,其表面应平整无裂缝、无局部积水。分割车间排水坡度不应小于1%,屠宰车间排水坡度不应小于2%。

(3) 车间内墙面及墙裙应光滑平整,并应采用无毒、不渗水、耐冲洗的材料制作,颜色宜为白色或浅色,墙裙如采用不锈钢或塑料板制作时,所有板缝间及边缘连接处应是密封的,屠宰车间墙裙高度不应低于3m,分割车间墙裙高度不应低于2m。

(4) 地面、顶棚、墙、柱、窗口等处的阴阳角,必须设计成弧形。

(5) 顶棚或吊顶应采用光滑、无毒、耐冲洗、不易脱落的材料,其表面应平整简洁,不应有不易清洗的缝隙、凹角或突起物,不宜设过密的次梁。

(6) 门窗应采用密闭性能好、不变形、不渗水、防锈蚀的材料制作,内窗台宜设计成向下倾斜45°的斜坡,或采用无窗台构造。

(7) 产品或半成品通过的门,应有足够宽度,避免与产品接触。

通行吊轨的门洞,其宽度不应小于1.2m;通行手推车的双扇门,应采用双向自由门其门扇上部应安装由不易破碎材料制作的通视窗。

(8) 车间内应设有防蚊蝇、昆虫、鼠类进入的设施。

(9) 楼梯、扶手及栏杆均应做成整体式的,面层应采用不渗水材料制作。楼梯与电梯应便于清洗消毒。

(五) 宰前建筑设施

(1) 宰前建筑设施包括卸猪站台、赶猪道、验收间(包括司磅间)、待宰间(包括待宰冲淋间)、隔离间、兽医工作室与药品间等。

(2) 公路卸猪站台应高出路面0.9~1.0m(小型拖拉机卸猪应另设站台),且宜设在运猪车前进方向的左侧,其地面应采用混凝土铺设,并应设罩棚。赶猪道宽度不应小于1.5m,坡度不应大于10%。站台前应设回车场,其附近应有洗车台。洗车台应设有冲洗消毒及集污设施,回车场和洗车台均应做混凝土地面,排水坡度不应小于2.5%。

(3) 铁路卸猪站台有效长度不应小于40m,站台面应高出轨道面1.1m。活猪由水路运来时,应设相应卸猪码头。

(4) 卸猪站台附近应设验收间,地磅四周必须设置围栏,磅坑内应设地漏。

(5) 待宰间应符合下列规定:

①用于宰前检验的待宰间的容量宜按1.0~1.5倍班宰量计算(每班按7h屠宰量)。每头猪占地面积(不包括待宰间内赶猪道)宜按0.6~0.8m^2计算,待宰间内赶猪道宽不应小于1.5m。

②待宰间朝向应使夏季通风良好,冬季日照充足,且应设有防雨的屋面,四周围墙的高度不应低于1m。寒冷地区应有防寒设施。

③待宰间应采用混凝土地面。

④待宰间的隔墙可采用砖墙或金属栏杆，砖墙表面应采用不渗水易清洗材料制作，金属栏杆表面应做防锈处理。待宰间内地面坡度不应小于2.5%，并坡向排水沟。

⑤待宰间内应设饮水槽，饮水槽应有溢流口。

⑥从待宰间到待宰冲淋间应有赶猪道相连，赶猪道两侧应有不低于1m的矮墙或金属栏杆，地面应采用不渗水易清洗材料制作，其坡度不应小于1%，并坡向排水沟。

(6) 急宰间、不可食用肉处理间

①急宰间宜设在隔离间附近，急宰间应设有更衣室、淋浴室。

②急宰间如与不可食用肉处理间合建在一起时，中间应设隔墙。

③急宰间、不可食用肉处理间的地面排水坡度不应小于2%。

(7) 屠宰车间

①屠宰车间应包括车间内赶猪道、致昏放血间、烫毛脱毛剥皮间、胴体加工间、副产品加工间、兽医工作室等，其建筑面积宜符合规定。

②冷却间、胴体发货间、副产品发货间应与屠宰车间相连接。发货间应通风良好，并宜采取冷却措施。发货间外应设站台，Ⅰ、Ⅱ、Ⅲ级屠宰车间所在厂宜做成封闭式站台，且使每个发货口直对一个车位。

③屠宰车间内致昏、烫毛、脱毛、剥皮及副产品中的肠胃加工、剥皮猪的头蹄加工工序属于非清洁区，而胴体加工、心肝肺加工工序及暂存发货间属于清洁区，在布置车间建筑平面时，应使两区划分明确，不得交叉。

④屠宰车间以单层建筑为宜，单层车间宜采用较大的跨度，净高不宜低于5m。Ⅰ、Ⅱ级屠宰车间的柱距不宜小于6m。

⑤致昏前赶猪道坡度不应大于10%，宽度以仅能通过一头猪为宜，侧墙高度不应低于1m，墙上方应设栏杆使赶猪道顶部封闭。

⑥屠宰车间内与放血线路平行的墙裙，其高度不应低于放血轨道的高度。

⑦放血槽应采用不渗水、耐腐蚀材料制作，表面光滑平整，便于清洗消毒。放血槽长度按工艺要求确定，其高度应能防止血液外溢。悬挂输送机下的放血槽，其起始段8~10m的长度内槽底坡度不应小于5%，并坡向血输送管道。放血槽最低处应分别设血、水输送管道。

⑧集血池应符合下列规定：集血池的容积最小应容纳3h屠宰量的血，每头猪的放血量按2.5L计算。集血池上应有盖板，并设置在单独的隔间内；集血池应采用不渗水材料制作，表面应光滑易清洗消毒。池底应有2%坡度坡向集血坑，并与排血管相接。

⑨烫毛生产线的烫池部位宜设天窗，且宜在烫毛生产线与剥皮生产线之间设置隔墙。

⑩旋毛虫检验室应设置在靠近屠宰生产线的采样处。室内应光线充足，通风良好，其面积应符合卫生检验的需要。

⑪Ⅰ、Ⅱ级屠宰车间的疑病猪胴体间和病猪胴体间应设置在胴体、内脏同步检验轨道的邻近处。病猪胴体间应有直通车间外的门。

⑫副产品加工间及副产品发货间使用的台、池应采用不渗水材料制作，且表面应光滑易清洗消毒。

⑬副产品中带毛的头、蹄、尾加工间浸烫池处宜开天窗。

⑭屠宰车间应设置滑轮、叉挡、钩子的清洗间和磨刀间。

⑮屠宰车间内车辆的通道宽度：单向不应小于1.5m，双向不应小于2.5m。

⑯屠宰车间按工艺要求设置燎毛炉时，应在车间内设有专用的燃料储存间。储存间应为单层建筑，应靠车间外墙布置，并应设有直接通向车间外的出入口，其建筑防火要求应符合现行国家标准《建筑设计防火规范》（GB 50016—2006）。

（六）分割车间

（1）一级分割车间应包括原料（胴体）冷却间、分割剔骨间、分割副产品暂存间、包装间、包装材料间、磨刀清洗间及空调设备间等。

（2）二级分割车间应包括原料（胴体）预冷间、分割剔骨间、产品冷却间、包装间、包装材料间、磨刀清洗间及空调设备间等。

（3）分割车间内的各生产间面积应相互匹配，并宜布置在同一层平面上，其建筑面积宜符合规定。

（4）原料预冷间、原料冷却间、产品冷却间至少应各设两间。室内墙面与地面应易于清洗。

（5）原料预冷间设计温度应取0~4℃。

（6）原料冷却间与产品冷却间设计温度应取0℃。

（7）采用快速冷却（胴体）方法时，应设置快速冷却间及冷却物平衡间。快速冷却间设计温度按产品要求确定，平衡间设计温度宜取0~4℃。

（8）分割剔骨间的室温：胴体冷却后进入分割剔骨间时，室温应取10~12℃；胴体预冷后进入分割车间时，室温宜取15℃。

（9）包装间的室温不应高于10℃。

（10）分割剔骨间、包装间宜设吊顶，室内净高不宜低于3m。

（七）职工生活设施

（1）工人更衣室、休息室、淋浴室、厕所等的建筑面积，应符合国家现行有关标准的规定，并结合生产定员经计算后确定。

（2）生产车间与生活间分开布置时应设连廊。

（3）屠宰车间非清洁区生产人员与清洁区生产人员的更衣室、休息室、淋浴室、厕所等应分开布置。两区生产人员进入各自生产区时不得相互交叉。

（4）厕所应符合下列规定

①应采用水冲式厕所。屠宰与分割车间应采用非手动式洗手设备，并应配备干手设施。

②厕所应设前室与车间有走道相连。厕所门窗不得直接与生产操作场所及门窗相对。

③厕所地面和墙裙应便于清洗和排水。

（5）更衣室与厕所间应有直通门相连，更衣柜应符合卫生要求，每人设一个，鞋靴与工作服要分格存放。更衣室宜设有鞋靴清洗消毒设施。

（6）检验人员的生活设施、车间办公室等应与生活间毗邻布置。

二、屠宰加工企业卫生检疫要求

（一）检疫设备

按规定应设置检疫工作室，配备更衣柜、检疫工具存放柜和检疫工作台，配备刀、钩、锉、剪刀、镊子、瓷盘、放大镜、体温表、显微镜、应急灯、载玻片、冰箱等检疫工具和消毒器具、消毒药物，配备检疫合格验讫印章和高温、化制、销毁印章。

（二）检疫人员

按规定设置检疫岗位，配备与屠宰规模、屠宰流程相适应的动物检疫员。动物检疫员应取得国家动物检疫员资格证书和上岗证，上岗时必须穿戴整洁的工作衣、帽、靴，携带检疫工具。

（三）屠宰检疫

动物检疫严格按照"畜禽屠宰卫生检疫规范"或省市级地方标准等实行全流程同步检疫。

1. 宰前检疫

（1）进屠宰场前的检疫应做到先查证查标、后验物，无证标拒收。

（2）检疫人员做好巡视及记录，圈间出清后经及时清洗、消毒后才能进畜禽，圈牌必须标明头数、日期、产地。

（3）对急宰畜禽必须做到及时、正确处理，登记完整。

（4）原始凭证与登记台账必须一致。

2. 宰中同步检疫

（1）具备同步检疫设备，按照相应的国家及地方检疫标准实施。

（2）必须对每头家畜进行头部、体表、肠系膜、内脏、胴体、旋毛虫、实验室等七道检疫。家禽以临床检查为主，检视皮肤有无病变、创伤及拔毛不净、污血沾染等情况，检疫过程中淘汰下来的家禽，应抽样进行细致的临床检查和实验室诊断。

(3) 对于经检疫合格的畜禽产品，应加盖验讫印章或加封检疫标志，开具检疫证明。经检疫不合格的胴体、内脏、头蹄及摘除的甲状腺、肾上腺、病变淋巴结，按 GB 16548—2006《病害动物和病害动物产品生物安全处理规程》的规定分别作出高温、化制、销毁处理决定。

(4) 建立检疫台账登记报表制度。

3. 档案信息

档案信息应当准确、真实、完整、及时，每日做好档案登记，并保留二年以上，便于质量查询。

(1) 屠宰场畜禽进场登记　日期、来源地、车号、货主、检疫证明号码、数量。

(2) 屠宰场畜禽屠宰加工登记　日期、加工品种、数量、加工车间负责人签字。

(3) 屠宰场畜禽检疫情况登记　日期、检疫数量、合格数、不合格数、当班检疫员负责人签字。

(4) 畜禽无害化处理情况登记　日期、处理数量、原因、处理方式、负责人签字。

(5) 畜禽屠宰场消毒登记　日期、消毒药液名称，消毒人员签字。

（四）屠宰场建筑

(1) 建筑应采用易于维修及维持干净，并应使用能防止屠体及内脏直接或间接遭受污染之结构及材质。

(2) 地面采用不透水、防滑、耐重压且易于清洗的材料，并有适当斜度及排水系统以利排水，无局部积水之处。屠体吊挂经过之处，应设有足够宽度的沟道（槽）以承接屠体所流滴的血水。

(3) 应有完整畅通的排水系统，排水沟应有防止固体废弃物流入的设施。

(4) 墙壁与支柱表面应为白色或浅色，离地面至少1m以内的部分应使用非吸收性、不透水、易清洗的材料铺设，其表面应平滑无裂缝并经常保持清洁。

(5) 屋顶或天花板应为白色或浅色、易清扫、可防止灰尘储积的构造，且不得有长霉或成片剥落等情形发生，屠体或内脏暴露的正上方楼板或天花板不得有结露现象，应保持清洁、维修良好的状态。

(6) 出入口、门窗及其他孔道应以坚固、易清洗、不透水的材料制作。

(7) 通风及排气良好。

(8) 应设置防止病原侵入的设施，以防止病原进入剥皮及烫毛后的作业区。

（五）屠宰场的一般设施

(1) 更衣室应设于屠宰作业区附近适当的地点。应有足够的空间，工作人员应拥有个人存放衣物的箱柜。

（2）应设洗手设施。屠宰场对外出入口设泡鞋池或同等功能的洁净鞋底设备。

（3）并应设置洗手消毒设施，包括足够数目的水龙头、液体清洁剂及干手设施。

水龙头最低数不得少于该工作场所内最高工作人数的 1/20，凡人数超过 200 人时，其超过部分为 1/20。屠宰作业区与分切作业区的员工洗手设施应分别设置，且每一个别的作业场所内应设一洗手设施。洗手台内外应使用易清洗不透水材料构筑。水龙头、液体清洁剂及干手设施应采用能防止再污染的设计。

（六）厕所

（1）应与屠宰、分切包装的场所完全隔离，其建筑地点应距水源（井）15m 以上。

（2）应采冲水式，并采用不透水、易洗不纳污垢的材料建造，并随时保持清洁。

（3）应有良好的通风、采光、防虫、防鼠等设施，并备有流动自来水、清洁剂、烘手器或擦手纸巾等洗手及干手设施。

（4）应有"如厕后应洗手"的标示。

（5）应提供检查人员专用的办公室与洗浴室，配置 2 名以下检查人员者，其办公室室内面积至少 $10m^2$，每增加一名检查人员，应增加 $1.4m^2$。办公室应备桌椅、衣柜（其尺寸以长、宽、高各为 40、45 及 155cm 为原则）及能加锁存放报表、文件的档案柜、空调设施及直拨电话。洗浴室应有充足的冷、热水供应。

（七）废肉、废弃屠体处理室

（1）设有废肉处理室者，该室应与屠宰室或肉品加工室，分别设置，入口处通道地面应设有消毒水槽。

（2）设有废弃屠体的化制或烧毁设备者，其容量至少应可放入整头屠体。

（3）未设前两项设施者，应委托经环境保护主管机关核可的废弃物清理者处理。

（4）凡有直接危害人体健康及肉品安全的化学药品、腐败物等应设专用储存设施。

（八）供水

凡用于屠体、内脏及与屠体、内脏接触的器具或机械的用水，非使用自来水者，应设置净水或消毒设施，处理后水质应符合饮用水水质标准。使用地下水者，其水源应与化粪池、废弃物堆置场所等污染源保持至少 15m 以上的距离。屠宰场的蓄水池应为密闭性构造物，其设置地点应距污秽场所、化粪池 3m 以上。除此以外还应具备以下条件：

(1) 屠宰场应充足供应 38℃以上的灭菌用热水,在热水使用地点应装置温度计,并在热水管路与出水口明显标示。

(2) 储水槽(塔、池)应以无毒,不致污染水质的材料构筑,并应有防护污染的设施。

(3) 饮用水与非饮用水的管路应分开设置并应明显标示。

(九) 屠宰场屠后检查设备应符合下列规定

(1) 应于屠宰室的适当地点,设置屠后检查站,其长度以每名检查人员 1.5m 以上,其宽度及高度以足供检查人员顺利执行工作为度。

(2) 受检查屠体及内脏表面的照明光度应达 500m 烛光以上且光源应不影响色泽。

(3) 电动屠体吊挂输送设备及电动内脏输送设备应同步运行,以供检查人员检查屠体及其对应内脏。检查站附近应设有控制装置,以便屠宰卫生检查兽医师于必要时,同时停止屠体吊挂输送设备及电动内脏输送设备的运行。未采用电动屠体吊挂输送设备及内脏输送设备的低速作业家畜屠宰场,其内脏检查得用专用的不锈钢内脏车,每辆内脏车限盛一头家畜内脏。

(4) 应于检查站附近设稽留内脏盛盘及稽留屠体吊挂设备。除使用自动化系统处理废弃之屠体、内脏者外,应于检查站内设置明显标示"废弃"字样之不漏水废弃屠体及内脏存放设备。

(5) 检查站内应设具有清洁剂、擦手纸巾的检查人员洗手设施、检查用具的 83℃以上热水灭菌设备、屠宰只数计数器、记录用具及其放置设备,其设置地点应便于检查员使用。

(6) 检查站内应设 1.5m 见方的不失真镜子,供检查人员检查屠体背侧。

(7) 家禽屠体及其内脏经过兽医检查站时,其速率应调整为每分钟每名检查人员检查三十五只以下,但经中央主管机关核准者不在此限。

(十) 家畜屠宰场设施

(1) 系留栏 面积须能容纳一天的待宰家畜头数且以每头猪、羊至少 $0.5m^2$,每头牛以 $2.5m^2$ 计算。地面应采用不渗透材质铺设,排水良好。建筑应坚固,上搭顶棚,通风良好、棚内应有喷水或饮水设备,供应清水。并应有足够的清洗用水源及龙头。有执行屠前检查的空间及设施。屠前检查时,距离地板上 0.9m 处的照明光度在 100fl 以上。

(2) 隔离系留栏 应与系留栏区别,以隔离疑畜,并设有家畜固定架,其设置标准与系留栏同,屠前检查时距离地板上 90cm 处的照明光度在 200lx 以上。

(3) 屠宰室 屠宰室的面积应有适当空间以便操作,屠宰机械设备应按操作过程,依序布置。

①牛、羊、猪等各类家畜的屠宰作业应予以隔离,以避免污染;

②放血时应有血液收集装置；
③剥皮及烫毛后的作业应于符合第四条规定之建筑物内为之。
（4）紧急屠宰室
①应与屠宰室隔离；
②应有屠体吊挂设施；
③应设内脏检查设施；
④其检查场所照明光度应在5lx以上；
⑤应设有专用的洗手与消毒设备。

（十一）厂区环境卫生

（1）主厂房以外的建筑物周围、道路两侧空地均应绿化。

（2）进入厂区的道路和厂区主要道路应铺设适于车辆通行的坚硬路面，平坦、无积水。

（3）厂区应设有防蚊、防蝇、防虫、防鼠设施。

（4）进厂大门处应设活禽进厂车辆消毒池及人员进厂鞋底消毒设施。

（5）厂区应设置运输车辆清洗、消毒场所和设施。

（6）锅炉房必须设有消烟除尘设施。

（7）厂内应在远离屠宰与分割车间的非清洁区内设有禽粪、废弃物等的暂存场所，其地面与围墙应便于冲洗消毒。

（8）设有与生产能力相适应的污水处理设施装置，废水排放应符合《GB 13457—1992 肉类加工工业污染物排放标准》规定。

任务二　屠宰加工场所的基本条件和卫生要求

一、屠宰加工场所的基本条件

（一）证照

（1）禽类屠宰加工厂（场）的设置必须向有关职能部门申报，经审核批准，取得屠宰许可证。

（2）禽类屠宰加工厂（场）应持有排污许可证、动物防疫合格证、卫生许可证和工商营业执照。

（二）厂区设施

应建有与屠宰规模相适应、符合国家规定要求的验收间、待宰间、屠宰加工间、检疫检验室、冷却间、结冻库和冷藏库，并有活禽留养、隔离、急宰场所和包装物料储存、废弃物焚烧设备等辅助设施。

（三）生产加工车间设施、设备

（1）生产车间建筑结构必须符合国家和行业设计规范，建筑面积应与生产能力相适应，高度应能满足生产作业、设备安装与维修、采光与通风的需要；工艺流程合理，符合卫生要求，排水畅通。

（2）车间地面应用防滑、坚固、不透水、耐腐蚀的材料修建；平坦、无积水；坡度应为1%~2%（屠宰车间应在2%以上）；易于清洗和消毒；与外界相连的排水口需设网罩。

（3）车间内墙壁和天花板应使用无毒、防水、防霉、不脱落、易清洗的材料修建，墙裙不低于2m，墙角、地角、顶角应呈圆弧形。

（4）车间门窗应用密闭性能好、不变形、不渗水、防锈蚀的材料制作，并装有纱窗、纱门（或压缩空气幕）。

（5）车间内的照明设施应有足够亮度，并装有防护罩。要求灯光直接照射在肉禽产品上，但不影响其固有色泽的辨认。

（6）加工车间应设一侧通道，以便生产操作人员更衣消毒后进入各加工车间、各道工序。

（7）更衣室、淋浴室、厕所等的设置应与生产操作人员的数量相适应。在更衣室出口或通道的适当位置应设置与生产操作人数相适应的洗手、消毒设施；更衣室出口应设置鞋靴消毒池，其大小以生产操作人员不能跨过，深度以消毒液能浸没靴面为宜；洗手设施应以不锈钢或瓷质材料构成，不应用手动开关。厕所设有冲水、洗手设施。

（8）屠宰加工车间应设有机械化屠宰的链条传送线、宰杀机、浸烫机、脱毛机、制冰机、胴体冷却机和热水供应系统（清洗用热水温度应不低于40℃，消毒用热水温度应不低于82℃）等设备及高压水枪。

（9）在各检疫检验处放置不渗漏、易清洗、有盖的废弃物容器，并作专门标识。

（10）应在胴体开腹前、去内脏后和冷却（消毒）后设置能充分喷淋冲洗禽体表面和腹腔的喷淋装置。

（11）车间温度应按加工工艺要求控制在规定的范围内；挂禽、宰杀、浸烫脱毛、预冷及分割场所应设置通风换气设施。

（12）急宰间、不可食用肉处理间及隔离间的出入口，应设手推车轮、人员鞋靴出入的消毒池。

（13）盛放禽肉产品的容器与盛放废弃物的容器不得混用，并有明显标记。

（四）消毒

（1）禽类产品的消毒必须符合《GB/T 16569—1996 畜禽产品消毒规范》的规定。

（2）生产车间使用过的设备、工用具、操作台，用洗涤剂或消毒剂处理后，必须再用清水彻底冲洗干净，除去残留物后方可接触肉品。

（3）每班工作结束后，加工场地、墙壁、排水沟必须彻底清洗、消毒。

（4）更衣室、淋浴室、厕所、工休室等公共场所，应经常清扫、清洗、消毒、保持清洁。

（五）化验室

厂内应设有化验室，配置专用的检验仪器、设施（包括剖检、理化、微生物和感官检查），配备消毒药品。

（六）生产操作人员

（1）禽类屠宰加工厂（场）应配有与屠宰规模相适应的有专业资质的检疫、检验人员。

（2）禽类屠宰加工厂（场）应配有依法经过体检，取得健康证和上岗知识培训合格证的屠宰技术工人。

（3）生产操作人员进入工作场所时必须洗手消毒，并按规定穿戴工作衣帽、靴子，不得佩戴手表、饰物。清洁区与非清洁区的生产操作人员不得互相串岗。

（4）非生产操作人员未经许可，不得进入屠宰加工厂（场）生产车间。

（七）原料

（1）活禽应来自非疫区，健康无病，有产地动物防疫监督机构出具的有效动物检疫合格证明。

（2）运输活禽的车辆、禽笼必须预先经过消毒，并持有车辆消毒证明。

（3）活禽宰前检疫合格，方可进入屠宰车间加工。

（八）宰杀加工

禽类屠宰加工参照 NY/T 330—1997 的规定；鹌鹑、鸽等特种禽类的屠宰加工可参照执行。

（九）检疫、检验

（1）禽类屠宰检疫参照《浙江省家禽屠宰检疫规范》的规定进行；检验按照 GB 14881—2013 的规定进行。

（2）经检疫、检验合格出厂的禽类产品必须有规定的检疫、检验合格标记。未经检疫、检验或检疫、检验不合格的禽类产品不得出厂。

（3）经检疫、检验不合格的禽类及其产品、废弃物等必须按国家规定，在专业检疫人员监督下进行化制、销毁、高温处理，严禁擅自处理或带出厂（场）。

（4）凡发现禽类患有《动物防疫法》规定的疫病时，应立即向当地动物防疫监督机构报告，并封锁现场，等待处理。

（十）产品贮存

（1）进库存放的产品，应分品种、规格、生产日期、批次，分批堆放在垫仓板上，应离地、离墙，并与屋顶保持一定距离，垛与垛之间也应有适当间隔，做到先进先出。

（2）冻结库温要求在零下30℃以下，相对湿度为90%~95%。待肌肉中心温度降到零下15℃以下方可转入冷藏库。

（3）冷藏库温要求在零下18℃以下，相对湿度为90%。

（4）产品不准进行二次冻结。

（十一）管理

（1）禽类屠宰加工厂（场）应建立各项规章制度，落实责任，规范管理。

（2）禽类屠宰加工厂（场）必须建立生产、经营登统台账，各种原始凭证、检疫、检验记录，都必须装订存档、备查。

二、屠宰加工场所的卫生要求

屠宰场应距离交通要道、公共场所、居民区、学校、医院、水源、饲养场、孵化场至少500m以上位于居民区主要季风的下风处和水源的下游，地势较平坦，且具有一定的坡度。地下水位应低于地面0.5m以下。总体设计必须遵循病、健隔离，原料、产品、副产品、废弃物的转运互不交叉的原则。整个建筑群须划分为连贯又分离的三个区：宰前管理区、屠宰加工区、病畜禽隔离管理区。各区之间应有明确的分区标志，并用围墙隔开，设专门通道相连。

（一）宰前管理区

宰前管理区应设动物饲养圈，待宰圈和检疫工作室。

（1）饲养圈 地面必须坚硬、不透水，配备饮水喂料和消毒设备，并具备适当的排水、排污系统。

（2）待宰圈 地面必须坚硬、不透水，并备有宰前淋浴设备，适当地排水、排污系统和消毒设施。

（3）检疫工作室 备有适合于宰前检查的各种仪器设备。

（二）屠宰间厂房建设卫生要求

（1）厂房与设施必须结构合理、坚固、便于清洗与消毒；厂房与设施必须与生产能力相适应，厂房高度应满足生产操作、设备安装与维修、采光和通风的需要。

（2）厂房与设施必须设有防止蚊蝇、鼠及其他害虫侵入或隐藏的设施，以及防烟雾、灰尘的设施；厂房地面应使用防水、防滑、不吸潮、可冲洗、耐腐蚀的无毒材料，坡度应为1~2cm（屠宰间应2cm以上），表面无裂缝、无局部积水，易于清洗和消毒，明地沟应呈弧形，排水口须设网罩。

（3）厂房墙壁和墙柱应使用防水、不吸潮、可冲洗、无毒、淡色的材料，墙裙贴瓷砖应不低于2m，顶角、墙角、地角呈弧形，便于清洗；厂房天花板应表面光滑，不易脱落，防止污物积聚。

（4）厂房门窗应装配严密，使用不变形的材料制作，所有门窗及其他开口必须安装易于清洗和拆卸的纱门、纱窗，或压缩空气幕，并经常维修，保持清洁，内窗下斜45°或采取无窗台结构。

（5）屠宰车间必须有兽医卫生检验设施，包括同步检验、对号检验、旋毛虫检验、内脏检验、化验室等。

（三）传送装置卫生要求

屠宰加工车间及其他内脏处理间、冷却间、冷藏库及其他加工车间应设置架空轨道和运转机，并附有防止油污装置，以利屠宰产品的转运。放血地段的传送轨道下应设置收集血液的、表面光滑的金属或水泥斜槽。屠宰品的上下传递应采取金属滑筒，不同产品有不同通道，一般屠宰场屠宰产品转送应设置滑杆。

（四）通风设备

北方可利用良好的自然通风，南方还应有降温设备，门窗的开设要利于空气对流，要有防蚊、防蝇、防尘装置，在车间入口处应设门斗。在大量发生水蒸气或大量散热的部位，应装设排风罩或通风孔。空气交换每小时1~3次，交换的次数根据悬挂的新鲜肉数量和内部温度而定。

（五）污水排放系统

有完善的下水道系统，根据污水排放量，地面设置若干装有滤水箅子的收容坑，排水管的直径应保证坑内污水充分排出且畅通无阻；排水管的出口处应设置清除脂肪装置。排出的污水必须经过净化和无害化处理，达到GB 13457—1992规定标准。

（六）生产设备和用具

包括运输工具、工作台、挂钩、容器器具等，应采用无毒、无味、不吸水、耐腐蚀，经得起反复清洗、消毒的材料制成，其表面应平滑、无凹坑和裂缝，设备及其组成部件应易于拆洗；禁止用竹器、木器具等容器。

📧 项目小结

屠宰加工厂的总体布局应符合卫生要求和科学管理原则，各个车间既相互连贯又合理布局，做到病健隔离、病健分宰，原料、成品、副产品和废弃物的运转不交叉相遇，以免造成污染。应以绿化带或围墙将整个屠宰场的建筑群划分为5个区域：即宰前管理区（包括屠宰家禽卸载台、检疫栏、宰前预检分类棚、隔离棚、健禽棚、兽医室等，有条件的单位还应设置运输车辆的消毒清洗场所）、屠宰加工区（包括屠宰加工车间、内脏整理车间、肉制品加工车间、冷藏库、生化制药及副产品综合利用车间、兽医办公室及化验室）、患病动物隔离区（包括隔离棚、急宰间、化制间、兽医室以及污水处理设施）、行政生活区（包括办公室、车库、库房、食堂及宿舍等）、动力区（包括锅炉房、压缩车间、供暖、供热、供气以及制冷等设备）。以上各区之间要有明确分区标志，尤其是宰前管理区、生产区和患病动物隔离区，要用围墙隔离，设立专门通道相连，并有严格消毒措施。生活区和生产区间要有相当的距离，肉制品、制药、炼油等食用生产车间应远离饲养区。患病动物隔离圈、急宰间、化制间及污水处理应在生产加工区的下风向。锅炉房应临近使用蒸汽动力车间及浴室附近，距食堂也不宜太远。厂内垃圾、粪便废弃物的集存场所的地面围墙都要便于冲洗消毒。运送垃圾等废弃物的车辆必须是密封不渗水的，这些车辆应配备清洗消毒设施及存放场所。厂区之间人员的交往，活动物、成品及废弃物的转运，应分设专用的通道，成品与活动物的装卸台也要分开，以减少污染的机会，所有出入口应设消毒池。

复习思考题

1. 屠宰加工企业选址的卫生要求有哪些？
2. 屠宰加工企业布局的卫生要求有哪些？
3. 屠宰加工场所的一般卫生要求和组成部分的卫生要求有哪些？
4. 简述屠宰加工企业合理选址的意义。

模块二　畜禽屠宰加工的兽医卫生监督与检验

项目一　屠宰畜禽收购与运输检疫

知识目标
1. 了解屠宰畜禽收购前的准备事项；
2. 了解常见的屠宰畜禽运输性疾病；
3. 理解畜禽在收购前后兽医卫生监督的内容。

技能目标
1. 根据当地具体情况和条件拟定的收购标准，收购符合条件的屠宰畜禽；
2. 能安排好屠宰畜禽在运输前后的饲养管理并严格遵守运输规程；
3. 掌握运输性疾病中的猪应激综合征、猪胃溃疡、运输热的发病原因和临床表现。

任务一　屠宰畜禽收购检疫

屠宰加工企业在收购、运输畜禽时，必须做好检疫、防疫工作，以防人兽共患病和畜禽疫病的传播，保证畜牧业的发展和人民的身体健康。

畜禽的收购与检疫是卫生监督的重要环节，其基本任务是保证肉食品卫生、防止疫病传播、避免收购不合规格的畜禽和禁宰畜禽。在收购屠宰畜禽时，卫检人员应做好下述三个方面的工作。

一、收购前的准备

（一）了解疫情

在产地流行病学调查的基础上，确定收购地区，卫检人员应进一步深入该地区、向当地畜牧兽医站、动物检疫站和饲养员了解各种动物定期检疫、预防接种、饲养管理以及有无疫情等情况，通过调查分析确认为非疫区时，方可设站收购。在特殊情况下，也可进行就地收购屠宰，经过有效的无害化处理后运回，但事后必须把污染的场地和用具进行彻底消毒。

（二）物质准备

按照卫生要求和精简节约的原则，收购站应备有存放健康畜禽和隔离患病畜禽的圈舍以及必需的饲养管理用具，使收购来的畜禽能及时妥善安置，得到合理的饲养管理。

（三）组织人力

畜禽收购工作应有明确的分工，包括检疫、司秤、饲养管理及押运等，从收购到运输以至到达目的地的整个过程，每个环节都应有专人负责，卫检人员应对整个收购工作进行技术指导。

二、检疫和管理

（一）严格检疫

收购检疫是防止购进患病畜禽及散布传染病原，保证肉品卫生质量的一项重要措施。收购时应对畜禽进行逐头检疫，方法是先进行一般外形检查，如发现精神萎顿、行动缓慢、头耳下垂、拱腰曲身、全身寒颤者，再进行触诊、听诊等检查。检查重点是：

（1）眼睛是否有神，眼结膜颜色是否正常，有无脓性黏液分泌物；
（2）鼻镜是否湿润，鼻腔有无分泌物流出，鼻端有无水泡或破损；
（3）两耳及颈部活动是否灵活，对猪更需注意其尾是否摆动，尾根是否有力；
（4）皮毛应光泽细致，如果粗乱耸立、暗淡无光，均为有病的表现；
（5）体表有无创伤、溃疡、疹块、红斑等，体表淋巴结有无肿胀化脓，尤其是淘汰奶牛，要仔细检查颈部淋巴结是否肿胀，因为这是疑似白血病的症状之一；
（6）下颌是否正常，颌下淋巴结有无肿胀；
（7）蹄冠四周及蹄趾间有无水泡、溃烂；
（8）口唇内外是否洁净，有无水泡、溃疡和唾液或恶臭气体；
（9）脉搏、呼吸是否正常；
（10）鸣声洪亮还是嘶哑。

体温检查是诊断疫病的一种比较可靠的方法，测温后应将体温高的动物加以标记，以免混淆。常见动物的体温分级表见表 2-1。

表 2-1 常见动物的体温分级表

畜别	正常体温/℃	疑似病畜体温/℃	高温/℃
猪	38.0~40.0	40.1~41.0	41.0 以上
牛	37.5~39.5	40.0~41.0	41.0 以上
羊	38.0~40.0	40.1~41.5	41.5 以上
马	37.5~38.5	38.6~40.0	40.0 以上
兔	38.5~39.5	40.0~40.5	41.0 以上

在收购检疫中发现患病畜禽要及时就地处理，不宜再中转或调运至其他地区。如果发现烈性传染病，应立即向上级汇报，并会同有关部门妥善处理。

（二）合理饲养

购入的畜禽应当按其来源分类，分批、分圈饲养，不得混群饲养。注意经常进行场地和圈舍的清扫、消毒。购入的畜禽达到足够调运的数量时应及时运出，避免在收购地点长期饲养。在饲养期间尽力保障畜禽的安全和正常的采食、休息，防止受伤、发病和掉膘。为此要做到八不、四防，即不打、不踢、不渴、不饿、不晒、不冻、不挤、不打架和防风雨、防霜雪、防惊吓、防暴食。

（三）及时转运

及时转运是降低经营费用、减少意外损失的关键，除发生特殊情况外，购入的畜禽在收购站停留时间最多不超过 3d。

三、收购标准

我国幅员辽阔，各地区畜禽品种、体形、屠宰年龄均不一致，所以目前尚无统一的收购标准。但在实际工作中，一般依当地具体情况和条件拟定收购标准。如有的地区根据屠畜的活重结合肥育度，以估测其屠宰率，并按屠宰率高低规定等级，然后按等论价收购。例如，猪的屠宰率在 72% 以上的为特等，70% 以上的为一等，68% 以上的为二等，65% 以上的为三等，62% 以上的为四等。有的地区则以年龄与活重为标准进行收购，如苏北、金华等地，生后 10 个月的猪，活重达 75kg 时即可收购。

在牧区收购菜牛、菜羊时多按下列标准：

牛：能出净肉 120kg 以上的为一等，100kg 以上的为二等，70kg 以上的为三等，45kg 以上的为等外。

羊：能出净肉 14.5kg 以上的为一等，12kg 以上的为二等，8.5kg 以上的为三等。

屠畜的活重不仅与肉的质量和肥度有关，而且是估测出肉率和计价的重要依据,所以必须做好称量。称量家畜活重最准确的方法是用衡器称量。但当收购人员登门收购时,由于不能携带衡器,多用眼观和手摸来估测。有经验的收购人员,可以根据屠畜身体丰满程度,分等定级,误差不超过0.5%~1%。其要领主要是根据家畜臀部、腰部、背部、大腿内外侧、前肢和颈部肌肉的发育状况以及脂肪蓄积情况,结合腹部大小、体形、性别、品种优劣来估量,初学者需经过反复实践,长期积累经验才能很好掌握。

四、屠宰率的计算

屠宰率也称净肉率,即畜禽活重(空腹12h)和宰后胴体重量的比率。其计算式如下:

$$屠宰率（\%） = \frac{胴体重量}{屠畜活重} \times 100$$

计算屠宰率所用的胴体重量,因屠畜种类不同,而计算胴体重量的方法也不一致。如牛、羊等除去头、蹄、血液、毛皮、内脏,其余作为胴体重量;猪不剥皮而褪毛的,除头、蹄、尾、毛、血液、内脏外,把去毛的皮肤也包括在胴体重量之内。

计算屠宰率不仅有经济上的意义,而且便于成本核算。因屠畜的活重不能准确反映肉的质量和经济价值,必须求出其屠宰率,才能正确评价肉的质量和等级。实践证明,凡头小、腿短、皮薄、骨细、肌肉充实、脂肪丰富、内脏不大、胃肠内容物少的屠畜,其活重大,屠宰率也高;反之,活重虽大,屠宰率却很低。根据国内统计,经过肥育的猪,屠宰率最高为80%~85%,牛最高为50%~60%,羊最高为44%~52%。根据屠宰率的高低,可直接检查短期的肥育效果,间接检查饲养管理工作的好坏。

任务二 屠宰畜禽运输过程中的兽医卫生监督

为了缩短饲养时间,各地收购站购入的屠宰畜禽,必须尽快地送往肉类联合加工厂或屠宰场进行屠宰加工。无论采用何种途径运输,都必须防止掉膘,避免途中发病和死亡,防止疫病散播。为了完成这项任务,兽医和收购人员必须做好运输前的各项准备工作,安排好畜禽在运输过程中的饲养管理,严格遵守运输规程。

一、运输前的管理和兽医卫生监督

在起运前3d内,货主需持有效期检疫证明向所在地县级以上农牧部门派驻车站、港口的动物检疫机构报告,并办理运输检疫证明和运输工具消毒证明,运输部门凭有效期内的上述证明办理托运手续后,方能起运。

(一) 赶运

适合于短距离和交通不便的地区,如由收购站运往转运站,或由转运站运往火车站或码头,以及由收购站直接送到附近市、镇肉联厂或屠宰场时常采用赶运。

赶运前,应选好赶运道路,要避开疫区和沼泽、砂石地带,尽可能少用公路和乡村放牧地区。路程较远的赶运,应选择饲草丰盛、饮水充足地区,如没有适于放牧的地段,须先选定途中各个宿营点,并在该处准备好饲料和饮水。

应根据屠畜体躯大小、肥瘦程度、种类、年龄和产地进行编群,分批赶运。按《商品装卸运输暂行办法》规定:每批每人可赶运猪20头,牛15头,羊70只。但每批押运人员不得少于3人。赶运出发时,押运员应携带屠畜检疫证和有关单据,以及必要的药品和消毒器具,以备途中使用。

(二) 铁路运输

用火车运输屠宰畜禽是较安全快速的运输方法。为了保证运输顺利,须做好以下几项工作。

1. 运输前的准备

起运前须向押运人员明确规定车上的饲养管理制度和兽医卫生要求,合理分工,备齐途中所需要的各种用品如篷布、苇席、水桶、饲槽、扫帚、铁锹、手电、消毒工具和药品等。根据装运的畜禽数量、旅途远近及沿途饲料供应情况,备好应携带的饲料。

装运畜禽的车厢要根据当时的气候、畜禽种类、路途远近选定。温热季节,运输路程不超过一昼夜者,可用高敞篷车;天气较热时,应搭凉棚,并在车门钉上栅栏。寒冷季节,必须使用篷车,并根据气温情况及时开关车窗。装运马、牛的车厢必须设置栓系缰绳的铁环或横杠;装运猪的车厢最好用木(竹)栅栏分隔成2~4间。为了提高运输量,降低运输费用,在运输猪、羊时,目前多采用双层装载法。此时必须保证上层地板不漏水,并沿两层地板斜坡设排水沟,在下层车厢的适当位置设一容器,接受上层流下来的粪水。

凡无通风设备、车架不牢固的和铁皮车厢,或装运过腐蚀性药物、化学药品、矿物质、散装食盐、农药、杀虫剂等货物的车厢,都不可用来装运畜禽。

2. 屠畜的装载

装载屠畜之前,兽医和押运人员必须仔细检查车厢,认为合格后方可装载。驱赶屠畜时,应按车厢装载头数分批进行。用低声轰吓或用响鞭使之驯服登车,禁止用棒打、脚踢、硬拉、重鞭、重摔、抓鬃、扯尾等粗暴方法,以免使屠畜发生外伤及骨折,造成肉品、皮张的损失。

大家畜装在车厢内必须用短缰绳拴牢(特别是牛),以防角斗;同时最好使头向中央纵向排列,这样既可避免车辆震动时发生外伤,又便于饮喂检查。横向装置(畜头向车壁)则无上述优点,仅适用于短距离运输。据国外记载,大家畜在车内横向装载时，其体重的损失大于纵向装载，如在 1500km 铁路运输中，横装家畜体重的损失为 2.17%，而纵装时仅为 0.3%。

每节车厢装载的头数，应根据车厢载重量、畜体大小、气候冷暖、里程长短等情况适当掌握。原则是既不影响屠畜安全，又能节约运费，充分发挥运输潜力。每节车厢的装载量见表 2-2。

表 2-2　铁路运输的装载量

畜别	毛重/kg	冬季		春季		夏季		秋季
		单层车	双层车	单层车	双层车	单层车	双层车	
猪	60~100	80	150			70	130	
	100 以上	70	130			60	110	
牛	300~500			28				
	500~700			24				
	700~800			20				
	900 以上			18				
羊		100~110				80~90		

（三）水路运输

水路运输比铁路运输方便、安全而且经济。因畜禽在船上几乎与舍饲环境相同，如给予合理的饲养和妥善照料，往往可以增加体重。但水路运输只限于一定的季节和航线。

1. 运输前的准备

利用水路运输畜禽，必须在装卸港口设置专用码头，码头附近设置圈舍以备畜禽休息和检疫。选用船只，不论是木船、轮船或驳船，都必须要求船舱宽敞，船底平坦，坚固完整，要有完善的通风和防雨设备，铁地板的应铺垫木板。根据装运头（只）数、路程远近，备足饲料，准备好雨布、水桶、饲槽、绳索、照明灯及常用药品。海运时尚需备足淡水，牛、马每天每头按 24L 计算，猪、羊每天每头按 6L 计算。

2. 畜禽的装载

应遵守与铁路运输同样的要求。每船装运的头数，根据船的吨位、屠畜体重、季节、路程等决定。木船每吨船位在冬春可装猪 4 头，夏秋可装猪 3 头，不同体重、品种的猪可按具体情况适当装载。轮船和驳船的装畜数量，每头按下列规定面积计算：大型猪 $2 \sim 2.25 m^2$，一般猪 $1 \sim 1.25 m^2$，羊 $0.75 \sim 1 m^2$，牛 $2 \sim 2.5 m^2$，马 $2.5 \sim 3 m^2$。总之，每头屠畜所占面积以其能自由起立或躺下而不受妨碍，又便于兽医进行检查为原则。大家畜如牛、马等应拴系在杆或铁环上，猪、羊可圈在临时畜栏中。家禽应事先装在铁笼中，再将铁笼装上船。

（四）汽车运输

汽车运输适用于近距离和偏僻地区。如由产区各收购站把畜禽送往附近的车站、码头、加工地点或仓库等。

1. 运输前的准备

运输畜禽的汽车，两侧和后端必须装有高的车厢板，车底部须严密不漏水。装载大家畜时，应设格木，固定在两畜之间，防止外伤，保证安全。驾驶室顶上设置横木以便拴系。装载过农药、化肥及其他剧毒物品的车厢，未经清扫、刷洗、消毒，不得装运畜禽。

2. 畜禽的装载

装车时，可利用活动跳板或土坎。装载数量根据汽车载重量和屠畜体躯大小而定。载重5t的汽车，冬春可装载60~100kg的猪40~45头，100kg以上的猪30~35头，羊40~50只，牛3~5头；夏秋可装载60~100kg的猪30~35头，100kg以上的猪20~30头。大家畜最好是纵向装车，畜头朝向车头，但在近距离宽阔平坦的道路上，体躯小的家畜可酌情横装。装运猪羊时，车厢上要罩以绳网，防止逃散落车。家禽则事先装入铁笼中，再将铁笼装上汽车。

二、运输途中的管理和兽医卫生监督

（一）赶运途中的管理和饮喂

恰当掌握赶运时间和速度，暑热天气宜在清晨及傍晚赶运，中午赶至阴凉处或高地休息。寒冷天气应在日出后到日落前赶运，天黑前赶到宿营地。遇到狂风、暴雨、浓雾、大雪及严寒、酷暑天气，应停止赶运。每昼夜赶运的里程和速度，一般规定猪为8~10km，羊为12km，牛为15km。但在起初一两天，速度应当放慢。如沿途草原良好，可边赶运边放牧。切忌赶得过快，以免由于过度疲劳而招致不良后果。赶运途中，每天必须定时喂饮2次。喂饮前要使屠畜先休息半小时，饮水、饲料必须清洁，防止感染。

（二）车船运输途中的管理和饮喂

运输途中，对畜禽的细心管理、按时饮喂是保证完成运输任务的重要环节。押运人员应经常注意屠畜的健康，观察动静，防止聚堆挤压。天气炎热时车厢内应保持通风，设法降低温度，如在车厢中喷洒冷水（主要用于猪）。天气寒冷时则采取防寒挡风措施，如给以垫草（主要用于大家畜），关紧车门、车窗。通过隧道时应预先把车厢门窗关好，防止煤烟进入车内。途中必须做好车内清洁卫生工作，收集起来的粪便和垫草不得沿途随意抛弃，待到达指定车站时，卸下交车站清洁工处理。在运输途中，押运人员必须常与车站饲料与饮水供应点取得紧密联系，以便解决屠畜的饲料和饮水问题。根据车站的停水时间，适当安排饮喂，每天不得少于2次，各次相隔8h，夏季天热时要增加饮水1次。饮水不足，不仅导致屠畜体重减轻，且生理活动常因缺水而紊乱，发生疾病，甚至死亡。实践证明，不论短途或长途运输，如果押运人员能很好地照料畜禽，按时饮喂，畜禽不仅不减少体重，而且还能增重。

水路运输途中的饮喂与管理，除应与在库时一样外，押运人员要经常注意观察畜禽的食欲、体征，以及船内通风情况，及时防止某些因素（鸣笛和震摇）的惊吓。

汽车运输装运猪、羊时，车厢上要罩以绳网，防止逃散落车。不论装运何种屠畜，车速不应超过每小时50km，上下山或转弯时必须减速，以免屠畜相互挤压。炎热天气，车上应设凉棚，或在中途向猪体喷洒凉水，以免中暑。

（三）运输途中的兽医卫生监督

运输途中，动物防疫监督人员和押运人员应认真观察畜禽情况，发现病畜禽或可疑病畜禽时，应立即隔离到车船一角，进行救治及消毒，并将发病情况报告车船负责人，以便与有动物防疫监督机构的车站、码头联系，及时卸下病、死畜禽，在当地防检人员的指导下妥善处理。绝对禁止随意急宰或在沿途、内河乱抛尸体，也不得任意出售或带回原地。必要时防检人员有权要求装运畜禽的车船开到指定地点进行检查，监督车船进行清扫、消毒等卫生处理工作。

运输过程中，如发现烈性传染病及当地已扑灭或从未流行过的传染病时，应按照《中华人民共和国动物防疫法》的防疫规程采取措施，防止疫病扩散，并将疫情及时报告当地动物防疫监督机构。妥善处理畜禽尸体及污染场所、运输工具，同群畜禽应隔离检疫，注射相应疫苗或抗血清，待确定无散播危险时，方准运出或屠宰。

三、到达目的地时的兽医卫生监督

（一）查验证件

运输的畜禽到达车、站码头后，车站、码头的兽医检疫人员应向押运人员查验检疫证明文件，如检疫证件是3d内填发者，车站、码头兽医检疫人员只作抽查复验，不必详细检查。

（二）查验畜禽

如果无检疫证明文件，或畜禽数目、日期与检疫证明记载不符而又未注明原因者，或畜禽群来自疫区或到站后发现有疑似传染病畜禽及死畜禽时，车站、码头兽医检疫人员必须彻底检疫，按有关规定进行处理。

（三）运输工具消毒

装运畜禽的车船，卸完后须立即清除粪便，用热水洗刷干净。如在运输过程中发生一般性传染病或疑似传染病时，则在扫除、洗刷后消毒；如发生烈性传染病时，要进行2次以上消毒，每次消毒后，再用热水清洗。清扫粪便污物，用热水自顶棚开始冲洗车厢内外，直至洗水不呈粪黄色为止，然后用10%漂白粉或

20%石灰乳、5%来苏尔液、3%热氢氧化钠液等消毒。各种用具也应同时消毒，消毒后经 2～4h，再用热水洗刷 1 次，即可使用。车船内的粪便，必须经过发酵后才可作为肥料；发生过烈性传染病的车船内的粪便，应集中进行销毁。

四、常见的运输性疾病

运输性疾病是指畜禽在运输过程中受到各种不良因素或应激原的刺激，作用于垂体－肾上腺皮质系统，所引起的生理病理演变过程，是一种全身性应激综合征，又称应激性疾病。

一般而言，饲养管理、营养代谢、遗传育种、分娩泌乳、生长发育、精神紧张、剧烈运动、血压升高、中毒感染、硒和维生素 E 的缺乏都可引起应激性疾病的发生。惊吓、追捕、运输、驱赶、混群、拥挤、斗架、过劳、噪声、电流刺激、离群、预防注射等环境突变因素也可引发本病。

但是，由于应激原的作用强度、时间以及畜禽敏感度的差异，即使同一种或同一性质的刺激因素，所产生的效应也往往不同。应激过度或不足，都不利适应性机制的形成，反而影响畜禽的生产性能，乃至引起应激性疾病甚至死亡。因此，有关本病的病因和机制仍需进行深入研究。

（一）猪应激性综合征

猪应激综合征是猪对应激原刺激过度敏感而发生的一种应激敏感综合征（简称 PSS），由于猪种改良、追求饲料报酬、集约化封闭化养猪业的发展，在猪只产肉多、瘦肉率高以及经济效益提高的同时，也产生了不利的一面，即这些猪往往对应激刺激反应强烈，这种猪被人们称为应激敏感猪。应激敏感猪的外观特征是四肢较短，后腿肌肉发达，腿粗呈圆形，皮肤坚实，脂肪薄，易兴奋，好斗，后躯和尾根易发生特征性颤抖，追赶时呼吸急促、心跳亢进，皮肤有充血斑、紫斑，眼球突出，震颤。PSS 具有以下几种情况。

1. PSE 肉

猪宰后肉色泽淡白、质地松软、有汁液渗出，称为 PSE 肉，亦称白肌肉。

（1）发生原因和肉的变化　PSE 猪肉的发生主要是由于宰前运输、拥挤以及捆绑等刺激因素引起猪产生应激反应，表现为肌肉强直，机体缺氧，糖酵解过多。正常猪屠宰后 2h，肉的 pH 稳定在 6 以上，而 PSE 肉由于大量乳酸形成，在宰后 1h，pH 即可达到 5.8，以后又很快降到 5.0～5.3。

PSE 肉的好发部位主要是背最长肌、半腱肌、半膜肌、股二头肌等，其次为腰肌、臂二头肌、臂三头肌。病变呈左右两侧对称性变化。PSE 肉除表现苍白、质软、液体渗出外，还表现折光性强，透明度高，严重者甚至透明变性、坏死。肌肉缺乏脂肪组织，肌组织结合不良，严重者如烂肉样，手指易插入，缺乏弹性和黏滞性，明显水肿，肌膜常见有小出血点，淋巴结肿大、出血。

PSE 肉的组织学变化特征为，镜下观察有的肌纤维呈波状扭曲，横纹密度降低。肌纤维间有断裂和空隙。肌肉断面可见到肌纤维内容物收缩，与肌膜分离。还可见到由收缩变粗的肌纤维形成的比正常肌纤维粗 3~4 倍的巨大纤维。严重的可见有淋巴细胞、浆细胞、单核细胞和嗜酸性粒细胞浸润。

（2）卫生处理　PSE 肉加工时损失大，不宜做腌腊制品的原料。如果感官上的变化轻微，在切除病变部位后，胴体和内脏可不受限制出厂；如果病变严重，有全身变化的，在切除病变部位后，胴体和内脏可作为次品加工后出售。

2. DFD 肉

（1）发生原因和肉的变化　如果猪只在屠宰前所受的应激强度较小而时间较长，那么它的肌糖原的消耗就多，而肌肉产生的乳酸少，且被呼吸性碱中毒时产生的碱所中和，故出现切面干燥、质地粗硬、色泽深暗的 DFD 肉。这种肉的持水能力较强，切割时无汁液渗出。其特征表现为：肌肉的颜色异常深，呈暗红色，质地硬实，切面干燥。由于 DFD 肉 pH 接近中性，保水力较强，适宜细菌的生长繁殖，再加上肌肉中缺乏葡萄糖，使侵入胴体的细菌直接分解肌肉中的氨基酸产生氨。DFD 肉在腌制和蒸煮过程中水分损失少，但盐分渗透就受限制，结果大大缩短了肉品的保质期。

（2）卫生处理　DFD 肉主要是应激反应产生。一般无碍于食用，但胴体不耐保存，宜尽快利用。由于 DFD 肉 pH 高，保水性强，质地干硬，调味料不易扩散，因此也不宜作腌腊制品。

3. 猪背肌坏死

（1）发生原因和肉的变化　本病主要发生于 75~100kg 的成年猪，是应激综合征的一种特殊表现，并与 PSE 肉有着相同的遗传病理因素。患过急性背肌坏死的猪所生的后代，可以自发地发生背肌坏死。有的猪也可能在受到应激原刺激后发生急性背肌坏死。病猪表现双侧或单侧背肌肿胀，肿胀无疼痛反应，有的患猪最后酸中毒死亡。

（2）卫生处理　同 PSE 肉的处理。但严重者因酸中毒死亡的，其尸体应进行化制或销毁。

4. PSS - 急性心衰竭死亡

（1）发生原因和肉的变化　本病又称心死病，多见于产肉性能高的 8 周龄到 7 月龄猪，以 3~5 月龄猪最为常发，往往是在无任何先兆的情况下突然死亡。剖检心肌具有苍白、灰白或黄白色条纹或斑点，心肌变性。

（2）卫生处理　因本病死亡者，其尸体进行化制或销毁。

5. 猪急性浆液 - 坏死性肌炎（腿肌坏死）

（1）发生原因和肉的变化　本病的发生原因是猪对出售时的运输应激刺激适应性很差，因而发生肌肉坏死、自溶和炎症。这种猪肉和 PSE 猪肉外观相似，肉眼难以区别。宰后 45min 后，其 pH 在 7.0~7.7 以上，色泽苍白，质地较硬，切面多水。病理变化为急性浆液 - 坏死性肌炎。由于主要发生于猪后腿的半腱肌、半膜肌，故常称之为腿肌坏死性肌炎。

(2) 卫生处理　如果感官上的变化轻微，在切除病变部位后，胴体和内脏可不受限制出厂；如果病变严重，有全身变化的，在切除病变部位后，胴体和内脏可作为次品加工后出售。

(二) 猪胃溃疡

猪胃溃疡是一种慢性应激性疾病，本病在集约化、机械化封闭式饲养的猪群中发生较多。本病在欧美和日本较为常见。在我国发生率也很高。

1. 发生原因

引起本病的根本原因是饲养拥挤、惊恐等慢性应激刺激以及单纯饲喂配合饲料而引起肾上腺机能亢进，从而导致胃酸过多而使胃黏膜受损伤。

2. 症状与病变

这些猪平时症状不明显，常于运动、斗架和运输中突然死亡，其直接致死原因是胃溃疡灶大出血。宰后检验时可见胃食道部黏膜皱褶减少，出现不全角化、急性糜烂、溃疡等病变。

3. 卫生处理

胃局部有病变者，割除病变部位化制或销毁，其余部分不受限制出场；若胃大部分已发生病变，则将整个胃化制或销毁。

(三) 猪咬尾症

1. 发生原因和症状

在高度集中饲养、饮水、饲料不足等条件下，常常可以诱发猪的咬尾癖。发病时，猪一个咬一个的尾巴，有时连成一大串。被咬后猪变成秃尾猪，受伤的猪易形成化脓灶，从尾椎管向前蔓延，损伤脊髓而使猪死亡。咬尾癖猪对外界刺激敏感，凶恶，食欲不振，发生咬尾的时间多在下午3点左右。据报道，1974年日本一猪场6700头猪，有咬尾癖猪442头，受害猪3694头，死亡136头，作为淘汰猪出售的占68.5%。

2. 卫生处理

仅尾部受伤或局部化脓者，割去病变部分废弃，其他部分不受限制出场。若沿尾椎管向前蔓延至脊髓而引起死亡者，其尸体进行化制或销毁。

(四) 突毙综合征

突毙综合征(简称SDS)是在牛、羊、猪的运输中经常发生的一种应激性疾病。

1. 发生原因和症状

本病发生的根本原因是捕捉和捆绑时受到突然的强烈刺激，心肌过度强烈收缩而发生心跳停止。该病常表现为捕捉惊吓或注射时预先看不到任何症状而突然死亡，是应激反应的最严重形式。

2. 卫生处理

凡突然死亡的畜禽尸体，不管发病原因是否清楚，一律化制或销毁。

（五）运输病

本病又称为革拉瑟氏病。Glasser 于 1910 年首次报道本病。本病多发生于运输疲劳之后，故得名。在猪以多发性浆膜肺炎为特征。

1. 发生原因

在捕捉和运输等应激因素作用下，猪的抵抗力降低，诱发副猪嗜血杆菌的感染而发病。

2. 症状和病变

由副猪嗜血杆菌所致的疾病多发生于运输后第 3～7d，病猪表现中度发热（39.5～40℃），食欲不振，倦怠，经数日至 1 周而自愈，或恶化而死亡。

特征性病变为全身浆膜炎，其中以心包膜和胸膜肺炎发生率最高。镜检可见肺因间质水肿而增宽，并有圆形细胞浸润及纤维素渗出。支气管黏膜上皮变性、脱落，支气管周围亦有圆形细胞浸润和出血。该病与猪支原体引起的多发性浆膜炎、关节炎在临床上及病理变化上均不易区别，确诊有赖于病原菌的分离与鉴定。

3. 卫生处理

仅肺和胸膜有病理变化者，将病变部及其周围组织割除废弃，胴体和其他脏器不受限制出场。当其他器官和肌肉也有轻微病变者，应作高温处理。病情恶化而死亡者，其尸体应化制或销毁。

（六）运输热

屠畜在运输中，在过载和通风不良的车厢里，饲喂、饮水不当时，往往会出现运输热，又称为运输高温。

1. 发生原因

猪的汗腺不发达，且皮下脂肪较厚，散热困难。所以，在运输中如果条件恶劣，可造成猪只体内热量蓄积，引起体温急剧升高，出现一系列高温症状。

2. 症状和病变

大猪、肥猪表现更为明显，呼吸加快，脉搏频繁，外周血管扩张，皮温升高，精神沉郁，黏膜发紫，全身颤抖，有时发生呕吐，体温可以升高达 42～43℃。运输中，往往被其他猪只挤压而死。患病猪宰后检查可见大叶性肺炎变化，小叶间隔增宽、浆液性浸润，有时出现急性肠炎。

3. 卫生处理

仅肺脏和肠管出现病变者，则废弃肺脏和肠管，其余部分不受限制出场。若出现全身性轻微病变时，胴体高温处理后出场；若全身性病变严重，则胴体化制。运输途中死亡者，到达目的地后要化制或销毁。

（七）应激性疾病的预防措施

屠畜应激性疾病对屠宰加工企业可造成严重的经济损失，应采取如下综合性措施进行预防。

1. 选育和培育抗应激品种

在家畜（尤其是猪）的选育工作中，应淘汰应激敏感的种畜，选择抗应激能力强的个体作为种用。同时，在育种时也要注意选用抗应激能力强的品种作为亲本，培育抗应激能力强的家畜新品种或新品系，从根本上消除屠畜应激性疾病的病因，这是育种工作长期而艰巨的任务。

2. 加强饲养管理

要注意在饲料中添加矿物质和维生素，因为猪在受到应激刺激后，对营养的需要量大，对硒和维生素 E 需要量增多。另外，猪在高温、高湿条件下发育不良，肌肉中高能磷酸化合物少，肌红蛋白下降，促进肌肉糖原酵解，易促使体内酸度增加，所以在饲养条件下应避免高温、高湿和拥挤。

3. 加强运输过程中的管理

屠畜应激性疾病可给经营者带来巨大的经济损失。为保证屠畜在运输中的安全，减少应激性因素，应在运输前备足饲草、饲料和充足的饮水，在启运前将屠畜集中一段时间，使之亲和，建立新的群体关系，装车时不要任意混群，防止咬斗和各种因素突然改变。在运输中应避免拥挤、闷热、饥饿、过劳、骚动、惊恐以及暴力驱赶等外因刺激，以减轻应激。饱食也是加剧应激反应的重要因素之一，在运输中要严禁饲喂过饱。赶运时尽量少用电棒刺激。屠畜的调运应尽量避开酷热天气。在调运前最好让屠畜经受一段时间的适应性训练，运输时要尽量缩短中途停车时间。适当要求和鼓励司机尽量减少应激因素。生猪调运，应以生猪产地就近调运宰杀，尽量缩短运输距离。

4. 药物预防和治疗

应激衰竭期可补充皮质激素以改善循环，使血压回升，缓解休克症状；为解除乳酸过多所造成的酸中毒，可以用 5% $NaHCO_3$ 静脉注射。

项目小结

屠宰畜禽收购前应做产地检疫，从源头上控制染疫动物进入流通领域，保证抓好"动物性食品安全控制"工程实施的第一道防线，在促进基层实现防检结合、以检促防等方面具有重要的意义。当收购的屠畜禽达到足够调运数量时，应及时运往屠宰地，避免因改变动物原有的饲养环境而在收购地点长期停留导致动物掉膘、发病、应激反应或死亡的出现，收购的动物一般在收购地停留时间最多不超过3d。收购的畜禽应按其来源和时间分类、分批、分圈饲养，圈舍应保持清洁、干燥、通风良好，保持饲槽清洁，及时清理粪便，勤换垫草，应有防蝇和消毒措施。在饲养期间注意善待动物，力求做到不打、不踢、不渴、不饿、不晒、不冻、不挤、不斗和防风雨、防霜雪、防惊吓、防暴食，以减少动物应激反应的发生。

复习思考题

1. 常见的屠宰畜禽运输性疾病有哪些？
2. 简述猪应激综合征、猪胃溃疡、运输热的发病原因和临床表现。
3. 如何预防屠宰畜禽的运输性疾病？

项目二　屠宰畜禽的宰前检疫与管理

知识目标
1. 了解宰前检疫的目的和意义；
2. 了解宰前检疫器械和宰前重点检验疫病；
3. 了解宰前检疫后的处理措施。

技能目标
1. 掌握畜禽在宰前检疫的程序；
2. 掌握宰前对候宰畜禽实施休息管理和停食管理的卫生要求；
3. 掌握宰前检疫的群体检查与个体检查的内容。

宰前检疫是对畜禽自进入屠宰场到屠宰加工之前所做的健康状况的检查，是对屠宰加工过程实施兽医卫生监督的重要环节之一，是控制疫情、及早消灭疫情和保证畜禽产品质量的重要措施。宰前检疫在实际的生产中有着非常重要的意义：一是及时发现患病畜禽，实行病、健隔离，病、健分宰，适当处理，防止疫病散播，减轻对加工环境和产品的污染，保证产品的卫生质量。二是及早检出宰后检验难以检出的疾病，一些疾病如破伤风、狂犬病、李氏杆菌病、脑炎、胃肠炎、脑包虫病、口蹄疫以及某些中毒性疾病等，在宰前检验时根据其临床症状不难做出诊断，但在宰后一般无特殊病理变化，或因解剖部位的关系较难发现明显病变，所以在宰后检验时容易被忽略或漏检。三是防止违章宰杀，过去国家规定，对一些畜禽，如耕畜、种畜、幼畜和适龄的母畜等不许宰杀，随着社会进步，禁宰动物有所改变，耕畜已基本淘汰，而一些濒于灭绝或价值高的畜禽被禁宰。四是及时发现疫情，并为疫病防治积累资料。在宰前检疫中可根据畜禽的来源查找到疫病的发源地，报告当地动物防疫监督机构，可以尽快控制和扑灭疫情，保证畜牧业的发展。

任务一　屠畜的宰前检疫

一、宰前检疫的程序

（一）入场验收

这是对从外地采购的屠畜进入屠宰加工企业时所做的第一步检验，目的是防止患病屠畜混入宰前饲养管理场，造成疫病的传播和更大的经济损失。

1. 验讫证件，了解疫情

当屠宰动物运到屠宰加工企业时，兽医卫检人员查验并回收《动物产地检疫合格证明》或《出县境动物检疫合格证明》和《动物及动物产品运载工具消毒证明》，了解产地有无疫情，查验免疫标识（耳标），并核对运输动物的种类和数量。如果发现数目不符或有中途死亡的，须查明原因。如果发现疫情或有疫情可疑时，不得卸载，立即将该批动物转入隔离圈内，进行仔细的检查和必要的化验，确诊后按规定妥善处理。

2. 视检屠畜，病健分群

经上述查验的畜群，合格的准予卸载，在动物走过检疫分类栏的过程中施行外貌检查，并对病畜、可疑病畜以及国家禁宰的动物于体表分别涂刷一定的标记，将病畜和禁宰畜移入隔离圈，健康动物进入正常的饲养圈舍。

3. 逐头检温，剔出病畜

动物入圈后，使其安静休息，并供给饮水，在 4h 后施行逐头检温，将体温异常的动物移入隔离圈。

4. 个别诊断，按章处理

对隔离圈中的病畜和可疑病畜逐个进行诊断，必要时辅以实验室诊断，并按照有关规定进行处理。

（二）住场查圈

入场验收合格的动物，在宰前饲养管理期间，兽医人员应经常深入圈舍进行观察，以便及时发现漏检的或新发病的动物，做出相应的处理。

（三）送宰检查

宰前饲养场的健康动物，经过 2d 以上的饲养管理之后，再进行详细的外貌检查和逐头检温，即可送往屠宰加工车间屠宰。

二、宰前检疫的方法

屠宰加工企业日屠宰量少的几十，多的上百，甚至上千，要在屠宰之前的有限时间内对这些动物的健康状况作出准确的判断,如果采取逐头临床检查的方法完成检验十分困难,故生产实践中多采用群体检查和个体检查相结合的办法。其具体做法可归纳为静、动、食的观察三大环节和看、听、摸、检四大要领。

(一) 群体检查

将来自同一地区或同批的动物作为一组,或以圈为单位进行检查。

1. 静态观察

兽医人员在不惊扰动物的情况下深入到圈舍,仔细观察动物在自然安静状态下的表现,如精神状态、睡卧姿势、呼吸和反刍情况,有无咳嗽、气喘、战栗、呻吟、流涎、嗜睡和孤立一隅等反常现象。

2. 动态观察

静态观察后将动物轰起,或在卸载后观察动物的运动状态,如有无跛行、后腿麻痹、打晃摇摆、屈背弓腰和离群掉队等现象。

3. 饮食状态观察

在动物饮食期间,注意有无少食、贪饮、废食或吞咽困难等现象,并注意动物的排便情况及粪便的状态。

凡发现异常表现或症状的动物,标上记号,以便隔离和进一步个体检查。

(二) 个体检查

对群体检查中被隔离出的患病动物或可疑患病动物个体逐个进行的较详细的临床检查,即对病畜进行看、听、摸、检等兽医临床诊断,必要时可进行实验室化验和病原微生物学诊断,最后确定动物所患疾病的性质。也可对待宰动物抽样检查,抽出5%~20%做个体检查。

1. 看

看是观察动物的外貌和表现,如动物的精神状态、被毛、皮肤、运步姿势、鼻镜(或鼻盘)、呼吸动作、可视黏膜以及排泄物等有无异常。检查过程中要有敏锐的观察力和养成良好的系统检查的习惯,及时发现动物的异常现象和表现,以利快速诊断和防止漏检。

2. 听

听是用耳朵直接听取动物的叫声、咳嗽声,或用听诊器听取动物的呼吸音、胃肠音和心音,及时发现动物的异常叫声、病理呼吸音、胃肠异常蠕动音和异常心音。

3. 摸

摸是用手触摸动物体各部,如耳根、角根、体表皮肤、体表淋巴结、胸廓、腹部等。可以大概判定动物的体温,体表有无肿胀、疹块、结节,体表淋巴结有无肿胀,胸、腹部有无压痛等。

4. 检

检是检测体温和实验室检查,体温升高或降低是动物患病的重要标志,但应注意测温前应让动物得到充分休息，避免因运动、暴晒、运输、拥挤等应激因素导致的体温升高变化，健康动物的正常体温，脉搏和呼吸见表2-3。此外，当发现一些重要疫病的可疑症状时，需进行实验室检查，如牛羊布鲁菌病的血清学检查，牛结核病的结核菌素试验和马鼻疽的鼻疽菌素点眼试验等。

表2-3 健康动物正常体温、脉搏和呼吸

动物种类	体温/℃	呼吸/（次/min）	脉搏/（次/min）
猪	38.0~40.0	12~30	60~80
牛	37.5~39.5	10~30	40~80
羊	38.0~40.0	12~20	70~80
马	37.5~38.5	8~16	26~44
驴	37.5~38.5	8~16	40~50
骡	38.0~39.0	8~16	42~54
鸡	40.0~42.0	15~30	120~140
鸭	41.0~43.0	16~28	140~200
鹅	40.0~41.0	12~20	120~160
兔	38.5~39.5	50~60	120~140

（三）宰前重点检验疫病（检疫对象）

牛：口蹄疫，炭疽。

羊：口蹄疫，炭疽，羊痘。

猪：口蹄疫，传染性水疱病，猪瘟，猪肺疫。

各省（自治区、直辖市）农牧部门，可根据情况增减以上检疫对象。

（四）宰前检疫器械

宰前检疫常用的器械主要有体温计、听诊器、叩诊器、开口器、牛鼻钳、耳夹子、鼻捻子、采血针、穿刺针、皮内注射器及针头、剪刀、毛剪、卡尺等。也可自行配备检疫箱，主要包括显微镜、载玻片、盖玻片、酒精灯、染色液、消毒剂、采样袋、试管、玻璃瓶皿、解剖刀、剪刀、钩、手术刀、体温计、听诊器、应急灯、工作服、塑料手套、橡胶手套等。有条件的可配备照相机和录音机。

（五）宰前检疫后的处理

1. 准宰

经检查确认为健康的、符合政策规定（卫生质量和商品规格）的动物准予屠宰。

2. 急宰

确认为无碍肉食卫生的普通病患畜及一般性传染病畜而有死亡危险时，可随即签发急宰证明书，送往急宰。急宰动物均需在急宰车间内进行屠宰。如无急宰间，可在正常屠宰间内，待健康动物屠宰之后单独进行宰杀，且必须有兽医检疫员监督，工作完成后，车间和设备必须进行彻底消毒。

3. 缓宰

经检查确认为一般性传染病和普通病，且有治愈希望者，或患有疑似传染病而未确诊的动物应予以缓宰。另有饲养育肥价值的幼畜、孕畜等亦应缓宰。但必须考虑有无隔离条件和消毒设备，以及经济上是否合算等因素。

4. 禁宰

凡是危害性大而且目前防治困难的疫病，或急性烈性传染病，或重要的人畜共患病，以及国外有而国内无或国内已经消灭的疫病，均按下述办法处理。

（1）经宰前检疫发现口蹄疫、猪水疱病、猪瘟、牛瘟、牛传染性胸膜肺炎、牛海绵状脑病、痒病、蓝舌病时，禁止屠宰，禁止调运动物及其产品，采取紧急防疫措施，并向当地农牧主管部门报告疫情。患病动物和同群动物用密闭运输工具送至指定地点，用不放血的方法扑杀，尸体销毁。患病动物所污染的用具、器械、场地进行彻底消毒。

（2）经宰前检疫发现炭疽、鼻疽、恶性水肿、气肿疽、狂犬病、羊快疫、羊肠毒血症、马传染性贫血、钩端螺旋体病、李氏杆菌病、布鲁菌病、急性猪丹毒、牛鼻气管炎、牛病毒性腹泻－黏膜病等疫病时，一律不得屠宰，采取不放血的方法扑杀，尸体销毁或化制。

（3）在牛、羊、马、骡、驴群中发现炭疽时，除对患畜采取上述不放血的方法处理外，其同群屠畜立即检测体温，体温正常者急宰；体温不正常者隔离，并注射有效药物观察 3d，待无高温及临床症状时，方可屠宰。

（4）在猪群中发现炭疽时，同群猪立即进行体温检测，体温正常者急宰，体温不正常者隔离观察，直到确诊为非炭疽时方可屠宰。

（5）凡经过炭疽芽孢苗预防注射的动物，须经过 14d 后方可屠宰。曾用于制造炭疽血清的动物不得屠宰食用。

（6）在畜群中发现恶性水肿或气肿疽时，除对患畜采取不放血方法扑杀、尸体销毁外，其同群屠畜应逐头检测体温，体温正常者急宰，体温不正常者隔离观察，确诊为非恶性水肿或气肿疽时方可屠宰。

（7）被狂犬病或疑似狂犬病患畜咬伤的动物，在咬伤后未超过 8d，且未发现狂犬病症者，准予屠宰，其胴体和内脏经高温处理后出厂；超过 8d 者不准屠宰，应采取不放血的方法扑杀，并将尸体化制或销毁。

宰前检疫的结果及处理情况应做记录存档。发现新的传染病，特别是烈性传染病时，检疫人员必须及时向当地和产地兽医防检疫机构报告疫情，以便及时采取防治措施。

任务二　家禽的宰前检疫

家禽宰前检疫的程序和方法与屠畜基本相似，只是由于动物种类不同，其生理特点上有差异，故在检疫和处理上稍有不同。

一、家禽宰前检疫的方法

家禽的宰前检疫同样包括群体检查和个体检查两个步骤，但一般以群体检查为主，个体检查为辅，必要时进行实验室诊断。

（一）群体检查

一般以笼或舍为单位进行检查，通过对禽群的静态、动态、饮食状态的观察后，判断家禽的健康状况。

健康家禽一般全身羽毛丰满、整洁，紧贴体表且有光泽，泄殖孔周围和腹下绒毛洁净而干燥。两眼明亮有神，口、眼、鼻洁净，冠、髯鲜红发亮，对周围事物反应敏感，行动敏捷，勤采食，不时发出咯咯声或啼叫，经常撩起尾羽与鼓动翅膀，常用喙梳理羽毛，休息时往往头插入翅下，并且一肢高收。呼吸均匀，粪便呈浅黄色半固体状。

病禽精神委顿，闭目缩颈，鸡冠和肉髯苍白、青紫或肿胀，口、鼻、眼有分泌物，翅、尾下垂，羽毛蓬松无光泽，离群独居，行动迟缓，不喜采食，有灰白色、灰黄色或灰绿色的稀便，泄殖孔周围和腹下绒毛潮湿不洁或沾有粪便，呼吸困难，有喘息声。

（二）个体检查

经群体检查被剔除的病禽和疑似病禽，应逐只进行详细的个体检查。其检查方法包括看、听、摸、检四大要领。

检疫人员用左手抓住两翅根部，将家禽提起，从头部向下逐步检查。先观察头的冠、髯，看有无肿胀、苍白、发绀和痘疹等异常现象；看口、眼、鼻是否洁净，有无异常分泌物等；再用右手的中指抵住咽喉部，并用拇指和食指夹压两颊部，迫使禽口张开，观察口腔内情况，有无过多黏液、黏膜是否出血、咽喉部有无灰白色假膜等病理变化。将家禽适当举高，俯耳于家禽头颈部听其呼吸音有无异常，必要时用右手的拇指和食指捏压喉头和气管，是否能诱发咳嗽。观察羽毛是否松乱，有无光泽，重点观察肛门周围和腹下绒毛是否潮湿不洁，有无粪便沾污；掀开被毛，检查皮肤，看皮肤的光泽，有无痘疹、坏死、肿瘤、结节等。用手触摸嗉囊，检查其充实度和内容物的性质，是否空虚、积液、积气、积食；再触摸胸部和腿部肌肉，检查其肥瘦程度；触摸关节，检查是否肿胀。必要时将家禽夹在左腋下，左手握住两腿，将温度计插入泄殖腔，测其体温。

鸭则挟于左臂下，以左手托住锁骨部，用右手进行个体检查。鹅体较重，不便提起，一般按倒就地检查。

二、宰前检疫后的处理

（一）准宰

经宰前检疫确认健康合格的家禽，由动物检疫人员出具准宰证明，送往屠宰加工车间屠宰。

（二）急宰

经检查确认为患有或疑似患有一般性疾病的家禽，应出具急宰证明，送往急宰间急宰。如患有鸡痘、鸡传染性喉气管炎、鸡传染性支气管炎、传染性法氏囊炎、禽霍乱、禽伤寒、禽副伤寒、球虫病等疫病的家禽应急宰。

（三）禁宰

经检查确认家禽患有危害严重的疫病时，应采取不放血的方法扑杀后销毁。如患有禽流感、鸡新城疫、鸡马立克病、小鹅瘟、鸭瘟等疫病的家禽应禁宰。

与疫病患禽同群的家禽，根据疫病的性质与传染情况不同，迅速屠宰或做其他处理。被病禽污染的场地、设备、用具，应进行严格消毒。

任务三　畜禽的宰前管理

宰前管理主要包括宰前休息管理和宰前停饲管理两方面工作。

一、休息管理

（一）休息管理的意义

1. 可降低宰后肉品的带菌率

经过长途运输，动物比较疲劳，体内的新陈代谢发生紊乱，机体抵抗力降低，促使某些细菌，特别是肠道菌乘虚进入血液循环，并向肌肉组织及其他组织转移。如果不经休息即屠宰加工，宰后肉品的带菌率会大大提高（可达50%）。若使其休息48h后再屠宰，肉品带菌率可降至正常水平（10%以下）。

2. 可增加肌糖原含量

运输途中由于环境和饲养管理等条件的骤变，以及运输等造成动物精神紧张与恐惧，体内肌肉中糖原大量消耗，从而影响宰后肉的成熟，且不利于长期储藏。适当休息可恢复肌肉中糖原含量，因而可提高肉的品种和耐藏性。

3. 可排出机体内过多的代谢产物

经过长途运输，由于机体内代谢改变，动物体内积聚较多的中间代谢产物，影响肉品的卫生质量。适当休息可使体内过多的不良代谢产物排出，从而提高肉品的卫生质量。

（二）休息管理的方法

将卸载的动物置于卫生良好的饲养圈，给予正常的饲料、饮水，使动物安静休息 24~48h，恢复机体的正常代谢。

二、停饲管理

（一）停饲管理的意义

1. 可节约大量饲料

进入动物胃内的饲料必须经数小时至十几小时方能被消化吸收，而此期间内所喂饲料不能被机体消耗利用，因此合理的宰前停饲，可以节约饲料。

2. 有利于操作、减少污染

宰前不喂饲料，将使胃肠内容物减少，屠宰时便于操作，尚可减轻操作者的劳动强度；且胃肠内容物少，胃肠不充盈，开膛时不易被划破，故可减少肉品污染的机会。

3. 有利于提高肉品质量

轻度饥饿可促使肝糖原分解为葡萄糖，分布到肌肉中，提高肌糖原的含量，有利于肉的成熟，从而提高肉品质量。

4. 有利于放血充分

动物在停饲期间供给充足的饮水，很快被吸收，使机体血液浓度变稀，有利于放血完全，提高肉品的耐藏性。

（二）停食管理的方法

屠宰前的一定时间内停止喂给动物饲料，大中动物的停饲时间为：牛、羊 24h，猪 12h，鸡、鸭 12~24h，鹅 8~16h，兔 20h。由于家禽在净膛时采取的方法不同，如加工全净膛和半净膛的光禽时，停食时间一般为 12h 左右；加工不净膛的光禽时，停食时间可适当延长。在停饲期间必须保证充足的饮水，直到宰前 2~3h 停止供水。并加强圈舍的管理及兽医人员的检疫消毒。

📧 项目小结

宰前要进行检疫，及时发现病畜，实行病健隔离、病健分宰，以防止肉品污染和疫病传播，及早检出宰后检验难以检出而在宰前又具有典型或特征性症状的疾病，此外通过宰前检疫可以较早发现产地重要疫情，为畜牧兽医行政管理部门制定防疫计划提供依据。宰前还要做好休息管理和停食管理，才能减少产品的带菌率和应激综合征的发生率，提高屠宰放血的合格率，有利于肉的成熟、屠宰解体的操作和节约饲料。宰前管理的卫生要求主要有：屠畜经长途运输进厂至送宰之前一般应有 2~3d 的休息时间，此间进行合理的饲养管理，使其在安静环境中充分休息，达到消除疲劳和恢复其生理机能的目的；检疫人员要经常深入圈舍巡回检查，发现问题及时处理；要定期对圈舍、饲槽、饮水器等设备进行消毒；送宰停食管理期间应供给充足饮水至宰前 3h；猪在屠宰前还要进行充分淋浴。

复习思考题

1. 家畜的群体检查与个体检查的内容是什么？
2. 简述家禽和家畜的宰前管理内容。
3. 家禽宰前检疫后如何处理？
4. 家禽和家畜的宰前检疫程序如何安排？

项目三　屠宰加工过程的兽医卫生监督

知识目标

1. 畜禽屠宰加工工艺及卫生要求；
2. 屠宰加工车间和急宰车间的卫生管理；
3. 生产人员的健康要求；
4. 生产人员在屠宰加工过程中的卫生要求。

技能目标

1. 根据畜禽屠宰的卫生要求熟练掌握畜禽屠宰加工工艺；
2. 根据屠宰加工车间和急宰车间的卫生要求掌握工作人员健康防护措施；
3. 能自觉严格遵守工作人员的卫生要求。

任务一　屠宰畜禽加工过程的兽医卫生监督

屠宰一般是指以肉用或制取其他原料为目的，按规定程序将畜禽经过致昏、刺杀、放血等，获取肉品和其他副产品的工艺过程。屠宰加工工艺和流程是否符合卫生要求和规定，将直接影响到产品的质量、卫生及外观，因此加强屠宰加工过程各环节中的兽医卫生监督是非常重要的。

一、屠宰加工工艺及卫生要求

（一）生猪屠宰加工工艺及卫生要求

目前我国生猪的屠宰工艺主要有淋浴、致昏、刺杀放血、烫毛刮毛（或剥皮）、开膛、去头蹄、劈半、胴体修整、内脏整理等工序。

1. 淋浴

生猪进屠宰车间之前，首先要进行淋浴。目前，较先进的淋浴方法是从候宰圈至电麻台之间通道的左右两侧壁约 1.5m 高处各安一排蓬斗式笼头，向通道内倾斜 30°，以保证体表冲洗完全。淋浴水温夏季以 20℃、冬季以 25℃为宜，温度不宜过低或过高，否则反而影响肉的质量；淋浴时间以达到清洁皮肤为准，一般为 2~3min，不宜过长；淋浴时水的流速不应过急，使猪有舒适的感觉，确保猪只保持安静，这样利于促进外周毛细血管收缩，便于放血充分。

淋浴后的生猪，不仅洗掉了体表的粪污、泥污和微生物等，减少了屠体对烫毛池水的污染，而且体表湿润，还利于提高电麻效果。

2. 致昏

致昏是指屠畜在宰杀放血之前采用机械、电流或 CO_2 等方法使其暂时失去知觉，迅速进入昏迷状态的操作。目的在于善待动物，减少痛苦和挣扎，实行文明屠宰，保证操作安全。致昏还可以增加肉的嫩度，改善肉质。

目前，致昏的方法很多，如电麻法、二氧化碳麻醉法及刺昏法等，选用时应以操作简便、安全，既符合卫生要求，又保证肉品质量为原则。我国当前生猪屠宰中常用的致昏方法是电麻法。

电麻法主要是采用低压高频电流通过屠畜脑部造成实验性癫痫状态，此时屠畜心跳加剧，全身肌肉高度痉挛和抽搐，能收到放血良好和操作安全的效果。其具体操作要求如下：

（1）电麻操作人员应穿戴合格的绝缘靴、绝缘手套。

（2）电麻设备应配备安装电压表、电流表、调压器；按生猪品种和屠宰季节，适当调整电压和电麻时间。

①人工电麻器：电压为 70~90V，电流 0.5~1.0A，电麻时间 1~3s，盐水浓度 5%。

②自动电麻器：电压不超过 90V，电流应不大于 1.5A，电麻时间 1~2s。

（3）使用人工电麻器应在其两端分别蘸盐水（防止电源短路），操作时在猪头颞颥区（俗称太阳穴）额骨与枕骨附近（猪眼与耳根交界处）进行电麻。将电极的一端揿在颞颥区，另一端揿在肩胛骨附近。

（4）猪被电麻后应心脏跳动，呈昏迷状态，不得使其致死。

（5）电麻后用链钩套住猪左后脚跗骨节，将其提升上轨道（套脚提升）。

二氧化碳麻醉法，我国目前尚未采用，国外主要用于猪、绵羊和家禽。本法主要使屠畜通过利用干冰发生的含有65%～85% CO_2的密闭室或隧道，经过40～45s，使其保持麻醉状态2～3min。虽然可以使肌肉处于放松状态，避免因发生痉挛引起出血；促进呼吸和血液循环，利于放血等优点，但费用较高。而刺昏法是用匕首迅速准确地刺入屠畜的枕骨与第一颈椎之间，破坏延脑和脊髓的联系，使之瘫痪。本法操作简便，但只适用于牛。

3. 刺杀放血

从电麻到刺杀放血的时间，以不超过30s为宜。生猪的放血量，一般为活重量的3.5%。放血方式有横卧放血和倒挂垂直放血。从卫生学角度评价，前者放血时间短，常常造成放血不全，且操作人员劳动强度大。后者放血完全，肉质良好，宰杀文明，也方便头部检验和进入下一道加工工序。我国大中型屠宰场都采用倒挂垂直放血，常用的放血方法有切断颈总动静脉法。

切断颈总动静脉法，是目前广泛采用的比较理想的一种放血方法。在猪应于颈与躯体分界处的中线偏右约1cm处刺入，抽刀向外侧偏转切断血管，不得刺破心脏。刺杀放血刀口长度约5cm。沥血时间不得少于5min。否则，可能导致放不出血，或血流不畅，结果造成血液在组织中滞留和浸润，甚至发生呛血现象。另外，放血不完全时，使胴体色泽不佳，肉味不美，水分较多，容易腐烂变质。

此外，空心刀放血法国外已广泛采用，而我国少数肉联厂曾试验应用。所用刀具是一种具有抽气装置的特制"空心刀"。用真空刀放血可以获得未经污染的血液供食用或医疗用。断颈法是伊斯兰教的屠宰放血方法，多用于牛羊。

4. 浸烫褪毛或剥皮

猪的屠宰加工有褪毛和剥皮两种方法，我国大多采用热水浸烫褪毛加工方法。

（1）浸烫褪毛

①浸烫：放血后的猪体经沥血后用喷淋水或清洗机清洗体表的血液和其他污物，然后迅速进行浸烫脱毛。浸烫的方法包括吊挂浸烫和烫毛池浸烫。

吊挂烫毛隧道式脱毛：包括竖式热水喷淋脱毛、蒸汽浸烫脱毛、蒸汽热水联合脱毛等三种方式。从刺杀放血到浸烫脱毛都吊挂进行，猪体不脱钩，直接进入隧道，以59～62℃热水喷淋或蒸汽浸烫，烫毛时间为6～8min。隧道的后面是脱毛装置。此法既保证胴体干净不受烫池水的交叉污染，又免除脱钩操作的麻烦，从而提高了流水线的速度。目前，国内外设备先进的屠宰加工企业均采用此法。

烫毛池浸烫：放血后的猪体由悬空轨道上卸入烫毛池内进行浸烫，这是目前我国猪屠宰浸烫脱毛普遍采用的一种方法。猪体在烫毛池内借助于推挡机前后翻动和向前运送，从入池到出池正好完成烫毛的时间，大约6～8min，具体浸烫时间的长短应根据猪的品种和皮肤薄厚灵活掌握。浸烫水温应根据猪的品种、年龄大小和不同季节而定。经杂交改良的瘦肉型猪一般6～8月龄出栏，皮肤较薄，烫池水温应保持在58～60℃；农民散养的土种猪一般在12月龄以上才出栏，猪的皮肤较厚，烫池水温应保持在61～62℃。在寒冷的冬季，烫池水温应酌情升高1℃。浸烫时注意掌握水温和时间，防止"烫生"和"烫老"。

②脱毛：脱毛分机械脱毛和手工刮毛，大中型屠宰加工企业普遍应用机械脱毛，多为滚筒式刮毛机，刮毛机与浸毛池相连，猪浸烫完毕即由捞耙或传送带自动送进刮毛机，机内淋浴水温应控制在59～62℃，每台机器每次可放入3～4头，每小时可脱毛200头左右，要求不断肋骨、不伤皮下脂肪，脱下的毛及皮屑通过孔道运出车间。未脱净部位如耳根、大腿内侧及其他未脱掉的毛由人工将其刮去。

小型肉联厂和屠宰厂无刮毛机设备时，可进行人工刮毛。先用卷铁刮去耳和尾部毛，再刮头和四肢的毛，然后刮背部和腹部的毛。各地刮法不尽一致，以方便、刮净、不损坏皮肤为宜。

③卫生要求：猪体入烫池或剥皮之前应设置洗刷装置，在放血之后入烫池（剥皮）之前应摘除甲状腺。如采用烫池浸烫脱毛，烫池的水最好保持连续进水、出水的方式（活水），否则至少要每班更换一次烫池的水，在屠宰量大时，应2～4h更换一次浸烫水；脱毛后的猪体直接采用冷水喷淋降温净体，取缔清水池，以减少对屠体的污染；禁止吹气、打气刮毛和松香拔毛，避免污染肉品和环境，避免松香引起的食物中毒。

（2）剥皮　屠宰企业有时根据生产需要对生猪放血以后直接进行剥皮加工。剥皮分机械剥皮和手工剥皮两种方法。不论哪种方法，剥皮前应彻底冲洗屠体。剥皮时要力求操作仔细，避免损伤皮肤和胴体。防止皮毛、脏手沾污胴体。

5. 燎毛与刮黑

屠畜经刮毛工序后，胴体上常零星残留一些毛和刮断的毛茬，尤其在胴体皱褶处、四肢腋下、头部和蹄部较多。为了清除这些残毛，必须进行燎毛和刮黑处理。一些中、小型屠宰加工厂常采用喷灯燎毛。在先进的大型肉联厂常采用燎毛炉进行燎毛，燎毛炉内的温度可达1200～1700℃，屠体在炉内停留10～15s，体表残毛可全部燎完。但在燎毛的同时，屠体表皮的角质层和透明层也被烧焦，体表呈褐黑色。此时，需将屠体转入刮黑机，刮去烧焦的表皮，再通过干刮设备、用水冲洗体表。

6. 开膛与净膛

猪在清理残毛或剥皮后立即进行开膛，屠体放血后至开膛不得超过30min。开膛宜采取倒挂垂直方式，这样既减轻劳动强度，又减少胴体被胃肠内容物污染的机会。

猪的开膛沿腹部正中白线切开皮肤，接着划开腹膜，使胃肠等自动滑出体外，便于检验。然后沿肛门周围用刀将直肠与肛门连结部剥离开（俗称雕圈），再将直肠掏出打结或用橡皮箍套住直肠头，以免流出粪便污染胴体。用刀将肠系丛膜处割断，随之取出胃肠脾。然后用刀划破横膈膜，并事先沿肋软骨与胸骨连接处切开胸腔并剥离气管、食道，再将心肝肺取出。取出的内脏分别挂在排钩上或放在传送盘上，以备检验。

取出内脏后，应及时用足够压力的净水冲洗胸腹腔，洗净腔内淤血、浮毛、污物。

7. 去头蹄、劈半

用机械或刀从环枕关节、腕关节和跗关节处分别卸下屠畜头、蹄。然后沿着屠畜脊柱中线将胴体劈成对称两半。对猪，有的先去头蹄再劈半，有的将胴体和头一齐劈半。

劈半要准确，劈开椎管、暴露脊髓，力求劈面整齐、平直，不得劈断、劈碎脊椎。反之，不仅有碍商品外观，而且容易藏污纳垢，不耐保藏。

目前国内广泛使用电锯劈半，电锯分桥式电锯和手持式电锯两种。在小型屠宰场一般用砍刀劈半，由于猪的皮下脂肪发达，要先用刀沿脊椎切开皮肤和皮下软组织再行劈半。

8. 胴体修整

修整就是清除胴体表面的各种污物，修割掉胴体上的病变组织、损伤组织及游离物组织，摘除有碍食肉卫生的组织器官，以及对胴体不平整的切面进行必要的修削整形，使胴体具有完好的商品形象。修整分湿修和干修。湿修时，使用有一定压力的净水冲刷胴体，将附着在胴体表面的浮毛、血、粪等污物尽量冲洗干净，特别应注意颈端部和已劈开的脊柱。严禁用抹布擦洗胴体，因为它是许多胴体被同类污染物污染的来源，尤其是易被微生物污染而使胴体的卫生质量下降。干修时，应将附于胴体表面的碎屑和余水除去，修整颈部和腹部的游离缘，割除伤痕、脓疡、斑点、淤血部及残留的膈肌、游离的脂肪，取出脊髓，摘除甲状腺、肾上腺和病变淋巴结。修整好的胴体要达到无血、无粪、无毛、无污物。割除的肉屑或废弃物应收集于专门容器内，严禁乱扔。

9. 内脏整理

整理好的内脏应及时发送或送冷却间，不得长时间堆放、积压，以免变质。

10. 皮张、鬃毛的整理

（1）皮张的整理　刮去血污及皮肌、脂肪后，及时送往皮张加工车间（厂）作进一步加工，不得堆放或日晒，以免变质或老化。

（2）鬃毛的整理　猪鬃即猪的颈部和脊背部的刚毛。搞好猪鬃的整理，应做到无肉皮、无灰渣，初步捆把，以利于进一步分类加工。

（二）家禽屠宰加工工艺及卫生要求

家禽的屠宰加工方式，因加工企业的设施和工艺流程不同而有差异，但工序基本相同，大致包括致昏、刺杀放血、浸烫褪毛、净膛、胴体修整、内脏整理和分割包装。

1. 致昏

对家禽放血前的致昏是为了减少因宰杀时其头颈扭曲、两翅抖动等过度挣扎引起体内肌糖原大量消耗（影响宰后肉的成熟）和车间环境污染。

目前多采用电麻致昏法。电麻时电流通过屠禽脑部造成实验性癫痫状态，引起心跳加剧，全身肌肉发生高度痉挛和抽搐，可达到放血良好与操作安全的效果。

国内用于家禽的电麻器，常见的有两种。一种是呈"Y"形的电麻器，当电麻器接触家禽头部时，电流通过大脑而致昏。另一种为电麻板，是在悬空轨道的一段接有一电板，当家禽倒挂在轨道上传送，其喙或头部触及导电板，即可形成通路。致昏时，多采用单相交流电，电流强度为 0.65~1.0A，电压为 8~105V，电麻时间为 2~4s。

2. 刺杀放血

家禽的刺杀，要求保证放血充分的前提下，尽可能地保持胴体完整，减少放血处的污染，以利于保藏。常用的刺杀放血方法有：

（1）颈动脉放血法　该方法是将头颈固定，在家禽左耳垂后方切断颈动脉颅面分支，其切口在鸡约为1.5cm，鸭、鹅约2.5cm，放血时间2min以上。本法操作简便，放血充分，也便于机械操作，而且开口较小，能保证胴体较好的完整性，污染面不大，是目前采用较多的一种放血方法。

（2）口腔放血法　将禽类头部向下斜向固定后，用一手打开口腔，另一手持一放血尖刀，使刀刃朝向家禽的上腭，在上腭后第二颈椎附近，切断靠近头骨底部的任意一侧颈总静脉与桥静脉连接处，抽刀时，顺势将刀刺入上腭裂至延脑，以促使家禽死亡，并可使竖毛肌松弛而有利于脱毛。用本法给鸭放血时，应将鸭舌扭转拉出口腔夹于口角以利于放血流畅，避免呛血。

此种方法放血效果良好，放血快而净，不易污染，有利于拔毛，同时禽体外部没有伤口，外观整齐，保证了胴体外表的完整性。但此法技术比较复杂，不易掌握，稍有不慎，容易造成放血不良，颈部淤血，甚至造成口腔及颅腔的污染，不利于禽肉保藏。

（3）三管切断法　此法为切断颈部放血，主要用于鸡的宰杀。民间屠宰家禽大多用此方法，即从颈下喉部割断血管、气管和食管，不需要什么设备就能进行。本法操作简便，放血较快，但因切口过大且外露，细菌和其他污染物容易进入，影响禽体的商品外观及冷藏保管。

无论采用哪种放血法，都应有 1~1.5min 的放血时间，以保证放血充分，并使屠禽彻底死亡后，再进入浸烫与褪毛工序。

3. 浸烫褪毛

家禽褪毛方法有干拔和湿拔两种。干拔法可以最大限度保证光禽和羽毛的质量，但该法不易掌握，工作效率低、不便于规模化大批量加工。所以，目前机械化屠宰加工企业多采用湿拔法。

浸烫褪毛时，要根据家禽的品种、老嫩程度、个体大小以及季节变化等情况，准确地掌握水温和烫毛的时间。肉鸡浸烫水温为 5~60℃，称为半热烫；淘汰蛋鸡的浸烫水温为60~62℃，为次热烫；鸭、鹅为62~68℃，为强热烫。浸烫时间以容易拔掉羽毛而不损伤皮肤为度，一般控制在1~1.5min。浸烫水温过高、时间过长会引起皮肤破裂和体表脂肪熔化，皮层中的胶原蛋白质和弹性蛋白质变性失去韧性和伸缩性，使表皮变得紧而脆，极易破裂，既不利于整鸡脱骨，又不易于褪毛，影响禽体的形态美观。尤其是烫出骨鸡的水温，应掌握在70℃左右，褪净鸡毛后，再把鸡投入凉水中浸泡一会儿，以保持鸡皮原有的韧性和弹性，以便于脱骨。当然，水温过低则羽毛不易脱离。浸烫最好为流水，若为池水浸烫，一般为2h换一次水。

4. 净膛

从家禽体内摘除内脏称为净膛。根据摘去内脏程度的不同，有三种净膛方式：

（1）全净膛 即除肺、肾外将家禽的内脏全部拉出的胴体。凡是腑下开膛的家禽都是全净膛。操作时各地有多种方法。一般是先把禽体腹部朝上，右手控制禽体，左手压住小腹，以小指、无名指、中指用力向上推挤，使内脏脱离尾部的油脂，便于取内脏。随即左手控制禽体，右手中指和食指从腑下的刀口处伸入，先用食指插入胸膛，抠住心脏拉出，接着用两指圈牢食管，同时将与肌胃周围相连的筋腱和薄膜剥开，轻轻一拉，把内脏全部取出。对腹下开膛的全净膛家禽，一般是以右手的四个指头侧着伸入刀口触到禽的心脏，同时向上一转，把周围的薄膜剥开，再手掌向上，四指抓牢心脏，把内脏全部取出。

（2）半净膛 即从肛门处切开长约2cm的刀口，拉出肠子和胆囊，而其他内脏仍留在禽的体腔之中的胴体。操作时，使禽体仰卧，左手控制禽体，右手的食指和中指从肛门刀口处伸入腹腔，夹住肠壁与胆囊连接处的下端，再向左转，抠牢肠管，将肠子连同胆囊一齐拉出。

（3）不净膛 活禽屠宰后不开膛不拉肠的禽体，称为"不净膛"，又称为"满膛"。即全部内脏仍留在体腔之中。在屠宰去毛后直接供应市场的光禽就是满膛。这种光禽被再加工单位购去，可以根据不同的禽制品进行各种开膛法。

净膛时应注意以下卫生要求：①在全净膛和半净膛加工时，应先挤出泄殖腔内粪便，然后从肠道的起始部拉出肠管，不得拉断肠管和扯破胆囊，以免粪便和胆汁污染胴体；②从体腔摘出内脏，应与胴体一起进行同步检验；③清除体腔内残留的部分肠管、脏器、凝血块、粪污及其他污物；④从口腔放血的光禽，须清除口腔中积血块；⑤加工不净膛光禽时，宰前必须做好停食管理，停食时间应在12h以上。

5. 胴体修整

（1）湿修 湿修时，最好使用有一定压力的净水冲刷，将附着在胴体表面的羽毛、血、粪等污物尽量冲洗干净。全自动生产线的湿修工序是用洗禽机进行清洗，其效果良好。半自动生产线是将净膛后的胴体放在清水池中清洗。湿修用水要注意勤换，以免胴体被水中微生物污染。

（2）干修　用刀、剪将胴体上的病变组织、机械损伤组织、游离的脂肪等割掉，并将残毛拔掉，干修后从跗关节处除去爪（也有将爪保留的）。

修整好的胴体要达到无血污、粪污、羽毛、病变组织和损伤组织等，具有良好的商品外观。由于胴体修整是人工操作，使用器具，传送带表面，操作台等必须使用令人满意的材料制成，并利于清洁和消毒。修割的肉屑或废弃物，应按卫生要求分别处理，严禁乱扔乱放。

6. 内脏整理

摘出的内脏经检验后，立即送往内脏整理间进行整理加工，不得积压。如果为全净膛，分离出的心和肝须收集在专门的容器内。分离的肌胃，要在专门的地点剖开，清除内容物，撕掉角质膜，将肌胃与角质膜分开收集。腺胃和肠收集在一起。

内脏整理间要保证充足的供水，及时将初步整理的内脏清洗干净。内脏整理后，应迅速包装和冷却，并及时销售或进一步加工，腺胃和肠可加工成饲料。

7. 分割与包装

鸡的分割加工是目前最流行的加工措施，其加工方法有手工分割和机械分割两种方法，加工对象主要是经冷却处理的全净膛光禽。分割的规格一般有1/2无骨鸡肉、小胸肉、鸡腿、鸡翅（翅根、翅中、翅尖）、鸡爪、鸡胃以及其他副产品（鸡架、鸡头、鸡脖、鸡肝、鸡心、胸软骨、爪筋等）。分割时，应采用整鸡预冷后分割的工艺，整个分割过程控制在2.5h以内，温度在4℃左右。分割包装后的鸡产品迅速在-23℃条件下冻结，采用箱冻的时间不得超过36h。

8. 羽毛的整理

浸烫法褪下的羽毛，应及时收集，在专门场地上摊开晾晒，不得堆积。待晾晒干后送作进一步加工。

（三）牛、羊屠宰加工工艺及卫生要求

1. 待宰

牛羊在屠宰前，一般需断食、饮水、休息12~24h，屠宰前3h停止给水。

2. 称重、冲淋

为防止牛羊恐慌，不能让待宰的牛羊看见车间内的场面，经宰前检验后合格的牛羊由人沿着指定的通道将其牵到地磅上称重。而后用温水进行冲淋，清洗全身，以减少屠宰过程中牛身上的附着物对牛胴体的污染。

3. 击昏

击昏是使牲畜暂时失去知觉，避免屠宰时因挣扎、痛苦等刺激造成血管收缩，放血不净而降低肉的品质。

牛的击昏一般采用电击昏和气动枪击昏，国内通常采用电击昏，工作电压一般在90~110V，工作电流一般为0.5~1.5A，电麻时间为5~10s。与击昏工序关联的设备除击昏装置外，还有牵牛机和牛翻倒箱，这些设备国内外大同小异，

只是国产的翻倒箱采用机械操纵，而国外采用气动或液压控制。

羊的击昏基本采用电麻击昏，电麻装置比较简单。然而由于羊的性情温顺，对人不具有攻击性，因而生产中也有不予致昏后进行刺杀放血。

牛羊的宗教宰杀一般不采用击昏工序。

4. 刺杀放血

牛羊击昏后要尽快刺杀，刺杀位置要准确，使进刀口能充分放血。

国外发达国家已采用空心放血刀刺杀，利用真空设备收集血液，卫生条件好。另外，为了确保宗教或传统宰杀作业时安全可靠，国外配有组合旋转式宰杀箱，国内尚无此设备（引进设备中有）。

5. 剥皮与去头、蹄

屠宰牛羊一般采用剥皮。刺杀放血后应尽快剥皮，以免尸体冷后不易剥下。牛羊的剥皮方法分手工剥皮和机械剥皮两种。在剥皮的过程中，分别将蹄、头卸下。

（1）预剥头皮、去头　由人工预剥牛的头皮并去牛头，牛头出售。

（2）低中高位预剥　低位预剥是由人工剥前小腿皮、去前蹄。接着在高轨上剥悬空的那条后腿的皮，并去蹄，再用电动葫芦吊钩将牛从高轨上取出，用中轨上的滑轮钩钩住已剥过皮的那条腿，然后放下电动葫芦吊钩并取出，使牛转挂到中轨上，最后在中轨上剥另一条后小腿皮、去蹄，并将其也挂在中轨滑轮轮钩上，用撑腿器将牛的两条后腿撑开，最后再剥臀皮、尾皮，即完成了高位预剥。预剥牛的胸皮和颈皮为中位预剥。

（3）机器扯皮　对于牛的剥皮加工，剥皮机有链式剥皮机和滚筒式剥皮机，目前国内外普遍采用滚筒式剥皮机。用扯皮机滚筒上的链钩钩住牛的颈皮，然后由两人分别站在扯皮机两侧的升降台上，启动扯皮机并不断地插刀，修整皮张，防止扯坏皮张或皮上带肉带脂肪。将牛背部的皮扯下后，再对牛屠体背部施加电刺激，使其背肌收缩复位。扯下来的整张牛皮保证皮张的完整性，刮去血污及皮肌、脂肪后及时加工或售给制革厂。

羊的剥皮加工设备与牛的大致相同，只是机型较小，结构更为简单。

6. 开膛与净膛

开膛时应小心沿腹部正中线剖开腹腔，切勿划破胃肠、膀胱和胆囊，若万一被胃肠内容物、尿液和胆汁所污染，应立即将胴体冲洗干净。先取出胃、肠、脾，再取出心、肝、肺，操作方法参考猪的开膛。

7. 胴体劈半

牛胴体劈半是沿脊柱将胴体劈成两半，沿最后肋骨前缘，将半胴体分割为前后两部，即四分体。牛的劈半通常采用带式劈半锯、往复式劈半锯和圆盘式劈半锯。带式劈半锯作业平稳，生产效率高，操作工人劳动强度小，且锯缝窄，带肉量低。但是带式劈半锯制造精度要高于往复式劈半锯和圆盘式劈半锯，尤其是锯条，要薄、犀利、耐磨。国内带式劈半锯尚未过关，关键是缺少专用锯条。另外，对于大型牛屠宰加工生产线，德国的伴斯公司和荷兰的斯托克公司都能提供全自动牛体劈半机。

8. 修整、冲淋

修整范围包括割牛尾、扒下肾脏周围脂肪、修伤痕、除淤血及血凝块、修整颈肉、割除体腔内残留的零碎块和脂肪，割除胴体表面污垢，然后经冲淋洗去残留血渍、骨渣、毛等污物。

9. 内脏整理

牛内脏整理的方法和卫生要求，参见猪的内脏整理。

10. 剔骨分割、修整

剔骨是在10℃左右的操作间内对牛前、牛后进行剔骨。剔骨的肌肉迅速进入分割间进行分割，分割温度不得高于剔骨操作间的温度。将牛胴体分割为颈部肉、前腿、里脊、花腱等，同时应修净碎骨、结缔组织、淋巴、淤血及其他杂质。剔下的牛骨送至急宰化制间化制成工业油、蛋白饲料和肉骨粉。

11. 包装

分割成品共有三个处理途径：第一个处理途径是经包装后装铁盒在冻结间内冻结16h，冻结温度为-33℃，当肉中心温度达到零下15℃以下时，再将冻结肉从铁盒中取出装入纸箱，送入-25℃的冷藏库中冷藏。第二个处理途径是成品进入0~4℃的保鲜库内准备鲜销。第三个处理途径是分割肉修割下的碎肉作为熟食加工的原料外售。

12. 病胴体处理

该项目拟将不合格胴体及其内脏等与牛骨一起送入急宰化制间制备工业油、蛋白饲料和肉骨粉。

（四）家兔屠宰加工工艺及卫生要求

肉兔经验收、保养后，送入屠宰场进入屠宰过程。肉兔的屠宰方法很多，现代化的正规屠宰场都采用机械流水作业，工作效率高，劳动强度低，且可减少污染机会，保证兔肉的新鲜、卫生。小型肉兔加工厂零星屠宰时，多采用手工操作，但屠宰方法大体相同。

1. 击昏

击昏的目的是使临宰兔暂时失去知觉，减少和消除屠宰时的挣扎和痛苦，便于屠宰时放血。目前常用的击昏法主要有电击法、机械击昏法和颈部移位法等。

（1）电击法　俗称电麻法，是目前兔肉加工企业广泛采用的击昏法。它是使电流通过兔体麻痹中枢神经而致昏。此法还能刺激心跳活动，缩短放血时间，提高劳动效率。电麻器常用双叉式，类似长柄钳，适用电压为40~70V，电流为0.75A。使用时先蘸取5%盐水，插入耳根后部，触电昏倒后方可宰杀。但应注意电麻不得过深，否则会造成放血不良，使兔肉质量降低。

（2）机械击昏法　通常用右手紧握临宰兔的两后腿，使兔头下垂，用木棒或铁棒猛击其头部，使其昏厥后屠宰。棒击时需迅速、熟练，否则不仅达不到击昏的目的，而且因兔骚动容易发生危险。此法广泛用于小型肉兔屠宰场和家庭屠宰加工场。

（3）颈部移位法 在农村分散饲养或家庭屠宰加工情况下，最简单而有效的击昏法是颈部移位法，即用左手抓住后肢，右手捏住头部，将兔身拉直，突然用力一拉，使头部向后转，使颈椎脱位致昏。

另外，还可耳静脉注射空气 5~10mL，使血液形成栓塞致死；也可灌服少量食醋，引起心脏衰竭、呼吸困难而致昏。至于农村常用尖刀割颈放血或割头致死，则易污染肉质、损伤皮张，不宜采用。

2. 放血

兔子被击昏后应立即放血，以保证操作安全和放血完全。目前，广大农村及小型兔肉加工厂，宰杀肉兔大都为手工操作。最常用的放血法是颈部放血法，即将击昏的兔倒挂在钩上，或由他人帮助提举后腿，割断颈部的血管和气管，进行放血。根据操作实践，倒挂刺杀的放血时间以 3~4min 为宜，不能少于 2min，以免放血不全。放血充分，肉质细嫩，含水量少，容易贮存；放血不全，肉质发红，含水量增加，贮存困难。

现代化兔肉加工厂，宰杀兔子多用机械转盘刀割头放血。这种方法可以减轻操作时的劳动强度，提高工效，防止兔毛、兔血沾污胴体，影响产品质量。

3. 剥皮

家兔在剥皮前需用冷水湿裆，以免兔毛飞扬。不要喷湿挂钩和被固定的兔爪，以免污染胴体。宰杀速度应与剥皮速度相协调，宰杀后应尽快剥皮，剥皮过晚不但不易剥离，而且容易撕破皮肤或皮张带肉。为避免兔毛、粪污染胴体，剥皮宜采用脱袜式。现代化的肉兔屠宰场多采用机械剥皮，如上海市食品公司冻兔肉加工厂已试制成功链条式剥皮机，工效比手工剥皮提高 5 倍左右。中、小型肉兔屠宰加工场多采用半机械化剥皮法，即先用手工操作，将放血后的兔从后肢膝关节处平行挑开剥至尾根，用双手紧握腹背部皮张，伸入链条式转盘槽内，随转盘转动顺势拉下兔皮。

目前，广大农村分散养兔及小型肉兔屠宰加工场普遍采用手工剥皮法。先用粗绳将放血后的兔体后肢倒挂固定，用利刀自颈部周围，四肢中段（前肢腕关节、后肢跗关节）平行挑开，再沿大腿内侧通过肛门切开皮肤，用退套法剥下皮张。

在剥皮过程中，凡是接触过皮毛的手和工具，不得再接触胴体，以防兔肉受到污染。

4. 开膛与净膛

开膛力求深浅适度，避免割破胃、肠而造成胴体污染。先用利刀自骨盆腔开始，从腹线正中剖开腹腔，取下大小肠和膀胱。然后沿腹中线切开腹腔，除肾脏外，取出全部内脏。取下的大小肠及脾、胃应单独存放，经兽医卫生检验后集中送往处理间处理。

经剖腹取脏后，可用洁净海绵或棕榈刷擦除体腔内残留血水。上海市食品公司冻兔加工厂采用真空泵吸除血水，效果很好。先用刷颈机代替抹布擦净颈血，然后用真空泵吸除体腔内残留血水，既干净又卫生。

5. 修整、冷却

修整的目的是为了除去胴体上能使微生物繁殖、污染的淤血、残脂、污秽等，达到洁净、完整和美观的商品要求。其工序包括：

（1）修除残存的内脏、生殖器官、各种腺体、结缔组织和颈部血肉等；

（2）修整背、臀、腿部等主要部位的外伤，修除各种瘢疤、溃疡等；

（3）修整暴露在胴体表面的各种游离脂肪和其他残留物；

（4）从第一颈椎处去头，从前肢腕关节、后肢跗关节处截肢，从第一尾椎处去尾；

（5）用高压自来水喷淋胴体，冲净血污，转入冷风道沥水冷却。

二、屠宰加工车间和急宰车间的卫生管理

（一）屠宰加工车间的卫生管理

屠宰加工车间及其加工过程的卫生状况与肉品卫生质量有着密切的关系。除设施建设应按建筑设计的卫生要求外，车间及其生产过程还必须达到下列卫生要求：

（1）屠宰车间的进出门口，必须设置与门等宽的消毒池，消毒池的设置以人不能跨过为宜，池内的消毒药液应定期更换，以保持其应有的消毒作用，出入人员必须从中通过。

（2）在车间入口处、厕所及生产岗位附近，配有非手动洗手装置、洗手液、消毒液、感应烘干器等。必要时要有冷热水供应的洗手消毒设施，每10~15人一个。总之，车间内设备和用具应坚固耐用，便于清洗消毒。

（3）车间应有充足的自然光或日光灯照明，并设通风换气装置，保持车间通风良好。在车间出口处有与外界相连的排水设施，通风处有防蝇、防虫设施。

（4）工作台、加工用具及容器，坚持每班后严格清扫消毒，盛放产品的容器不得直接接触地面。刀具污染后，应立即用82℃热水消毒。

（5）屠宰加工车间只允许宰杀健康屠畜，不准任意宰杀病畜，如遇有特殊情况时，必须在屠宰车间宰杀，须经主管部门同意，宰杀结束后必须严格消毒。

（6）生产车间设专职卫生员，负责车间清洁卫生工作。生产过程中随时清扫，班后彻底清洗，保持车间原貌，整洁如初。各工序在生产结束后要清理干净自己岗位的环境卫生，养成良好的卫生习惯。负责人进行检查，并做好记录。

（7）对不合格产品及跌落地面的产品应在固定地点设标识分别收集，在检

验人员的监督下及时处理。对所有的废弃物应设置标识集中存放，用不渗漏容器运至指定地点。

（8）所检出的病肉及其副产品及时送至无害化处理间统一进行无害化处理。有异议难以断定的疑似病畜，请检验人员及集体研究裁决。

（9）屠宰畜的血液，除采集加工利用外，一般不准任意取拿或外流污染场地，如须外运出厂加工利用时，应置专用容器盛装，不得渗漏外流。

（10）烫毛池的水应定时更换，一般 4~6h 更换一次；清水池的水应保持流动。

（11）屠宰加工车间内不得翻洗胃肠。

（12）禁止闲杂人员进入车间，参观人员进入车间，必须由专人带领并穿戴专用衣、帽和靴，参观过程中不得触摸肉品、用具和废弃物。

（13）关键工序设专人监控，监控情况必须做好记录，如生产卫生检查记录，注明被检部门、检查时间、负责人、检查人、检查情况含检查内容、检查结果不合格原因和整改措施等。检查内容包括墙壁、门窗卫生情况、生产车间卫生情况、生产设备的清洗消毒情况、洗手消毒设施是否正常、工人操作卫生情况等。

（二）急宰车间的卫生管理

每个屠宰场都应设立急宰车间，主要是对由隔离圈和贮畜场送来的、确诊为无碍肉品卫生的普通病或一般传染病的患畜进行紧急屠宰，是屠宰加工企业必不可少的组成部分。因为在急宰车间屠宰的牲畜多为病畜，所以对其卫生要求更为严格。除应遵守屠宰加工车间的卫生要求外，还必须做到以下几点：

（1）车间内的建筑和设备应适于屠宰各种家畜，并有更严密的防鼠、防蚊和防蝇设备。

（2）车间应有专人、专具。车间工作人员应相对稳定，未经允许，非工作人员不得进入车间；工作时间内，本车间和其他车间的工作人员不得串动。

（3）急宰车间应设专用的下水道系统，血液和粪污等在排入公共下水道前，须经严格消毒。

（4）内脏、酮体、皮张均应妥善放置，未经检验不得移动。

（5）急宰车间生产的所有产品，均须经无害化处理后方可出厂。严禁将急宰车间的用具带出车间。

（6）凡送入急宰车间的屠畜，须有兽医出具的急宰证明，以便宰后检验时进行核实。凡确诊为法定恶性传染病的牲畜，一律不得急宰；疑为炭疽的，须做血片检查。

（7）每次工作完毕后，应进行彻底消毒。对车间的地面及工作台面、用具等，须用5%热碱水或6%有效氯的漂白粉溶液消毒。金属用具在消毒后要用清水清洗，以防腐蚀生锈。

任务二　生产人员的个人卫生与防护

生产人员的健康和卫生状况与产品的卫生质量有密切关系。因此，参与生产的工作人员应做好个人卫生与防护。

一、生产人员的健康要求

（一）定期体检

对从事屠宰加工操作的职工，每半年至少进行一次健康检查。新进厂的工作人员，在体检合格后方可参加生产。

（二）疾病检查

凡患有下列病症之一者，均应调离或停止屠宰加工工作岗位，未经治愈不得恢复工作。如痢疾、伤寒、病毒性肝炎等消化道传染病（包括病原携带者）；开放性或活动性肺结核、化脓性或渗出性皮肤病以及其他有碍食品卫生的疾病。

二、生产人员在屠宰加工过程中的卫生要求

（一）卫生教育

工厂应对新参加工作或临时参加工作的人员进行卫生教育，定期对全厂职工进行《食品卫生法》及其他有关卫生规定的宣传教育，做到教育有计划、考核有标准，卫生培训制度化和规范化。

（二）洗手要求

生产人员遇到下列情况之一时必须洗手、消毒，工厂应有监督措施。
（1）开始工作之前；
（2）上厕所之后；
（3）处理被污染的材料之后；
（4）从事与生产无关的其他活动之后；
（5）分割肉和熟肉制品加工人员离开加工场所再次返回前应洗手和消毒。

（三）个人卫生

（1）生产人员应注意个人卫生，做到勤洗澡、勤理发、勤换衣服、勤剪指甲。
（2）进入车间要穿戴清洁的工作服、口罩、胶靴等。工作服不整洁者不得进入车间，不得在车间内更衣。
（3）工作服要经常保持清洁，要求每班换洗，胶靴应于工作完毕后洗刷干净。
（4）非生产时间，不得穿戴工作服和胶靴。
（5）生产人员不得在车间内饮水、进餐、吸烟和随地吐痰，不准对着产品

咳嗽打喷嚏。

（6）生产人员应定期接受必要的预防注射等卫生防护。

三、生产人员的个人防护

生产期间，生产人员应加强个人的防护措施。

（1）工厂应配给生产人员必需的防护设备，包括工作服、帽、手套、口罩、胶靴、围裙等。

（2）在放血点、烫毛点、冷水池的操作人员，要配备不透水的连衣裤。与水长期接触的生产人员还需配给护肤油膏。

（3）急宰车间的工作人员应配戴无色平光镜、乳胶手套，配给工作服、工作帽和线手套。

（4）车间内应备有外伤急救箱。凡受刀伤或有其他外伤的生产人员，应立即采取妥善措施包扎防护，在不加防护前，不得参加生产。

（5）配备给生产人员的刀钩用具，应经常消毒，妥善保管。

（6）接触过炭疽等烈性传染病病畜、病肉的生产人员，应根据情况做必要的预防治疗，其工作服、胶靴及刀具，必须进行严格彻底的消毒。

项目小结

屠宰加工的卫生状况，直接影响着畜禽肉的卫生质量，与广大消费者的健康状况有着极其密切的关系。因此，行使屠宰加工过程中的兽医卫生监督工作，已成为屠宰加工企业兽医卫生人员的重要职责。具体工作中，兽医卫生人员必须按照《肉类加工厂卫生规范》，做好屠宰加工过程中的各项卫生监督工作。即做好屠宰前的准备工作、屠宰操作过程中的监督工作、屠宰操作过程中的监督工作和加工过程的检验工作。总之，强化禽畜屠宰加工过程中的兽医卫生监督，对于切实做好屠宰畜禽及其产品的检验，提高产品卫生质量，保障人畜安全，意义重大，影响深远。只要广大兽医卫生工作人员认真学习贯彻执行《中华人民共和国动物防疫法》、《畜牧法》及肉食品质量安全监管等相关法律、法规，努力提高执法素质，熟练掌握工作程序和操作规程，认真履行工作职责，严格执法，规范执法，就一定能把保护养殖户利益，确保人民身体健康，有力地促进了畜牧业生产的持续健康发展。

复习思考题

1. 屠宰加工生产期间，生产人员应怎样做好个人的防护？
2. 屠宰加工人员的个人卫生包括哪些方面？

3. 简述屠宰加工车间和急宰车间的卫生要求。
4. 简述畜禽屠宰加工工艺及卫生要求。

项目四　屠宰畜禽的宰后检验与卫生处理

知识目标
1. 宰后检验的目的与意义；
2. 宰后检验的组织实施；
3. 宰后检验程序和技术要点；
4. 宰后检验后的处理；
5. 组织器官病变的鉴定与卫生处理。

技能目标
1. 熟练掌握宰后检验的方法与要求；
2. 了解宰后检验点的设置并能同步检验；
3. 了解畜禽宰后检验的程序并掌握技术要点；
4. 掌握畜禽宰后检验后的处理措施；
5. 掌握局限性和全身性组织病变的鉴定与处理。

任务一　屠宰畜禽的宰后检验

屠宰畜禽的宰后检验是检疫人员应用动物病理学知识和实验室诊断技术，依照规定的检疫项目、标准和方法，对解体后的胴体和器官进行检验和综合性卫生评价，是兽医卫生检验的重要环节，是宰前检疫的继续和补充。

一、宰后检验的目的与意义

（一）宰后检验目的

对于那些缺乏明显临床症状，特别是处于发病初期或疾病潜伏期的患病屠畜、禽来说，宰后检验更为必要。因为宰前检验仅能检出那些症状明显的病畜禽和可疑病畜禽，所以宰后检验又是宰前检验的继续和补充，其主要目的是发现和检出患有疫病或有害于公共卫生的其他疾病的胴体、脏器及组织，继而依照有关的规定对这些有害的动物产品和废弃物进行无害化处理，以确保肉类食品的卫生质量。

（二）宰后检验意义

（1）检出宰前检疫难以检出的疫病和病变，确保肉品卫生。如处于疫病潜伏期、发病初期、隐性感染阶段，或临床症状不明显的疫病如猪囊虫病、旋毛虫病等。

（2）检出不合格的肉品和病变的脏器，如注水肉、黄疸肉、PSE 肉、内脏肿瘤及脏器的水肿、化脓、出血等病变。

（3）防止动物疫病的传播扩散。

（4）保证食品安全和食用者身体健康。

二、宰后检验的组织实施

（一）宰后检验的方法与要求

1. 宰后检验的方法

宰后检验包括胴体检验和内脏检验，以感官检查和剖检为主，即通过视检、剖检、触检、嗅检等方法对屠宰后的动物胴体和脏器进行病理学诊断与处理，必要时辅之以实验室的病理学、微生物学、寄生虫学和理化学检验，以便对宰后检验中所发现的病害肉做出准确诊断，并做出相应的卫生处理。宰后感官检验的方法主要有：

（1）视检 视检即通过用肉眼观察胴体的皮肤、肌肉、胸腹膜、脂肪、骨骼、关节、天然孔及各种脏器的色泽、形态、大小、组织状态等是否正常，从而作出判断或为进一步的剖检提供依据的检验方法。如皮肤、皮下组织、结膜、黏膜和脂肪组织发黄，表明病变为黄疸，应仔细检查肝脏和造血器官有无病变；皮肤的病变应注意猪瘟、猪丹毒、猪肺疫等疫病；口腔黏膜和蹄部发现水疱、糜烂和溃疡，则应注意鉴别口蹄疫、水疱病、羊痘、传染性水疱性口炎等传染病。

（2）触检 触检主要是采用刀具触压或用手触摸的方法，来判定组织、器官的弹性和软硬度是否正常，对发软组织深部的结节病灶有重要意义，如肺内结节，只有用手触摸才能发现。触检可减少剖检的盲目性，提高剖检的效率。

（3）剖检 剖检即借助于检验刀具等，剖开被检畜禽的组织和器官，检查其深层组织的结构和组织状态，发现组织和器官内部的病变。这对淋巴结、肌肉、脂肪、脏器和所有病变组织的检查，探明病变的性质和程度是非常重要的。如剖检咬肌、腰肌有无囊尾蚴寄生，剖检淋巴结有无充血、出血、化脓、坏死等病变。

（4）嗅检 嗅检是利用检验人员的嗅觉探察被检肉品、器官等有无异常气味（如变质肉的臭味、农药中毒、药物中毒或药物治疗后的特殊气味或药味、尿毒症的尿骚味等），以判定肉品卫生质量的一种检验方法。嗅检可为确定实验室检验提供指导。

2. 宰后检验的要求

宰后检验不同于一般的尸体剖检，动物屠宰后应立即进行宰后检验，宰后检验应在适宜的光照条件下进行，应速度、准确地对屠畜健康做出正确判定。所以动物屠宰后检验检疫应当按照以下的基本要求进行。

（1）严格选配素质较高的专业人员　兽医卫生检疫人员必须熟悉动物解剖学、兽医病理学、动物传染病学和寄生虫病学等方面的专业知识，能及时识别和判定屠宰畜禽组织和器官病理变化。操作应熟练、快速、准确，不影响后面其他工序的运行，在流水作业上按行车速度（一般每分钟检5~8头）及时检验完毕，以免延误生产。此外，还必须有高度的责任感和良好的职业道德，熟悉并掌握动物检疫方面的法律、法规、规章、标准和相关政策。

（2）严格遵守一定的检验程序和方法　为了速度准确地做好高速运转的屠宰加工流水线上的检验工作，兽医卫生检疫人员必须按规定检查最能反映机体病理变化的器官和组织，这就必须严格遵守操作程序和方法，不得遗漏应检部位和项目。做到不漏检、不错检，有疑难问题的剔出来作详细检查。生肉存放处和屠宰场所实行严格消毒，严格采取防疫措施。检出疑似重大动物疫病时，要立即上报、封锁现场、按相关规定处理。

（3）确保肉品的卫生质量和商品价值　为了保证肉品的卫生质量和商品价值，只能在规定的部位进行检验。检验时，切口要深浅适度，切忌乱划和拉锯式切割。肌肉应顺肌纤维方向切割，非必要不得横断，以免造成多开性切口，招致细菌和蝇蛆的污染；检验带皮猪肉的淋巴结时，应尽可能从剖开面检查，以免皮肤切口太多，损伤商品外观。

（4）屠宰检验检疫要防止污染　在流水线上，动物宰后的肉尸、内脏、头、蹄、皮分离时编记同一号码，以便查对，避免在检出病变的脏器时找不到相应的胴体或在检出病变的胴体后找不到相应的脏器，使无害化处理难以进行。此外，切开脏器或组织的病变部位时，应防止病变组织污染产品、地面、设备、器具及检验人员的手。修割病变组织等废弃物应集中在有消毒液的专用容器中。

（5）官方兽医应准备两套检验器械　兽医卫生检验人员上岗时应配有两套检验刀、钩和一根磨刀棒，以备检验工具被污染时及时更换。检验器械被病变组织污染后，应立即投于消毒药液中或82℃热水中消毒。

（6）做好个人防护　兽医卫生检验人员应做好个人防护，穿戴清洁的工作服、鞋帽、围裙和手套上岗，工作期间不得到处走动。

（二）宰后检验的受检组织器官

宰后检验时，应以病原因子最常侵入的门户、机体最易遭受侵害的器官以及具有特殊检验意义的器官、组织（如检验咬肌、腰肌等部位，以判定有无猪囊尾蚴寄生），作为检验的重点。因此，屠畜的头、心、肝、肺、肾、脾、胃及肠系膜、母畜的生殖器官等及相应淋巴结是宰后检验的主要靶器官组织，而且头部检验、内脏检验和胴体检验应受到同等重视。

（三）宰后检验点的设置与同步检验

1. 宰后检验点的设置

（1）猪的宰后检验点的设置

头部检验点：屠体经脱毛吊上滑轨后检验两侧下颌淋巴结、口、唇、鼻盘等组织。有的屠宰场将下颌淋巴结检验设在放血后入烫池前进行。

咬肌检验点：头部的下颌淋巴结和其他部分检查后，由专人切开两侧咬肌。

皮肤检验点：设在脱毛之后，开膛之前进行。

内脏检验点：胃、肠、脾、胰及相应淋巴结的检验，设在开膛暴露或摘出腹腔脏器之后进行；心、肝、肺及相应淋巴结的检验，则在开膛摘出心、肝、肺之后进行。

旋毛虫检验点：开膛后取横膈膜肌脚检样，与胴体编同一号后送检。

胴体检验点：设在胴体劈半之后。主要检验胴体脂肪、肌肉、胸膜、腹膜、骨髓、淋巴结及肾脏。还必须检验腰肌。

复检点：又称终末检验点。将上述各检验点发现的可疑病变或遇到的疑难问题，送到此点作进一步详细检查，必要时辅以实验室检验，最后对胴体健康作出综合评定。此外，复检点还对胴体进行全面复查，监督胴体质量评定，加盖检验印章。

（2）家禽的宰后检验点的设置

内脏检验点：检验心、肝、肺、胃、肠、脾、胰和肾等脏器。

胴体检验点：检验胴体的完整性、清洁度、放血程度、皮肤、鸡冠和肉髯、眼、鼻孔、口腔、咽喉、肛门等。

（3）家兔的宰后检验点的设置

内脏检验点：检验心、肝、肺、胃、肠、脾、胰和肾等脏器。

胴体检验点：检验胴体各部位肌肉和淋巴结等。

（4）牛、羊的宰后检验点的设置

头部检验点：检验头部主要部位。

内脏检验点：分别检验胃、肠、脾、胰等脏器及相应的淋巴结和心、肝、肺等脏器及相应的淋巴结。

胴体检验点：检验胴体和主要淋巴结与肾脏。

复检点：与猪的检验要求相同。

2. 宰后检验的布局与同步检验

为了便于检验人员能对胴体和内脏作全面观察，进行综合分析，比较准确地对屠畜健康作出判定，尽量减少漏检和错判，凡有条件的屠宰场尽可能采用同步检验方式，即将同一屠畜的离体内脏、头蹄甚至皮张挂钩或装盘与胴体在两条平行轨道上同步运行，始终保持同时、等速、对照的集中检验，若发现病畜或可疑病畜，将胴体和内脏推入病肉叉道，由专人进行对照检验、综合判定和处理。其优点主要有：

(1) 胴体、内脏双轨道同步对号、同速运行，检疫员可同时对胴体、内脏所发生的病理变化进行检验、资料齐全，便于对屠畜健康作出正确判定；

(2) 能及时将病畜或可疑者的胴体和内脏转入病畜轨道，做到集中检验、互相对照、全面综合判定；

(3) 可减少或避免误判和漏检以及因此而造成的病原扩散。

无同步检验设备的屠宰厂（场）的胴体和离体的头及内脏必须统一编号，以便兽医卫检人员发现病变时，及时查出该病畜的胴体及脏器。常用的编号方法有贴纸号法、挂牌法和变色铅笔书写法，生产中可根据具体情况选择使用。

三、宰后检验程序和技术要点

在屠宰加工的流水作业中，宰后检验的各项内容作为若干环节安插在加工过程中。一般分为头部、胴体和内脏三个基本检验环节，对猪尚需注重皮肤检验和增设旋毛虫检验环节。

（一）猪宰后检验程序与技术要点

1. 宰后检验方式与程序

宰后检验方式与程序有分散检验和集中检验两种。

(1) 分散检验　是将各应检部位的检验点分散在流水作业线的几个位置上，每个检验点只检查一到二、三个部位，相当于一个生产工序。个点所检出的病理变化互不通气，互不对照，不容易做出综合评定。

(2) 集中检验　目前国外大多采用集中检验法。我国近年来，对外注册肉联厂和进行技术改造的肉联厂已改内脏和胴体为集中检验的流程，即内脏和胴体在同步输送线上进行。集中检验的特点是先加工后检验，胴体和内脏同步对号同速并行；各检验工序集中互相对照检验综合判定；发现病猪和可疑猪时，将心、肝肺钩挂在胴体上，转入病胴体叉道直通病猪检验台或病胴体隔离冷却间，另做判定处理。

2. 宰后检验技术

猪宰后检验常用的检验方法是以感官检验为主的检验方法，必要时辅以实验室检验。其检验环节主要包括头部检验、胴体检验、内脏检验、寄生虫检验和复检。

(1) 头部检验　猪的头部检查一般分两步进行，第一步是在放血后，烫毛前剖检颌下淋巴结，第二步与胴体检验一道进行，先剖检两侧咬肌有无囊尾蚴，再检查鼻、唇和咽喉等有无异常。如果单独进行离体头部检查,则不必分两步进行。目前国内一些对外注册肉联厂将头部检验点与体表检验点设置在开膛前进行。

①颌下淋巴结检查:主要是检查炭疽、结核病。按检疫规范规定,颌下淋巴结检查一般是在放血后,入烫池前或剥皮前,进行逐头剖检,即通过放血孔顺长切开下颌区的皮肤和肌肉,在下颌骨支内侧找到左右颌下淋巴结,观察淋巴结有无充血、出血、发炎、化脓或坏死等病理变化,检查有无咽型炭疽和结核病灶。如果有炭疽感染,则颌下淋巴结肿大3~5倍,咽、颌下红肿、凸起,患部皮温升高,症状特别明显,视、触检即可检出,如在放血后下烫池前剖解,暴露肌肉大,易造成严重污染,不宜提倡。检验过程中,如果真有炭疽感染,是不能剖解的,应分不同情况按《GB 16548—2006 病害动物和病害动物产品生物安全处理规程》的有关规定进行具体处理,以防病原扩散和传染。以下各项检验均是如此。

②扁桃体检查:检查扁桃体是否充血、出血、淤血、肿大。如果剖检扁桃体充血、肿大或严重充血、淤血、坏死,呈紫红色或黑红色则为猪瘟及其他出血性败血症等病变。

③咬肌检查:主要检查猪囊尾蚴。咬肌是囊尾蚴的重要寄生部位之一,剖检两侧咬肌是在割头或半割头后进行,在左右侧下颌骨平行处切开咬肌,检查有无囊虫或旋毛虫。如有囊尾蚴寄生,肉眼可观察到形状椭圆如米粒、黄豆粒或石榴子样的半透明包囊。

④鼻盘、口腔、唇的检查:主要检查口蹄疫和水泡病。若是口蹄疫、水泡病,宰后口腔、鼻盘与唇等处有水泡破溃后形成的斑痕。

⑤咽喉黏膜、会厌软骨检查:检查咽喉黏膜及会厌软骨内表面有无充血斑点,如有可疑似为猪瘟病变等。同时摘除位于气管腹侧面颜色深红4~6cm长的扁平的甲状腺,进行检查。

(2)胴体检验 胴体的检验一般是在劈半后进行,为了便于检验劈半时往往把头带在右半上,尾带在左半上。

①检查放血情况。

放血的好坏是肉品质量的关键,放血良好的肉尸无血液滞留,肉品质优良,肉色鲜艳,肉质鲜嫩,脂肪白而油亮,肌肉色泽红里透白且有光泽。放血不良的肉尸皮下及脂肪、肌肉血液滞留,脂肪、肌肉颜色红混暗淡,尤以背部结缔组织和脂肪沉积处与两侧肋骨部位处分布最为明显,切开肌肉可见到暗红色的淤血、出血点,挤压切面流出少量血液,肌肉含水分较重,品质降低。引起放血不良的原因主要有放血部位不当;放血方法不正确;肉畜衰弱;宰前长途运输过于劳累,未给足够的休息时间;宰前未经充分洗浴;宰时电麻时间过长,麻醉过量;带有某种疾病的影响等。因此,应采样进行实验室检验。若是健康猪放血不良,可倒挂 20~24h 后会自然流净血滴，不良现象自然消失。病理状态下的放血不良，肉尸中的血液则不会流出，是由于毛细血管受到损伤血红素浸润扩散到了肌肉组织细胞中。

②皮肤、皮下脂肪组织、肌肉、胸腹膜及脂肪检查。

皮肤检查：煺毛后的猪在检验中首先视检其全身组织状态，检查其体表有无水肿、肿瘤，局部性出血性胶样浸润，肉色是否变暗、发黄或发黑，是否带有酸臭味，以便检出炭疽、恶性水肿或黄疸，同时要根据皮肤上出血点的不同，检出猪瘟、猪丹毒、猪肺疫。急性猪瘟，皮肤弥漫性小出血点，在耳、颈、腹部有较大的出血点。猪丹毒皮肤以亚急性表现为突出，在胸、腹、背、肩、四肢等部发生方块形、菱形或圆形疹块，稍凸起于表面大小多少不等，俗称"打火印"。猪肺疫的皮肤表现是皮肤上有小出血点，有时全身呈弥漫性出血，严重者肉体皮肤全部红染，其中散布大小不一出血点，俗称"大红袍"。

皮下脂肪检查：检查皮下脂肪组织色泽是否暗淡、暗红、苍白或发黄，有无出血点等。若有这些现象，则可疑似为猪瘟、出血性败血症、急性猪丹毒、勾端螺旋体病的病理反应。若是某些饲料或药物引起的脂肪发黄，可将肉尸放置 24h 后，黄色会自然消失。病理情况下的脂肪发黄则不会消失。

肌肉检查：检查肌肉是否正常，如呈红色、混暗、湿润，是由于肌肉毛细血管破裂，肌纤维变粗，造成肌肉血液滞留，颜色暗红，水分较重，用手挤压流出血水，可疑似为某种传染病或中毒引起。

胸腹膜检查：检查胸腹膜有无出血点、红肿发炎等，主要检查传染性胸膜肺炎和喘气病引起的胸腹膜炎。

脂肪检查：如脂肪发黄则可能为勾端螺旋体病引起的黄疸病变。

③胴体淋巴结检查。

根据生产实践，猪胴体淋巴结检查时，猪的颈浅背侧淋巴结、腹股沟浅淋巴结和髂下淋巴结是屠宰检疫时最具有剖检意义的淋巴结。但当发现该淋巴结或头部、内脏有传染病可疑时，除对同号胴体进行详细检查外，尚应增检腹股沟深淋巴结、髂内淋巴结、颈深后淋巴结以及脑淋巴结等。

颈浅背侧淋巴结：又称肩前淋巴结或颈浅淋巴结，位于肩关节的前稍上方，臂头肌和肩横肌的下方，为脂肪层所包围。当胴体倒挂时，此淋巴结所在部位可见到由肌肉形成的椭圆形隆起。移动过瘦弱猪前肢，在肩胛骨前下方触摸或切割即可找到。或在肩胛前缘与颈部作一条垂线 PF，取其中点作平衡颈部的垂线 EC 向头部方向，在垂线 EC 的上方 2~5cm 处下刀即可找到颈浅淋巴结。也可采用在已劈半胴体内面（脏器面）沿颈椎切开肌肉组织进行检验。检验的目的在于了解头部和躯体前半部的被感染情况。

颈浅背侧淋巴结虽称颈浅淋巴结，但在劈半后胴体被检淋巴结中，属较难找准其位置淋巴结。资料中表明其浅，劈半后相对较深；而且深部淋巴结多在劈半后暴露在外或易找见。猪的颈肩部脂肪层厚，经验不足或技术不过硬很难一刀找准颈浅淋巴结位置。若反复切割，破坏了肉的完整性，屠商不满意。尤其是夏暑季节蚊蝇较多，肉易腐败变质，剖检此淋巴结则难度较大，甚至出现屠商拒检现象。这就对广大兽医卫生检疫人员提出了更高的要求。

颈深后淋巴结：位于胸腔入口处，第一肋骨紧前方，胸骨柄上方。由于胴体劈半时，颈深后淋巴结已完全暴露，剖检时在上述剖检部位即可找到该淋巴结，剖检的目的是在于了解前肢及前四肋骨部分的深层组织被感染状况。生产实践中，为了保持肉品的完整性，颈深后淋巴结在必要时才进行剖检。

腹股沟浅淋巴结：在母畜称乳房淋巴结，位于大腿内侧，腹下壁皮下，腹股沟管皮下环附近。公畜腹股沟浅淋巴结位于阴茎两侧（阴囊上方）；母畜位于腹壁的皮下脂肪内，在最后乳头之后二指远处，即腹白线两侧。剖检时，用检验钩勾住最后乳头皮肤并向外侧拉开脂肪组织，从脂肪层正中纵切，切割2~3cm深即可找到腹股沟浅淋巴结。检疫实践中，此淋巴结容易找见，切割剖检已成为屠商认可。其剖检目的是在于了解后半躯及后肢的被感染状况。

腹股沟深淋巴结：该淋巴结是宰后剖检中最重要的淋巴结。位于骨盆入口之旁、股管的上部、耻骨肌与缝匠肌之间，覆盖在股血管的表面。在髂外动脉分出股沟动脉之起始部，在后肢悬挂的胴体，此淋巴结通常位于骨盆横径线的下方，在骨盆边缘侧方给1~2cm处。但此位置并不固定，有时向两侧、上下移动。有的猪往往缺无或并入髂内淋巴结。剖检时先沿腰椎设PF虚线，再从倒数第1~2腰椎结合处，斜向上方虚设一条EC直线，使之和PF线相交成30~40°角。然后沿EC线切开脂肪组织层（猪瘦小脂肪少时不用剖检）即可见到髂外动脉，沿此动脉在旋髂深动脉分叉处的上方即可找到腹股沟深淋巴结。

髂下淋巴结：又称股前淋巴结或膝上淋巴结，位于膝前皱壁内、阔筋膜张肌的前缘、膝关节与髋结节连线的中点。剖检时，先在胴体的脏面设一从后肢跟结节至肾上缘（端）（胴体倒挂）连线与倒数第二腰椎水平线相交，然后从相交处做上下滑动切至皮下，即可暴露或切开该淋巴结。此种方法适于悬挂式或平案式检验。剖检的目的是在于了解后半部躯体壁及腰部被感染状况。

然而，生产实践中往往以剖检髂下淋巴结来代替腹股沟深淋巴结。其原因是腹股沟深淋巴结位于骨盆腔内，位置不固定，还常被体腔内脂肪所覆盖，不便剖检；髂下淋巴结体形大，位置表浅易于剖检（膝褶内皮下，如拇指大小），且汇集淋巴范围较广，其汇集来自猪体后半部体壁上侧和体侧皮肤及表层肌肉组织的淋巴，因猪的常见疫病在体壁上的表现较为显著。

髂内淋巴结：位于髂外动脉起始部与腹主动脉之间的夹角内，是猪体后半部重要的淋巴结。剖检时，剥开覆盖在半胴体脏面的腹腔脂肪，在倒数一、二腰椎之间的腹主动脉与旋髂深动脉的夹角中，即可找到髂内侧淋巴结。检查髂内淋巴结目的是在于了解后半部躯体的被感染状况。

淋巴结检验完毕，如有病变再结合其他组织器官的病变进行确诊，不能确诊的则应采集病理进行实验室检验。如果是病变淋巴结，必须将其摘除。

④腰肌、膈肌检查。

腰肌检查：一般是在检验淋巴结之后。检查时用检验钩勾固定胴体，在腰肌部位纵向切开3~4条平行切口，仔细观察切面上有无囊尾蚴寄生。如果在检查头部咬肌发现囊尾蚴时，结合检查腰肌以及舌肌、颈肌、肩胛肌、股臂肌、腹肌、肋肌等，查明囊尾蚴的分布与感染程度。

膈肌检查：主要检查猪旋毛虫病。旋毛虫肉眼很难看到，因此只有在两侧膈肌脚各采样15~20g，编号与胴体相同，然后将其各剪取12颗小米粒状压在同一玻片上镜检，观察24个小颗粒的每一个视野，如有旋毛虫病感染，在显微镜下可看到肌肉中的旋毛虫成螺旋状包囊。

⑤肾脏检查。

按我国屠宰加工习惯，肾脏一般连于胴体上，为了减少钩、刀对肾脏的损伤，通常不剖开和摘下肾脏，连在胴体上一并检验。检查时只将肾包膜轻轻划开，检查包膜剥离状态，检验肾脏表面平滑与否、有无凸凹不平，或出血、化脓、坏死灶，并注意肾脏的色泽、大小、形状和硬度等有无异常，若发现病理变化，则可取出肾脏进行剖检，检查其皮质、髓质和肾盂的状态。另外，在肾脏检查的同时，摘除位于两肾内侧前面呈棱形的肾上腺。

(3) 内脏检验　是宰后检验的重点。先检验胃、肠、脾，后检验心、肝、肺。

①胃、肠、脾的检验：胃的检查：先检查胃表面浆膜有无异常，然后切开检查胃黏膜有无红肿、出血、充血斑点，以及水肿、糜烂、溃疡等病变。

肠道检查：首先检查肠道浆膜和肠系膜，剖检肠系膜淋巴结，如肠系膜巴结特别肿大应注意肠炭疽。然后剖检肠道，特别是盲肠、回盲瓣、十二指肠等，检查有无充血、出血、红肿、水肿、溃烂、肿凸或溃疡等病变，如有纽扣红状肿凸或溃疡则疑为猪瘟感染。

脾脏检查：检查脾脏的外观形态、颜色、大小、弹性、硬度等，有无肿大、充血、出血点、坏死以及边沿梗死等病灶，必要时剖开检查脾髓。若脾不肿大，表面有针尖状出血点，边沿梗死，切面脾髓小体不清楚则为猪瘟的病理变化；若脾肿大，切面脾小体周围有红晕则为猪丹毒的病变。

②心、肝、肺的检验：无论是将心、肝、肺悬挂于屠体下或将其割下，均应置于与胴体同步运行的检验盘内进行检验。

肺脏检查：先观察肺的色泽、大小、形态是否正常，除注意有无各种性质的炎症变化及结核、寄生虫（如肺丝虫）外，还应注意有无肺呛水、呛血及电麻性出血等不良加工引起的变化。再剖检左、右支气管淋巴结。然后触之两肺叶有无结节、硬块等。

心脏检查：先检查心包膜有无出血斑点、色泽暗淡、肿胀等现象，然后剖开心包膜检查心脏外形及表面状态，再于左心室上作一纵切口，露出心肌与腔室，检查有无囊尾蚴，观察心内膜、心瓣膜、心肌及滞留血液的凝固状态。注意检查二尖瓣是否有菜花样赘生物，如有则为慢性猪丹毒感染。

肝脏检查：先检查其色泽、弹性、硬度以及表面有无坏死病灶、肿瘤，肝脏是否肿大，胆管的状态，然后剖检肝门淋巴结，再切开胆管，挤压内容物检查肝吸虫。

③子宫、睾丸和乳房的检查：公猪、母猪需剖检睾丸或子宫，注意其形态、大小，有无炎症变化。乳房的检验可与胴体检验一道进行或单独进行。

(4) 寄生虫检验

①旋毛虫检验：在猪肉尸左右膈肌脚各取一小块 20g 左右的肉样，先撕去肌膜观察有无虫体，然后将肉样用剪刀顺肌纤维方向在不同部位剪取 24 小片，压片镜检，看有无旋毛虫，旋毛虫包囊呈橄榄形，0.8~1.0mm。

②囊虫（囊尾蚴）检查：囊虫（囊尾蚴）主要寄生在咬肌、膈肌、腰肌、心肌、肩胛外侧肌及腹部内侧肌，因此采取目检，检查咬肌、舌肌、深腰肌和股内侧肌、心肌和肩胛外侧肌等有无囊虫包。一般眼观成熟的囊尾蚴的外形呈椭圆形，约豆粒大。

③肉孢子虫的检验：主要寄生在腹肌、股部肌肉、肋间肌、膈肌和咽喉部肌肉，眼观可见与肌纤维平行的乳白色毛根状小体，大小约 0.5~5mm，如有钙化白点，应压片镜检（方法与旋毛虫相同）。

④裂头蚴检查：检视皮下脂肪及肌间的疏松结缔组织。检查时，从皮下脂肪、肌膜表面看，像白色脂肪结节，用刀尖切挑，可看到乳白色、熟面条状的虫体。

(5) 细菌学检查　在宰后检验时，当不能做出确切判断的情况下，采用细菌学检验的辅助诊断是必要的。

(6) 复检　为了最大限度地控制病畜肉出厂（场），胴体经上述初步检验后，还需经过复检（即终末检验点检验）。复检的任务是检验所有各检验点的检验结果，对胴体的卫生质量做出综合判定，确定所检出的各种病害肉无害化处理的方法，并对检验结果进行登记。其复检的重点内容有：

①检查有无漏检。

②检查是否摘除"三腺"："三腺"即甲状腺、肾上腺、病变淋巴结。"三腺"应在宰后检验中严格的检查与监督，以免发生甲状腺中毒、肾上腺中毒和病变淋巴结对人体健康的危害。

猪的甲状腺呈深红色，不分叶，位于胸前口处气管的腹侧面，菱形小肉块，俗称"栗子肉"，长约 5cm，重 5~7g。肾上腺位于肾内侧缘的前方，长而窄，表面有沟。甲状腺含有大量的甲状腺激素，其性能比较稳定，一般的烹调方法不能将其破坏，人食用后可引起类似甲状腺功能亢进的中毒反应，会出现头晕、头痛、烦躁、失眠、四肢酸痛、疲乏无力、腹痛、恶心、呕吐等症状。

肾上腺俗称"小腰子"，位于左右两肾内侧的前部，与肾共同包于肾脂肪囊内。猪的左肾上腺呈棱柱状体，右肾上腺呈扭曲的长棱形，长 5~10cm，重约 2.5g。肾上腺含有肾上腺素，一般食后半小时内发病，症状表现为头晕、眼花、恶心、呕吐、腹痛、腹泻、手足麻木及心慌气短等，严重者可出现颜面苍白、瞳孔散大等反应。

病变的淋巴结会出现充血、出血、坏死等，含有较多的病原微生物或有毒物质，这样不仅影响肉的商品外观，降低或丧失了营养价值，还具有把所含的病原体传染给人的可能，所以应弃之不食。但如果是由人兽共患病或较重要的传染性疾病的病原感染所引起，则应同病害肉一起进行无害化处理。

③肉品上加盖验讫印章。

（二）家禽的宰后检验程序与技术要点

家禽的宰后检验与家畜的宰后检验有所不同，因为家禽的淋巴系统的组织结构与家畜不同，没有可供检验的较大的淋巴结，鸭鹅只在颈胸部有少量淋巴结，所以家禽的内脏检验和胴体检验均不剖检淋巴结。另外，家禽的加工方法与家畜不同，家禽有全净膛、半净膛和不净膛三种，对全净膛禽能进行内脏和体腔的检验，对半净膛禽一般只对胴体表面和肠道进行检验，对不净膛禽只能检验胴体表面。因此，家禽的宰后检验一般要靠体表的变化和对部分脏器的检验来作判断。

1. 胴体外部检查

（1）检查屠宰加工质量和卫生状况　先检查有无应拔尽的细毛、毛桩及皮肤破损，然后观察头、放血口等处附着的污物是否清除，整个体表是否清洁、完整。肉尸不应有血污、残毛与破损。

（2）判定放血程度　根据体表的颜色和皮下血管（特别是翅下血管、胸部与鼠蹊部血管）的充盈程度来判定放血程度是否良好。放血良好的禽胴体，皮肤为白色或淡黄色，有光泽，皮下血管不显露，肌肉切面颜色均匀，切断面无血滴渗出。放血不良的禽胴体，皮肤呈红色，皮下血管充盈，常见宰杀口残留血迹或凝血块，肌肉颜色不均匀。若尾、翅尖部呈鲜红色，常常是未死透的活禽被浸烫致死的特征。

（3）检查体表皮肤的变化　先观察体表皮肤的色泽，色泽异常者可能是病禽或放血不良的禽体，同时注意皮肤上有无结节、结痂和疤痕（鸡痘、马立克氏病）；而后再观察体表皮肤有无外伤、水肿、淤血、坏死、溃疡化脓、肿瘤及寄生虫等病理变化。

（4）检查头、冠、髯、眼、鼻孔、口腔及肛门的变化　检查冠、髯、眼睑、耳等有无出血、水肿、结痂、溃疡等。眼球有无下陷，眼鼻有无分泌物，口腔有无黏液分泌物或干酪性渗出物以及糜烂或溃疡，肛门是否紧缩、清洁，有无炎症等。

2. 体腔检查

（1）全净膛胴体　检查体内壁及保留的肺、肾有无异常；体腔内有无凝血块、粪污等。

（2）半净膛胴体　可用开膛器撑开泄殖孔借助光源观察有无血污、粪污、胆汁及拉断的肠管等；体腔内保留的内脏有无病变。

（3）内脏检查　如全净膛家禽，应检查除肺、肾外的其他脏器；半净膛家禽检查肠管；不净膛的一般不检查内脏。当发现可疑者，应连同胴体单独剔出，由专人对可疑者逐只剪开体腔复查。

3. 内脏的检查

（1）肝脏检查　视检肝脏外表、色泽、形态、大小，是否有肿大，有无黄白色斑纹和结节（鸡马立克氏病、鸡白血病、鸡结核病），有无坏死小斑点（禽霍乱等），胆囊是否完整等。

（2）胃肠道检查　胃的检查一般剖开肌胃，剥去角质层（鸡内金），观察有无出血；剪开腺胃，轻轻刮去胃内容物，观察腺胃乳头是否肿大，有无出血和溃疡，（注意鸡新城疫和禽流感）；对于肠道，应视检整个肠管浆膜及肠系膜有无充血、出血、结节等，应特别注意检查小肠和盲肠，必要时剖检肠管检查肠黏膜。

（3）脾脏检查　检查脾脏是否肿大、变色、有无灰白色结节（注意鸡结核病）。

（4）心脏检查　注意心包膜是否粗糙，心包腔是否积液，心脏是否有出血及赘生物。

（5）卵巢检查　检查卵巢是否完整，是否有变形、变色、坏死等病变。

4. 复查

复查时重点应注意：口腔、咽喉、气管的变化；坐骨神经丛、气囊、腔上囊的变化；腺胃、肌胃黏膜和盲肠扁桃体的变化；心、肝、肺、肾及卵巢等的变化。

（三）牛的宰后检验程序与技术要点

牛的宰后检验一般分为头部检验、内脏检验和胴体检验三个步骤，其检验方法和要求与猪的基本上相同，但由于牛的解剖构造及屠宰方式、方法的特别，尚须注意如下要点：

1. 头部检验

先检查唇、鼻镜、齿龈及舌面，注意有无水泡，溃疡或烂斑，再用刀将下颌骨间软组织与下颌骨分离，从下颌间隙拉出舌尖，并沿下颌骨将舌根两侧切开，使舌根和咽喉全部露出受检，注意观察有无口蹄疫、放线菌病、结核、出血性败血症、炭疽等疾病引起的病理变化。然后用钩牵引咽喉部，顺舌骨支隆起部纵向剖开咽后内侧淋巴结，接着从两侧下颌骨角内侧切开颌下淋巴结，观察咽喉黏膜和扁桃体（注意结核、炭疽等），并沿舌系带纵向剖开舌肌和内外咬肌（检查囊尾蚴，水牛尚需注意舌肌上的住肉孢子虫）。如咽后外侧淋巴结留在头上，也应一并检验。

2. 胴体检验

首先观察其放血程度及色泽，此外应检查皮下组织、脂肪、肌肉、腹膜关节等有无异常，注意胸腹膜、上有无结核结节，剖检横膈膜肌、颈部肌肉、股部肌肉和肩肘部肌肉，注意有无囊尾蚴寄生。剖检颈浅淋巴结、髂下淋巴结、腹股沟浅淋巴结、腹股沟深淋巴结（或髂内淋巴结）、腘淋巴结等，观察其有无病理变化。

3. 内脏检验

（1）胃、肠、脾的检验　在开膛后先不摘除胃肠而将肠露于腹腔外，观察胃肠的外形，浆膜有无出血、充血现象，而后用刀划破肠系膜淋巴结进行肠炭疽检验。在检验胃肠的同时还要对脾脏进行检验，先观察脾脏的形态、色泽、大小、弹性等，有无肿胀、结节、充血、出血、淤血等变化，再将胃肠脾割交另一人进行胃肠的常规检验，必要时切开胃肠检验，观察肠黏膜有无充血、溃疡、痈肿、糜烂等病变。

（2）心、肝、肺的检验　把心、肝、肺挂在检验架上对心、肝、肺进行常规检查。

①肺的检验：检查肺脏有无充血、出血、化脓、结节、肿瘤、坏死等变化，必要时切开肺的实质并剖检支气管淋巴结及纵膈淋巴结。在视检肺脏时，若食道与气管连在一起时，应同时检查食道上有无肉孢子虫。

②心脏的检验：用刀剖开心肌，检验是否有牛囊虫和心包虫，有时可见膈肌上粘连物质，可能判断此屠畜有胸膜炎的病史。

③肝脏的检查：先看肝整体状态，是否有疫病造成的肝肿大、充血、出血、坏死等，是否有肝片吸虫、棘球蚴等寄生虫病导致的胆管慢性增生性炎症和肝实质变性。

（3）肾脏的检验　由于牛的内脏体积很大，一般只能单个摘出检查，其中肾脏通常不切开检查，仅作视检与触检，只有在其淋巴结或脏器上发现有可疑病变时，才切开检查。

4. 复检

牛的复检方法可参考猪的复检。

（四）羊的宰后检验程序与技术要点

羊的宰后检验比牛、猪的检验要简单得多。其头部检验一般不剖检淋巴结，但应着重观察头部皮肤及唇、口腔黏膜有无水泡烂斑，有无痘疮或溃疡等。胴体检查，除了不剖检各部位淋巴结外，其他检查内容与牛的基本相同。当发现可疑病变时，再进行详细剖检。而羊的内脏检查重点观察脾脏有无异常，肝脏有无寄生虫和肝硬变等。其他检查项目参见牛和猪、家禽的宰后检验程序和技术。

（五）兔的宰后检验程序与技术要点

兔的宰后检验，常以肉眼观察为主，必要时做细菌学检查，分别按腹腔、胸腔及胴体等三部分进行检验。

1. 腹腔检验

（1）胃肠检查　观察胃肠浆膜、黏膜有无充血、出血及炎症（巴氏杆菌病），盲肠蚓突和圆小囊浆膜下有无散发性和弥漫性灰白色小结节或肿大（伪结核病），肠道尤其是小肠黏膜是否有许多灰白色小结节（肠球虫），盲肠、回肠后段和结肠前段浆膜、黏膜有无充血、水肿或黏膜坏死、纤维化（泰泽氏病），此外注意胸腹膜上有无囊尾蚴。

（2）脾脏检查　检查脾脏大小、硬度、色泽、有无充血、出血与结节等病变。脾脏肿大，有大小不一、数量不等的灰白色结节，若切面呈脓样或干酪样是伪结核病的特征，结核结节为淡黄色或灰白色较硬的干酪样坏死，切面常见钙化。

（3）肝脏检查　检查肝的硬度、大小、色泽。注意有无脓肿和坏死病灶，以及胆囊、胆管有无病变或寄生虫寄生。患肝球虫病时，肝脏实质有淡黄色大小不一，形态不规则，一般不突出于表面的脓性结节。如肝脏表面有针尖大小的灰白色小结节，则应考虑沙门菌病、泰泽菌病、李氏杆菌病、野兔热、巴氏杆菌病、伪结核病；在巴氏杆菌、葡萄球菌、支气管败血波氏杆菌感染时肝脏常有脓肿。

（4）肾脏检查　观察肾脏有无充血、出血、变性及结节。如肾脏一端或两端有突出于表面的灰白色或暗红色质地较硬、大小不一的肿块，或在皮质部有粟粒大至黄豆大小的囊胞，内含透明液体，乃是肿瘤或先天性囊肿的症状。

（5）子宫和腹腔检查　注意子宫和腹腔有无积脓，表面有无纤维蛋白性附着物（巴氏杆菌病、葡萄球菌病）。

2. 胸腔的检验

观察肺脏的形态、色泽、硬度等有无变化。注意肺和气管有无炎症水肿、出血、化脓、结节等病变。观察心包膜有无积液，心肌有无充血、出血或有无纤维蛋白性渗出物附着；心肌有无充血、变性等病变。

3. 胴体检验

为保证产品质量，必须逐个细心检查，并复检一次。正常兔肉为淡粉红色，如呈深红色或暗红色则为老兔或放血不完全的表现。此时可切开肌肉观察切面有无大小血滴渗出。检查胴体外表面有无创伤、化脓、炎症及各部位和四肢淋巴结有无变化。如淋巴结肿大，尤其是颈部、腋下、腹股沟淋巴结呈深红色并有坏死病灶者，可疑似野兔热和坏死杆菌病。

检出疾病后的处理，按其性质的不同分别以高温、冷冻、腌制、产酸和销毁（焚烧、深埋）等方式统一处理。

四、宰后检验后的处理

宰后检验结束后，必须及时认真地将检验情况进行详细登记，所有登记资料应作为档案，长期保存备查。生产中，宰后检验的登记工作应指定专人负责，应当坚持经常进行。

当宰后检验发现某种危害严重的畜禽传染病或寄生虫病时，应及时通知畜禽产地的动物卫生监督机构，并根据传播情况和危害范围的大小，及早采取有效的动物卫生防治措施，必要时停止畜禽调用。

（一）检验结果的登记

宰后检验结果的登记具有很大的实践意义，因此在屠宰检疫工作中我们一定要做好屠宰检验结果的登记工作，其注意事项如下：

（1）宰后检验的登记工作应当坚持进行，并指定专人负责。

（2）登记的项目包括屠宰日期、胴体编号、屠畜种类、产地名称、畜主姓名、疾病名称、病变组织器官及病理变化、检验人员的结论（包括处理意见）。

（3）当宰后检验发现某种危害严重的畜禽传染病或寄生虫病时，应及时通知畜禽产地的动物卫生监督机构，并根据传播情况和危害范围的大小，及早采取有效的动物卫生防治措施，必要时停止畜禽调用。

（二）宰后检验的处理

1. 处理原则

（1）坚持以疾病性质为主，并结合病损性质和程度处理；

（2）传播速度快、范围广、损失大的疾病处理从严；

（3）国外有、国内无的从严处理；

（4）慢性或局限性疾病处理从宽，急性和全身性的疾病处理从严；

（5）一般性疾病处理从宽，病损严重或已全身性的处理从严。

（6）急性中毒或毒物残留，处理从严。

2. 处理方式

（1）适合食用　畜禽屠宰后经动物防疫监督机构检查后，肉品质良好，符合国家卫生标准的，在胴体上加盖检验合格验讫印章，并出具动物产品检疫检验合格证明书，进入流通领域或市场销售。

（2）有条件食用　凡患有一般性传染病、轻症寄生虫病或物理性损害的胴体和内脏，经无害化处理后，其传染性、毒性等的危害消失或寄生虫全部死亡的，其胴体、内脏方可作为食品安全利用。《GB 16548—2006 病害动物和病害动物产品生物安全处理规程》对有条件食用肉的无害化处理只保留了高温处理，废除过去应用的冷冻处理、产酸处理、盐腌处理等处理方法。

（3）不可食用 凡患严重传染病、寄生虫病和中毒病或有害化学物质残留的胴体和内脏、严重病理损害部分或其他有碍食肉卫生部分，按 GB 16548—2006 的规定化制、销毁。

化制：凡患有严重传染病，寄生虫病、某些中毒性疾病及腐败变质、严重污染的胴体和内脏，局部严重病变废弃部分，以及患一般疾病而死亡的畜禽，都应炼制工业油。肉渣和骨粉可作饲料或肥料。

销毁：对宰前未发现，宰后发现的恶性、烈性传染病的肉尸、内脏及头蹄，对人体健康有严重危害的，威胁畜牧业发展，有损畜牧业经济发展的重大疫病，都必须在检疫人员的监督下用焚烧、深埋等方法予以销毁。

（三）检验后的盖检印和出具检验证明

1. 盖检印

经宰后兽医卫生检验的胴体和脏器盖印，按目前规定使用的几种印章，基本上分为四类。

（1）判定为品质良好、适于使用的胴体和脏器，盖以"兽医卫生验讫"印章。

（2）判定为有条件利用的肉和内脏，须经无害化处理后方可食用者，可根据不同处理要求，分别盖以"高温"、"冻（冷冻）"、"腌（盐制）"、"产酸"及"食用油"等印章。

（3）判定为不允许食用的肉和内脏，即品质低劣，不适于食用者，盖以"工业油"（炼工业油）或"销毁"的印章。

2. 出具检疫检验证明

经屠宰检疫判定为合格且品质良好的胴体和内脏还需出具动物产品检疫合格证明。该证明分为在县境内销售和出县境销售两种。前者要求一畜一证，后者一般以运载工具为单位出具证明。

任务二　组织器官病变的鉴定与卫生处理

一、局限性和全身性组织病变的鉴定与处理

（一）肌肉和器官的出血

1. 出血性病变

（1）病原性出血　为传染病或中毒因素所致，多见皮肤、浆膜、黏膜、淋

巴结、肝和胃肠等的表面，呈渗出性出血。因其发生原因和部位不同而有差异，可分为点状、斑状和出血浸润性。一般出血的同时，伴有全身性出血和组织器官的各种病理变化。

（2）机械性出血　因机械外力作用所致，多发生在体腔、肌间和皮下。多表现为破裂性出血。此出血在屠畜被驱打、撞击、外伤或骨折时最容易发生。

（3）电麻出血　对电麻不当的屠畜，这种出血的部位多在肺脏，以两侧肺的背缘肺膜下病变为明显，呈散在的或严重密集成片的出血；或是头颈部淋巴结、肾和心外膜等处的出血。淋巴结多表现为边缘性出血但不肿大。

（4）窒息性出血　缺氧条件所致，往往发生在颈部皮下及支气管黏膜。表现为静脉努张，血液黑红色，伴有不等量的暗红色淤点和淤斑。

（5）呛血　由屠畜死前经深呼吸将血液顺气管吸入肺部造成。多局限于肺膈叶背缘，呛血区外观鲜红色，无数弥漫性的小红点组成，触膜有弹性，若入水呈"半舟状"；剖检呛血区，支气管和细支气管内有条状的血凝块。

2. 卫生处理

（1）因外伤、骨折等引起的新鲜出血，其淋巴结没有炎症变化者，应切除全部出血组织，胴体不受限制出厂（场）。

（2）电麻所致的出血，轻微变化，胴体和器官不受限制出厂（场）；严重者出血部分和呛血肺化制处理，其余不受限制出厂（场）。

（3）出血、水肿广泛变化，且淋巴结有炎症时，胴体、器官必须进行细菌学检查。结果为阴性的，切除病变部分后尽快出厂（场）利用；阳性者，作高温处理后方可出厂（场）。

（二）组织水肿

1. 组织水肿的病变

组织水肿是指组织内液体含量增加。在屠体上发现水肿时，先排除炭疽的可能，然后判定水肿的性质，属于炎性的还是非炎性的。皮肤水肿时，水肿液蓄积在皮下组织；胃水肿见于胃壁黏膜下层；肠道水肿见于肠腔、固有层和黏膜。肌肉水肿见肌纤维间的结缔组织。肺水肿见于肺泡腔和小叶间疏松结缔组织。由于慢性疾病如副结核、寄生虫侵袭等，发生组织水肿的特征为肌肉组织消瘦，脂肪数量减少；肉内水分多，结构疏松，严重时呈胶样；用手触及时感到柔软、粘手，屠体不坚实，外表湿潮。

2. 卫生处理

（1）创伤性水肿仅销毁病变组织即可。

（2）皮下水肿和肾脂肪囊、网膜、心外膜及肠系膜的脂肪组织呈脂肪胶样浸润时，要检查肌肉有无病变，细菌学检查的基础上，阴性的切除病变部，可迅速出厂利用；阳性者需高温处理出厂；若同时伴有放血不良，淋巴结肿大、水肿等，恶病质的整个胴体作化制处理。

(3) 后肢和腹部水肿，细致检查心、肝、肾等实质器官，如有病变需作沙门菌实验检查，阴性的切除病变器官，胴体可迅速利用；阳性者经高温处理后出厂（场）。

（三）蜂窝组织炎

1. 蜂窝组织炎的病变

蜂窝织炎是发生在皮下和肌肉间等疏松结缔组织的一种弥漫性化脓性炎症的过程。主要根据淋巴结、心、肝和肾等器官变化，及胴体放血不良、肌肉等进行判定。

2. 卫生与处理

（1）病变为全身性的则整个胴体作化制处理。

（2）若全身肌肉正常，应进行细菌学检查。为阴性的，切除病变部分，其余肉快速发出利用；阳性的，经高温处理后出厂（场）。

（四）脓肿

1. 脓肿的病变

脓肿是指脓液蓄积于局部，为屠畜宰后检验中常见的一种病变。常见的脓肿有肝脓肿和下颌区域的脓肿。

肝脓肿多见于牛。脓肿可分布于肝实质的各个部位，尤以膈膜面为多。肝脓肿的起源多种多样，可发生于一般的脓毒血症、肠道微生物的侵入、犊牛脐带及各种蠕虫的死亡等。此外，肝脓肿的发生还常与原发性或继发性副伤寒感染有关。但多数情况下，脓肿的病原仍然是不明的。

猪下颌区的脓肿，多由创伤感染所致。当颌下淋巴结核继发链球菌或马红球菌感染时，于其中也可形成脓肿，应注意鉴别。

2. 卫生处理

（1）脓肿形成有包囊的，切除脓肿区域作销毁，其余部分则不受限制出厂（场）。

（2）脓肿为多发性新生的脓肿或具有不良气味的脓肿，整个器官作化制处理。

（3）已被脓液污染附有难闻气味的胴体部分割除化制处理。

（五）败血症

1. 败血症的病变

败血症是在畜禽机体抵抗力降低，病原体经创伤或感染灶入侵机体血液内并生长繁殖，产生毒素，引起全身中毒和损伤的病理过程。其病变多表现为：败血症死后见尸体腐败快，血液凝固不良；很多病例发生溶血，大血管和心脏的内膜被染成污红色，黏膜和皮下组织可呈现黄疸；皮肤、浆膜与黏膜上有多发性散在的出血点或出血斑；全身淋巴结肿大、充血、出血、水肿，扁桃体和肠壁淋巴滤泡也可呈现增生或急性炎症变化；脾脏肿大，切面紫红或紫黑色，呈急性脾炎的变化；实质器官发生颗粒变性和脂肪变性，有时见局灶性炎症。脓毒败血症的胴体全身有转移性化脓灶。

2. **卫生处理**

（1）由传染病引起的，按传染病的性质处理。

（2）非传染病引起的，若病变轻微，肌肉无变化的，高温处理后出厂（场）；病变严重或肌肉有明显变化，如出血、水肿、色泽和气味异常、黄疸等，作化制处理，患脓毒败血症的胴体、内脏作销毁处理。

（六）脂肪组织坏死

1. **脂肪组织坏死病变**

脂肪组织坏死是一种比较常见的病变，按病因可分为胰性脂肪坏死、外伤性脂肪坏死和营养性脂肪坏死三种类型，前二者多见于猪，后者牛和绵羊多发，偶见于猪。

（1）胰性脂肪坏死　常见于猪，是由于胰腺发炎、导管阻塞或受到机械性损伤，胰脂肪酶游离出来，分解胰腺间质及其附近肠系膜脂肪组织，有时波及网膜和肾周围的脂肪组织。病变部外观呈小而致密的无光泽颗粒状，有时呈不规则的油灰状，质地坚硬，失去正常弹性和油腻感。

（2）外伤性脂肪坏死　比较常见，尤其多见于猪的背部脂肪。是由于皮下组织受伤后放出脂肪酶将局部脂肪分解的结果。受伤部位坏死脂肪坚实、无光，呈白垩质样团块，有时呈油灰状。

（3）营养性脂肪坏死　最常见于牛和绵羊，偶见于猪。其发生一般与慢性消耗性疾病（结核病、副结核病等）有关，但也见于肥胖牲畜的急性饥饿、消化障碍（肠炎、创伤性胃炎、肠胃堵塞）或其他疾病（肺炎、子宫炎）等。病变可发生于全身各部位的脂肪，但以肠系膜、网膜和肾周围的脂肪最常见，病变脂肪暗淡无光呈白垩色，显著发硬，初期脂肪里可见有许多弥散性、淡黄白色坏死点，形状如撒上粉笔灰，随后小病灶融合，形成白色坚硬的坏死团块或结节。

2. **卫生处理**

（1）脂肪坏死轻微无碍商品外观者不受限制出厂（场）；

（2）病变坏死明显的，将病变部切除化制，胴体不受限制出厂（场）；

（3）查明原因，如为传染病所致，应结合具体病进行处理。

（七）胴体皮肤常见病变

动物活动中，皮肤常易遭受外界环境中的机械性、物理性、化学性、生物性等致病因素的损害，加上体内组织器官病变时也能在皮肤上表现出来，所以呈现在人们面前的皮肤病变也比较复杂。

1. 皮肤常见的病变

(1) **皮肤急性充血或淤血** 常见全身皮肤的大面积淤血发红发紫，皮下脂肪因淤血呈红色、暗红色或微红（俗称"红膘"），常见于急性猪丹毒、猪链球菌病、猪附红细胞体病、猪传染性胸膜肺炎等多种疾病。其他皮肤淤血的情况有：长途运输后未充分休息、放血不全、放血时间不够随即浸烫脱毛，以及烈日暴晒或者寒冷等。

(2) **皮肤出血** 常见于耳根、颈部、背部、腹部、四肢内侧的皮肤出现不均匀的小出血点，呈红色或紫红色，针尖大小，严重的全身性出血，指压不退色。这种情况可初步判断为猪瘟，严重的猪瘟皮肤还会出现疹块或脓疱，后期还会形成痂皮；若耳颈部、胸部和四肢内侧若出现界限不明显的红斑，结合其他症状，可判断为猪肺疫（俗称大红脖）。其他皮肤出血的情况有：打击伤痕以及应激敏感猪在运输和仓储过程中打斗留下的牙痕；电麻方法使用不当，造成电麻部位周围有鲜红色出血或片状淤血。

(3) **荨麻疹** 特征为皮肤出现圆形疹块，直径一般不超过 12mm，破溃后在体表留下小的红色圆形区，与猪丹毒的方形疹块不同。严重的眼睑、鼻腔、会阴也发生疹块。

(4) **运输性红斑** 运输途中因冷热刺激，阳光暴晒，常会引起猪通体或大面积的皮肤淡红，颜色分布均匀，其他组织器官无实质性变化。运输斑是暂时的，容易缓解和消除，不影响销售。另外，运输或待宰过程中，皮肤也会受到车厢或地面上的消毒剂和尿液的刺激，或者被车厢内遗留的石灰烧伤，接触刺激物部位的皮肤同样会出现多个浅红色或深红色区。

(5) **皮肤的多形性红斑** 全身出现弥漫性红色斑块和丘疹，特别是耳根部、颈部、腹部、后肢内侧充血明显，常见于败血型猪丹毒。疹块形成方形、菱形、或者不规则形状，见于慢性猪丹毒（俗称大红袍）。颈背、腰、躯体下部多处有紫红斑，耳壳发乌，耳尖干性坏死，常见于猪弓形虫病。鼻端、耳根、胸前、腹下、四肢内侧等处出现紫红色斑见于仔猪副伤寒。慢性型仔猪副伤寒皮肤还会出现痂样湿疹。

(6) **皮肤的弥漫性红染** 放血不良和烫退毛引起的全身性皮肤红染，偶尔也见于长途运输未及时休息，造成皮肤病变，但病变部位分布均匀。烫退的红染现象有轻重之分，严重的皮下及深层组织会造成损伤。这种情况下，肉品易变质，应限时销售。

(7) **皮肤的疱疹** 鼻端、唇、舌面、乳头、蹄部出现水泡和溃疡，见于猪水泡病。以发生水泡和烂斑为特征，蹄部水泡破溃后形成烂斑，严重者蹄壳脱落，见于口蹄疫。眼睛周围、耳颈、腹部、四肢内侧患部密发丘疹水泡，有时形成痂皮，见于疥螨病和口蹄疫。

(8) **猪皮肤的葡萄球菌病** 金黄色葡萄球菌通过皮肤外伤感染引起的毛

囊炎，形成高粱米粒、黄豆甚至更大的坚硬脓性结节，皮肤表面粗糙不平，切开结节含有灰白色黏稠脓样物质；而葡萄球菌肉芽肿，多发于腹部或其他部位的皮肤、皮下组织或浅层肌肉内，呈大小不一的坚硬肿块或者结节，切面散在小脓肿；猪渗出性皮炎是一种由葡萄球菌引起的急性致死性浅表性脓性皮炎。

（9）牛皮肤的毛囊炎　通常以痤疮的形式出现，严重时发展为疖。常发生于背部、臀部和腹部，眼观皮肤肥厚、粗糙、凸凹不平，形成米粒大或黄豆大的坏死灶，其中含有灰白色黏稠脓样物和碎屑物。此病是感染了化脓性细菌、寄生虫（如蠕形螨）病和一些不洁的饲喂方式引起。

（10）皮肤的厚皮病　又称象皮病，是真皮和皮下组织高度增生引起的皮肤变厚变硬的现象。皮肤表面凹凸不平或呈颗粒状，有时形成裂隙或皱襞，被毛脱落，有时形成溃疡或结痂。常见于猪的放线菌和流行性淋巴管炎。

（11）皮肤的水肿　猪的口鼻部、眼睑、结膜、颈部、皮下出现弥漫性水肿，有时在会阴、肛门周围、四肢、乳房部位也发生水肿。其病因为肾脏病变；饲喂了能引起血管通透性增高的牧草和食物（如鱼粉）。

（12）皮肤的黄染　皮肤黄染有两种情况，即黄疸和黄脂。黄疸的肪组织和实质器官也出现黄染。常见于钩端螺旋体病、蛔虫病和肝片吸虫病。而黄脂仅仅有皮肤和脂肪组织发黄，其他组织不发黄。

（13）皮肤的炎症　能够引起皮炎的因素很多，细菌、病毒、真菌、物理作用和化学作用等，都能引起各种皮肤炎症。皮肤大面积被损害部位出现浸润、水泡和湿疹，有时伴有被损害部位，如耳、鼻、面部的病变，严重的坏死结痂。这时需询问畜主找出病因。

（14）皮肤癣（皮肤真菌病）俗称钱癣、脱毛癣、秃毛癣，是由皮肤丝状菌引起的动物皮肤传染病。主要侵害动物的皮毛、指（趾）甲、爪、蹄等，主要病变在皮肤上形成圆形癣斑，癣斑中部生毛，周边脱毛，同时伴有水泡性丘疹和结痂病变。猪体表皮肤上有界线明显的癣斑，严重的有一种糠麸样粗糙的结痂，易脱落，易继发化脓性毛囊炎。

（15）皮肤黑色素沉着（黑变病）分为先天性和后天性。色素在皮肤内沉着过多形成黑变病，如通常所见的腹下芝麻斑、黑痣、母猪的乳腺色素沉积。随着家畜的老龄化，色素更易在皮下沉着。家畜的色素沉着过多，易形成色素斑和色素瘤。家畜的色素沉着过少，易形成白化病和白斑病，白色斑区的毛发易脱落。

2. 卫生处理

（1）对由于机械的、物理的、生物的以及营养的等原因引起的皮肤病变，病变轻微的，割除废弃，胴体不受限制发放出厂（场）；病变严重的，割除病变部分化制，其余部分高温处理。

（2）对由于传染病而使皮肤发生病变的，应根据内脏和其他部位变化，按规定对胴体及内脏器官作出相应的销毁或高温等无害化处理。对人具有感染性的皮肤癣病，其病变部分应销毁。而皮肤黑色素沉着，只将局部病变销毁。

二、器官病变的检验与处理

（一）心脏常见病变

1. 心脏的病变

（1）虎斑心　心脏脂肪变性时，在心外膜下和心室乳头肌肉柱等部位的静脉管周围，眼观可见许多横列的黄色条纹，形似虎皮上斑纹，故称之为虎斑心。心脏松软，似煮过的肉，是口蹄疫具有诊断意义的病变。

（2）绒毛心　纤维素性心包炎时，心脏表面覆盖有易于剥落的黄白色薄层纤维素，病程稍长的病例，这种纤维素因心脏跳动而摩擦牵引，形成绒毛状，称为绒毛心。常见于慢性沙门菌病、结核病、支原体肺炎等病。

（3）盔甲心　结核性心包炎时心外膜覆盖的是数厘米厚干酪样坏死物，外观形似盔甲，称为盔甲心。

（4）疣状心内膜炎　多由丹毒丝菌慢性持续感染房室瓣引起。溃疡性心内膜炎多由链球菌或化脓性棒状杆菌引起。病变涂片可见大量纤细的猪丹毒丝菌或链球菌。本病应注意与心内膜纤维瘤的鉴别，纤维瘤长在肌束上，光滑，不易脱落。

（5）心内外膜出血　出血点大小不一，边缘不整，主要部位在心耳、冠状沟左右纵沟等。常发生于败血症、猪瘟、砷中毒、丹毒等病症上。电麻不当也会引起健康动物的心内外膜出血，常见于猪的心内膜特别是二尖瓣的尖部。

2. 卫生处理

心脏有上述（电麻引起的出血除外）任何一种病变，一律化制或销毁。如确认系传染病引起的病变，应结合具体疾病处理。

（二）肺脏常见病变

肺脏是发病较多的器官，可见到各种形式的肺炎、水肿、出血、萎缩、气肿、寄生虫损害等。肺脏的许多病变是由传染病和寄生虫病引起的，应注意鉴别。

1. 肺脏的病变

（1）肺充血　患肺呈深红色，韧度较正常略坚实，体积与重量超过正常，切面有大量的血液流出；长期被动充血的肺组织质地坚韧，呈铁锈色。长期一侧卧地造成坠积性充血，一侧肺呈现脾样变。

（2）肺出血　猪瘟等传染病可出现肺脏浆膜面出血。寄生虫如蛔虫、细颈囊尾蚴、肺丝虫等移行可引起肺出血。鼠药华法灵（苄丙酮香豆素）中毒，干扰血凝，可引起肌肉和内脏出血。电麻引起的肺出血。

（3）肺呛血和肺呛食　屠宰动物时，由于下刀位置不准，切断三管（食管、气管、血管），流出来的血和胃内容物被吸入肺内，造成呛血和呛食。肺呛血多局限于肺膈叶背缘，向下逐渐减少。呛血区外观呈鲜红色，范围不规则，由弥漫性放射状小红点组成，触之有弹性。切开呛血肺组织，可见弥漫性鲜红色。支气管内可见有血凝块。

（4）肺水肿　特征是体积增大、间质增宽、肺胸膜紧张闪光。实质淤血、湿润。气管和支气管含有大量带泡沫的液体。细菌如猪链球菌感染时，肺脏水肿，出血点多，并有局部胀肿。弓形虫感染常有肺水肿。变态瓜引起的左心衰竭，也可导致肺水肿。

（5）肺气肿　多见局灶性肺气肿，呈小灶状分布在炎灶与膨胀不全灶的周围，高出肺缘，呈苍白色，按压可使其变平，切面整齐、干燥。

（6）支气管肺炎　在肺内出现多发性、散在性发生实质性病变为特征。病灶多分布于肺脏的尖叶、心叶和膈叶的前下部。病变部位呈黄色或暗红色，粟粒大或黄豆大，形状不规则，周围有红色炎症。质地坚实，按压与周围肺组织显然不同。切开时，可见有灰黄色粟粒大至绿豆大的病灶。病灶中心常有一个细小的支气管，用手压之，由支气管断端可见流出灰黄色混浊的液体。

（7）纤维素性胸膜肺炎　在肺部支气管和肺泡内充填大量纤维素性渗出物为特征的炎症。病变可以是肺脏的一个大叶，或者全肺。可见肺的颜色不一致，呈红色或灰色，外观呈大理石样，用手按压坚实。切面稍干燥而呈细颗粒状，质地似肝脏。

（8）肺实变　实变是肺脏特有的病变。发生胰变，病变小叶颜色变淡，质地稍实似胰脏；发生肝变，大量渗出物含有多量纤维素，积聚在炎区凝结使发炎小叶变硬，颜色呈暗红色似肝脏；发生肉变，在慢性炎症中，肉芽生长到肺泡中，新生血管随肉芽也长入其内，颜色呈暗红色，质地似肌肉组织；发生脾变，肺脏淤血并且有多量血清渗出到肺泡中，使肺脏质地颜色似脾脏。

2. 卫生处理

（1）传染病、寄生虫病或肿瘤引起变化，应结合具体的疾病按照规定进行无害化处理。

（2）其他的原因引起的肺炎、胸膜炎、支气管肺炎、肺气肿、淤血、水肿、坏血支气管扩张、尘肺等变化，将肺脏割除销毁。如果胴体消瘦，伴发有毒血症时，则将胴体和内脏化制或销毁。

（3）呛血肺、呛水肺应行局部割除，麻电出血肺不受限制出厂（场）。

（三）肝脏常见病变

肝脏具有消化、解毒、合成、免疫、贮藏等功能，是动物机体一类组织器官。当动物发生疫病时，肝脏会受到不同程度的损害，表现出不同的病变。

1. 肝脏的病变

（1）肝淤血　肝脏组织内血液含量增多称为肝淤血。淤血的肝脏体积增大，重量增加，颜色加深，紫红或者暗红色。包膜紧张，外观隆起光滑。切面流黑紫色血液，中央静脉明显扩张，鲜红色或暗紫色。

（2）肝出血　渗出性出血表现为细小出血点，见于传染病或者中毒病。破裂性出血表现为小叶内多个出血灶或小的血肿，或者整个小叶出血，主要因为蛔虫、细颈囊尾蚴、猪肾虫、刚棘颚口线虫等幼虫的移行破坏作用所致。淀粉样变也会引起肝脏出血。

（3）乳斑肝　肝表面可见散在或密布有高粱粒大灰白色乳斑状坏死灶，边缘呈放射状，切开病灶部位，只在肝的表层和浅层有结缔组织，其他部分结构和质地正常。多见于屠宰猪的肝脏。乳斑肝的形成是血液中的寄生虫幼虫，途经肝脏时移行的结果。

（4）脂肪肝　眼观在变性早期可见肝体积肿大，锐缘变钝。随后由于肝细胞的坏死崩解，体积逐渐缩小，肝的颜色呈黄褐色或土黄色，切面上肝小叶结构模糊，触之有油腻感。镜下可见脂肪弥漫分布于整个肝小叶。肝脂肪变性主要是由于传染和中毒因素引起组织物质代谢障碍的结果，常见于败血性疫病。

（5）槟榔肝　在肝组织切面上，眼观可见肝小叶中央区呈暗红色，边缘呈灰黄色，这种暗红和灰黄相间的花纹与中药槟榔片的花纹相似，病理学上称为"槟榔肝"。这种肝脏，肝肿大，质脆弱，表面呈黄色或锈褐色。主要由于慢性肝淤血造成的，如马传贫的肝脏。

（6）饥饿肝　肝脏特征是黄褐色甚至泥土色，肝小叶明显，小叶间质清楚，但肝脏体积未增大，结构和质地正常。饥饿肝是屠宰的牲畜因饥饿引起的一种色泽异常变淡的肝脏，常与长途运输、惊恐、奔跑、竭力挣扎和疼痛有关。除肝脏外，肉尸和其他脏器无异常。

（7）黄疸肝　肝脏呈黄色或棕黄色，肿大，质脆，放置越久颜色越深。引起肝黄疸的原因有三种：溶血性疫病如血孢子虫寄生，血液病或中毒；传染性病原微生物引起的肝炎或急性广泛性肝坏死；肝内胆汁排出障碍，如胆道炎症胆道阻塞等。

（8）锯屑肝　肝毛细血管扩张又名富脉斑，是物质代谢障碍所引起的一种变性变化。其特点是肝表面或实质中，散在单个或多个直径 $1\sim10mm$ 不等的暗红色病灶，位于表面的，略有凹陷，切面呈海绵状，多血。锯屑肝病变结构如同富脉斑，但呈淡黄色或灰色。两种变化均见于牛肝。

（9）坏死性肝炎　肝表面和切面存在灰白色、灰黄色的大小不一、数量不等、形状不规则的散在分布的小点状局灶性坏死，多见于沙门菌、禽巴杆菌、坏死杆菌、原虫等感染性疾病。

（10）肝硬变　肝硬变的特点是肝脏的内结缔组织增生，使肝脏变硬和变形。

萎缩性肝硬变：肝脏体积缩小，被膜增厚，质地变硬，肝表面呈颗粒状或结节状，肝的色泽呈褐色或黄褐色。

肥大性肝硬变：肝脏肿大，表面平滑或略呈颗粒状，质地坚硬无弹性。

（11）寄生虫性肝脏　在肝表面或实质中有包囊状或结节状寄生虫寄生，多为机械性肿大，肝的颜色、质地无变化。常见于细颈囊尾蚴、棘球蚴病。

（12）肝中毒性营养不良　是一种全身性中毒或感染的结果，各种动物均可发生，以猪多见。病变初期似脂肪肝，随后在黄色背景上出现散在红色岛屿状或槟榔样斑纹，肝脏体积缩小，质地柔软。如转入慢性中毒性营养不良，因结缔组织增生和肝实质再生，质地变硬，导致肝硬变。

（13）胆管囊肿　先天性胆管囊肿表现为小囊肿大量存在，含有透明水样液体。病理性胆管囊肿是在慢性增生性肝炎过程中，因结缔组织增生，胆小管内胆汁流出受阻而扩张呈囊状，肝表面见到若干小水泡。同时因胆汁不能进入胆囊，胆囊皱缩，发生阻塞性黄疸。

2. 卫生处理

（1）局部压迫性肝淤血，实质正常者不受限制利用。全肝轻度淤血，进行高温处理后利用；全肝淤血和肿胀严重者，予以化制或销毁。

（2）对生理性脂肪肝、饥饿肝、轻度肝硬变，可不受限制利用，变化严重的作工业用。

（3）锯屑肝可作高温处理，但如影响商品外观，可作动物性饲料。

（4）由中毒或传染病引起的脂肪变性肝、硬度明显的肝及中毒性营养不良的肝，应进行化制工业用或予以销毁。

（5）由寄生虫引起的肝损害，如病变轻微，修割病变部分后鲜销；如病损严重，整个肝脏予以化制或销毁。

（四）脾脏常见病变

脾脏是动物体内最大的淋巴器官，是发生免疫反应，消灭病原的主要场所之一，是重要的防御器官。当机体发生疾病（特别是发生一些传染病和寄生虫病）时，脾脏往往会出现明显的病变。另外，屠宰加工不当也会引起脾脏病变。

1. 脾脏的病变

（1）屠宰脾　发生在正常屠宰猪和牛的一种因屠宰方法不正确而引起的非病理性的脾淤血而肿大，类似败血脾，但无病原微生物。脾髓质通常不软化，用刀背轻刮脾的切面，刀面上没有粥样物质，全身淋巴结也无病变反应。此外，屠畜胴体和其它脏器无异常。

（2）败血脾　各种败血症所见到的急性脾炎或急性脾脏肿大，称为败血脾。

病变脾脏呈急性明显肿大，边缘钝圆，切面模糊，充满血液。常见于急性猪丹毒、猪链球菌病、炭疽等败血型疾病。

（3）脾出血性梗死　常发生于猪瘟或屠宰加工过程不适当的电麻方式，此种梗死常为多发性出血性梗死。通常发生于脾脏边缘，其大小不等、数量不一、暗红色、稍隆突、呈不整圆形，与周围组织的境界分明，触摸质地坚实。切面上见梗死组织多呈圆锥体，其锥底位于脾表面，锥尖指向脾脏中心。应注意猪瘟所致的脾出血性梗死与屠宰引起的出血性梗死在病理变化无明显区别，在判定时要慎重。实践中发现，出现脾边缘出血性梗死的多数是由猪瘟造成的。

（4）火腿脾或西米脾　脾脏的红髓部分沉着了淀粉样物质，呈灰白色，其他部分呈现暗红色，两种颜色互相穿插如同火腿肉的切面花纹，称为火腿脾。如果淀粉样物质仅仅沉着于淋巴滤泡，则呈灰白色颗粒，如同煮熟的西米，称为西米脾。

（5）脾脏脓肿　常见于犊牛脐炎、创伤性网胃炎等。也见于屠宰猪，表现为脾表面密布黄色小结节。

（6）脾炎　只要有脾炎发生就标志着全身感染的可能。脾炎主要有以下几种类型。

急性炎性脾炎：脾急性肿大 1~10 倍，质变柔软被膜紧张，边缘钝圆。切面外翻，隆突并富有血液。呈暗红色或黑红色，脾脏固有结构模糊，用刀轻刮切面时，附有多量粥样的软化脾髓。多发生于炭疽、急性猪丹毒、急性猪副伤寒、急性马传贫、锥虫病和梨形虫病等。

坏死性脾炎：脾肿大或不肿大，脾脏以实质的变质和渗出为主，镜检可见脾实质细胞变性、坏死、浆液渗出、白细胞浸润，但充血变化不明显。多见于出血性败血症、鸡新城疫、鸡霍乱和鸡结核等。

化脓性脾炎：脾脏可见于单个或多个发性灶状脓肿，有时刀切可流现脓液。一旦出现化脓性皮炎，说明有脓液进入血液，易造成脓毒败血症。多见于溃疡性心内膜炎、马腺疫、鼻疽或外伤等。

细胞增生性脾炎：细胞增生性脾炎是由细胞增生引起，早期病变表现脾脏肿大 1~2 倍，质地坚实，边缘稍显钝圆，切面稍微隆起，在深红色的背景下可见散在的灰白色或灰黄色的脾白髓，它呈颗粒状向外突出，后期病变表现脾脏体积缩小，质地坚实边缘锐薄，呈深褐色。多见于布氏杆菌病、结核病、猪丹毒及犊牛副伤寒等的疾病过程中。

2. 卫生处理

（1）非传染性病常见的脾脏畸形，一般无器质性损害，脾脏和肉尸均可食用。

（2）屠宰引起的脾出血性梗死，视病变多少而定。病变少时可将病变部位切去，其余部分可食；病变多时不可食用。

（3）由于传染病引起的脾脏病变，一般根据脾脏的形态变化，按相应的传染病规程进行处理。

（五）肾脏常见病变

1. 肾脏的病变

（1）**肾脏充血** 眼观肾脏肿大、变硬、色深，呈斑纹状或弥漫性红色，尤其是肾小球充血时，肾切面可见明显的红色小点。肾脏充血多见于急性炎症、中毒性疾病及代偿机能亢进时。

（2）**肾淤血** 非传染病引起的肾淤血：屠宰时放血不良，往往伴有肾脏轻度淤血变化。如冷宰猪常见一侧肾淤血明显，另一侧肾淤血变化轻微或不见淤血，这是由于生猪在宰前因非致病因素致死后，大血管收缩、尸僵形成及重力作用使血液向下侧部位沉坠所致。因此，在屠宰检疫中观察肾脏的淤血特征对肾脏检查有重要参考价值。

传染病引起肾脏淤血：肾脏肿大，表面暗红或呈蓝紫色；皮质切面红黄色，接近皮质的髓质暗紫色，界限明显；弓状静脉断端流出暗红色血液。动物生前发生的肾脏淤血是两侧变化一致。

（3）**肾出血** 机械损伤引起的肾出血：肾表面有鲜红色出血点（斑），有时见到包膜下有小指头大小的血肿，胴体腰部有明显机械损伤痕迹，腰肌有明显的鲜红色出血斑。

传染病引起的肾出血：如猪瘟时，肾脏的出血点大小不一，分布不均，称"火鸡蛋肾"或"蚤咬肾"，出血点不仅出现在皮质，而且出现在肾盂。急性猪丹毒时，肾脏出血限于皮质部分，出血点大小一致，数量较多，分布均匀。

急性肾小体肾炎：病猪肾肿大为正常肾脏的 1~2 倍，色泽苍白，表面有大小不等的出血点及灰白色小斑点，包膜易剥离，肾乳头有明显水肿变化。检查其他内脏器官时没有明显病理变化。

（4）**肾囊肿** 大多为多发性肾囊肿，也有单个肾囊肿。单个肾囊肿多发生于肾门周围，囊泡有 1/3 拳头大小。多发性的肾囊肿囊泡大小不等，整个肾脏凸凹不平，刺破囊泡流出淡黄色液体。肾囊肿与先天性的胚胎发育不全有关。

（5）**肾脏坏死** 又称肾脏梗死。多为贫血性梗死，肾脏动脉为终末动脉，当发生栓塞或痉挛收缩时灌流部组织因缺氧迅速发生凝固性坏死。眼观肾脏不肿大，质地柔软，被膜易剥离，表面平滑，色泽变淡呈灰黄色，肾脏表面有灰白色或黄白色局灶性梗死病灶。

（6）**肾炎** 肾小球性肾炎：急性病变肾脏体积稍肿大，被膜易剥离，表面和切面呈淡红色，有针尖大出血点，皮质增厚，肾小体有突出的灰白颗粒。

局灶性间质性肾炎：常在肾脏两端有数量不等的多角形红色或中心灰色病变，外周有充血带，称为"白斑肾"。如猪常见慢性间质性肾炎，特征是硬化、萎缩，色泽苍白，质地较硬，表面高低不平，包膜不易剥离，肾脏表面见白色小点，切面上见到皮质部分是一条白线。有时肾脏肿胀较大。严重时，表面高低不平，形成皱缩，又称固缩肾。

化脓性肾炎：有血源性化脓性肾炎和尿源性化脓性肾炎两种，病变部位体积增大，被膜易剥离，表面和部分切面皮质可见大小、数量不等的灰黄色或灰白色脓肿或化脓灶。尿源性化脓性肾炎可在肾盂或髓质部分见到脓肿或化脓灶。

2. 卫生处理

（1）轻度肾囊肿、肾梗死，可修割局部病变后供食用。因加工不当引起的实质正常的轻度肾淤血，可不受限制利用。

（2）其他各种病变肾脏，均应化制或销毁。

（六）淋巴结常见病变

淋巴是动物体防御免疫器官，一般病原微生物感染，都可引起淋巴结各种炎症变化，需做重点检查。

1. 淋巴结的病变

（1）淋巴结的色泽变化　正常淋巴结呈灰白色、粉红色或红褐色，一般没有血色。

黑色淋巴结：常见于支气管淋巴结炭末沉着症、恶性黑色素肿瘤的淋巴结转移。

炭末沉着的淋巴结：呈淡灰色，不肿胀，见于支气管淋巴结和纵隔淋巴结。黑色素沉着的淋巴结呈灰黑色或者黑色，淋巴结略增大，淋巴窦黑色。肝淋巴结的黑色素沉着见于牛、羊肝片形吸虫病，淋巴结可见转移性团块或结节状黑色素瘤。

黄色淋巴结：见于老年动物、喂叶黄素较多的饲料或用四环素等药物。淋巴结血黄素沉着是因为局部出血后，死亡的红细胞被淋巴带到淋巴结所致。阻塞性黄疸时，肝淋巴结内发生胆色素沉着。也显黄色。

白色淋巴结：常见于肠系膜淋巴结，切面呈乳白色，多由于淋巴结脂肪吸收所致。

红色淋巴结：系因出血或充血所致。但红色的血淋巴结本身就是红色的，不是病变，属于正常结构。

（2）淋巴结充血、淤血　淋巴结充血肿胀常见于炎症初期，轻度肿胀，发硬，色泽变红，切面浅红色或深红色，按压血液渗出，常与其他病变伴发；而淋巴结淤血与相关部位的血液循环障碍有关。

（3）淋巴结出血　淋巴结出血多见于败血症、出血性炎症等。电麻出血、屠宰出血，多为点状出血呈放射状，切面平整，淋巴结不肿大，也无炎症反应，出血点鲜红色；传染病出血为花纹样出血，可见大理石样出血，出血部位暗红。如猪瘟时，淋巴结出血呈草莓状。

（4）淋巴结水肿　见于慢性消耗性疾病，如肿瘤、长期运输、心力衰竭、外伤大出血等。检验见淋巴结体积增大，切面色泽苍白且松软，加压流出透明淋巴液。

（5）淋巴结炎　急性浆液性淋巴结炎：特征是淋巴结肿大，包膜紧张，切面外翻、湿润多汁和潮红。淋巴窦含有多量浆液，见于某些传染病初期、局部急性炎症。浆膜丝虫微丝蚴引起猪腹腔内淋巴结浆液性炎症，表面出现半透明水泡。吸取水泡液镜检可见活动的微丝蚴。

出血性淋巴结炎：特征是淋巴结暗红色或者黑红色，肿胀。切面多汁，出血部暗红色，含铁血黄素沉着部分呈黄色，互相穿插形成大理石样花纹。见于炭疽、猪瘟、猪丹毒、出败等。急性猪瘟的"草莓样"淋巴结明显水肿、质软，外周鲜红，呈大理石样花纹。

坏死性淋巴结炎：特征是淋巴结肿胀、出血，切面有灰白色或灰黄色坏死灶以及暗红色出血灶，常见于猪弓形虫病、猪副伤寒、坏死杆菌病等。水牛热进也发生坏死性淋巴结炎。猪慢性局限性炭疽时，淋巴结呈出血性坏死性炎，质地脆硬，切面呈砖红色。

化脓性淋巴结炎：特征为淋巴结肿大、柔软、有脓液流出，切面褐红色，实质呈粥样，容易刮下，有坏死灶和化脓灶。严重时整个淋巴结形成脓疱，见于化脓性传染病、化脓创感染。

细胞增生性淋巴结炎：是机体免疫反应增强的表现。特征为淋巴结肿大、质坚实，刀切有抵抗感，切面隆突，呈灰白脑髓样，结构不清，增生淋巴小结呈细颗粒状。纤维组织增生性淋巴结炎以淋巴结内结缔组织增生和网状纤维胶原化为特征，淋巴结体积缩小，结缔组织明显。

2. 卫生处理

（1）如只有淋巴结病变，无全身变化，在排除传染病因素后，割去病变淋巴结，肉尸可以出售。

（2）若是传染病因素造成，按传染病处理办法处理。

（七）胃肠常见病变

1. 胃肠病变

宰后检验中常见的胃肠病变有猪胃溃疡、胃壁水肿、肠壁水肿、大肠肠炎以及牛创伤性网胃炎等。引起这些病变的致病原因很多，如长途运输饲养拥挤、惊恐，集约化饲养使用单纯配合饲料，导致猪胃的急性"应激性溃疡"。而慢性胃溃疡可能与病原菌（如沙门菌、幽氏螺旋杆菌等）感染有关，其严重者伴发胃穿孔，可能引发腹膜炎。寄生于猪胃的刚棘颚口线虫常引起胃黏膜发炎或穿孔。

寄生于小肠的蛭状巨吻棘头虫常引起结节和溃疡；蛔虫感染后除引起肠炎外，还可侵入胆管和肝内引起黄疸。猪感染沙门菌可引起出血型和伪膜型大肠炎；慢性猪瘟发生的纤维素性坏死性肠炎为轮层状溃疡。牛常因采食尖锐异物引起创伤性网胃炎。

2. 卫生处理

（1）非传染性因素引起的胃肠病变，且病变仅限于局部和变化轻微者，割除局部病变后上市。若病变严重、发生面积大的，整个器官化制或销毁。

（2）凡传染性因素引起的胃肠病变，按传染病处理。

项目小结

经过宰后检疫，对出现的疫病要及时处理，甚至立即停止生产，对养殖场与检疫区进行全面消毒，并向畜牧管理办公室上报疫情，将病变部分及时销毁处理，决不能在市场上贩卖。若发生有寄生虫的屠体，全面高温处理与销毁；若发生肿瘤屠体时，全尸作工业用或销毁。经过检验合格的屠体，允许在市场贩卖，并在皮肤上盖上"合格"两字，盖章的印色要求颜色鲜艳、无毒，不易脱落。此外，家禽的宰后检验与家畜的宰后检验有所不同，因为家禽的淋巴系统的组织结构与家畜不同，没有可供检验的较大的淋巴结，鸭鹅只在颈胸部有少量淋巴结，所以家禽的内脏检验和胴体检验均不剖检淋巴结。另外，家禽的加工方法与家畜不同，家禽有全净膛、半净膛和不净膛三种，对全净膛禽能进行内脏和体腔的检验，对半净膛禽一般只对胴体表面和肠道进行检验，对不净膛禽只能检验胴体表面。因此，家禽的宰后检验一般要靠体表的变化和对部分脏器的检验来作判断。

复习思考题

1. 简述内脏和淋巴结常见的病变和处理措施。
2. 简述肌肉和器官出血的原因和处理措施。
3. 简述宰后检验的处理原则和方法。
4. 猪、牛、羊和家禽的宰后检验的程序是什么？

项目五 常见疫病的检疫检验与处理

知识目标
1. 常见的主要人畜共患传染病的鉴定与卫生处理；
2. 家禽常见传染病的鉴定与卫生处理；
3. 家畜常见寄生虫病的鉴定与卫生处理；
4. 家禽常见寄生虫病的鉴定与卫生处理；
5. 家兔常见寄生虫病的鉴定与卫生处理。

技能目标
1. 掌握人畜共患传染病的临床特征和剖检特征并了解其处理措施；
2. 掌握家禽常见传染病的临床特征和剖检特征并了解其处理措施；
3. 掌握畜禽常见寄生虫病的临床特征和剖检特征并了解其处理措施。

任务一 屠畜常见传染病的检疫检验与处理

一、主要人畜共患传染病

（一）口蹄疫

口蹄疫是由口蹄疫病毒所致的偶蹄动物的一种急性、热性、高度接触性的传染病。其特征是在口腔、舌、唇、鼻镜、乳房、蹄和阴囊等部位发生水疱和溃烂。人感染多是由未经充分消毒的病畜乳及乳制品引起，与病畜直接接触感染者较少。

1. 宰前鉴定

牛患口蹄疫后，表现体温升高至40~41℃，精神委顿，食欲减退。继而在唇内面、齿龈、舌面和鼻镜等处出现水疱。水疱圆而突起，内含清亮液体，约经一昼夜破裂形成浅平的边缘整齐的红色糜烂。病牛流涎增多，呈白色泡沫状，采食与反刍完全停止。同时，趾间及蹄冠的皮肤上表现红、肿、疼痛，并迅速发生水疱，破溃后形成糜烂。如继发感染细菌，可出现化脓和坏死，甚至蹄匣脱落，病畜站立不稳，运步艰难。此外，有的病牛乳头皮肤也可出现水疱，破裂后形成烂斑。羊感染后，症状与牛大致相似。

2. 卫生处理

发现口蹄疫病畜时，患畜整个胴体、内脏及其副产品作工业用或销毁。同群家畜及怀疑被污染的胴体、内脏等可进行高温处理，毛皮消毒后出场。

（二）结核病

结核病是由结核分枝杆菌引起的人和畜禽共患的一种慢性传染病，其特点是在多种组织器官形成干酪样坏死或钙化结核结节。人感染主要是通过饮用生牛乳而引起。

1. 宰前鉴定

牛的结核主要表现以下几个方面。

肺结核：表现干咳，并咳出脓性分泌物。呼吸困难，严重时气喘。食欲减退，日渐消瘦，被毛粗乱。恶化时，病牛体温升高至42℃，稽留热型，呼吸极度困难，最后心衰而死。

乳房结核：于乳房内可摸到局限性或弥漫性硬结，无热无痛。病牛产乳量下降，乳汁稀薄如水，夹有白色絮片，乳房淋巴结肿大。

肠结核：病牛出现食欲不振，顽固性下痢，迅速消瘦。猪的结核很少出现临诊症状，当肠道有病灶时则表现下痢、消瘦。

2. 宰后鉴定

牛的结核病变可发生在任何部位，尤其是乳房、肺、胸膜、纵隔淋巴结和乳房淋巴结等，典型病变是形成结核性结节。结核结节如针头至鸡蛋大，呈灰白色或淡黄色，切开后见干酪样坏死，有的坏死组织发生溶解和液化，排出后形成空洞，有的常发生钙化。猪全身性结核不常见，多在颌下、咽、肠系膜淋巴结及扁桃体等处发生结核病灶。在肝、肺、肾等出现一些小的病灶，有的出现干酪样变化，但钙化不明显。

3. 卫生处理

（1）患全身性结核病且胴体瘠瘦者，胴体及内脏作工业用或销毁。

（2）患全身性结核病而胴体不瘠瘦者，病变部分作工业用或销毁，其余部分高温处理后出厂（场）。

（3）胴体局部淋巴结有结核病变时，将病变淋巴结割除作工业用或销毁，淋巴结周围的肌肉高温处理，其余部分不受限制出厂（场）。

（4）腹膜或肋膜局部有结核病变时，将病变部分割下作工业用或销毁，其余部分不受限制出厂（场）。

（5）内脏或内脏淋巴结有结核病变时，整个内脏作工业用或销毁，胴体不受限制出厂（场）。

（6）确认为骨结核病的家畜，将病变的骨剔除作工业用或销毁，胴体和内脏高温处理后出厂（场）。

（三）布鲁菌病

布鲁菌病是由布鲁菌引起的以牛、羊和猪最易感的一种慢性传染病，以胎膜和生殖器发炎，引起流产及不育为特征。人接触布鲁菌病病畜或饮用病畜生乳及乳制品均可感染。

1. 宰前鉴定

以怀孕母畜流产为主要特征，产出死胎或弱胎，流产前表现阴唇和乳房肿胀，阴道内持续排出褐色恶臭液体，流产时胎衣滞留。公牛常见睾丸炎及附睾炎。此外，还可出现关节炎、腱鞘炎和乳房炎等。

2. 宰后鉴定

当发现屠畜有下列病变之一时，要考虑患有布鲁菌病的可能。

（1）牛、羊患子宫炎、阴道炎、睾丸炎或附睾炎；猪患阴道炎、睾丸炎或附睾炎、关节炎、骨髓炎。

（2）肾皮质部出现麦粒大灰白色结节。

（3）椎骨或管状骨中积脓或形成外生骨疣，致使骨膜出现高低不平的现象。

3. 卫生处理

（1）确认为患有布鲁菌病的屠畜，其胴体、内脏作工业用或销毁，毛皮盐渍，胎儿毛皮盐渍3个月后出厂（场）。

（2）宰前经凝集反应或细菌学检查为阳性而无症状，宰后检验无病变的家畜，其生殖器官及乳房作工业用或销毁，体和内脏高温处理后出厂（场）。

（四）狂犬病

狂犬病是由狂犬病毒引起的一种急性接触性传染病，各种家畜和人均可感染发病。其临诊特征是患病动物出现神经兴奋、意识障碍及局部或全身麻痹。

1. 宰前鉴定

有被咬伤史。患病后病畜举动反常，表现异嗜，流涎，情绪不安，异常狂暴，常攻击其他动物或人，咬伤处奇痒。后躯、四肢麻痹，最后因呼吸中枢麻痹、衰竭而死亡。

2. 宰后鉴定

剖检无特征性变化。多表现尸体消瘦，口腔、咽喉及胃黏膜充血或糜烂，牙齿折损，胃内有异物，脑膜肿胀、充血或出血。组织病理学检查可见非化脓性脑炎变化，血管周围淋巴细胞浸润。特征性变化是大脑海马角、小脑和延脑的神经细胞胞浆内出现内基氏小体。

3. 卫生处理

（1）屠畜被咬伤后8天内未出现明显症状者，胴体、内脏经高温处理。超过8天者不准屠宰，采取不放血方式扑杀销毁。

（2）如不能确定咬伤日期的，一般不作食用。

(3) 狂犬病患畜应销毁。

(五) 沙门菌病

沙门菌病是由沙门菌属细菌引起的各种动物和人共患的传染病。动物感染多引起败血症、肠炎以及孕畜流产。人食用了处理不当的生前感染本病的动物肉和内脏，极易引起食物中毒。

1. 宰前鉴定

(1) 猪的沙门菌病，多发生于仔猪。急性型主要表现发热，虚弱，呼吸困难，耳根、胸前和腹下等处皮肤发红并出现紫斑。亚急性型出现体温升高，畏寒和结膜炎。慢性型多为顽固性下痢，排出水样、黄绿色的恶臭粪便，伴以消瘦、脱水及贫血。

(2) 成年牛患沙门菌病，表现体温升高，食欲废绝，呼吸困难，继而发生腹泻，粪中带血，有恶臭味，并混有纤维素絮片及黏膜。犊牛感染本病，表现体温升高，排出混有黏液、带血或纤维絮片粪便。有的病牛发生支气管肺炎症状。

(3) 羊感染沙门菌病，症状与猪和牛相似，母羊可发生流产。

(4) 马感染沙门菌病时，主要表现孕马流产，幼驹关节炎和肺炎，公马睾丸炎及关节脓肿。

2. 宰后鉴定

(1) 猪的沙门菌病，急性型表现肝肿大、充血和出血，实质有针尖大小坏死点。脾肿大，暗蓝色。全身黏膜、浆膜出血，肠系膜淋巴结肿大。亚急性和慢性型特征是在盲肠、结肠、回肠后段出现纤维素性坏死性肠炎，肠壁增厚，黏膜潮红，覆盖有纤维蛋白性坏死物，剥离后留下不规则状溃疡。肝、脾、肠系膜淋巴结肿大，并有针尖大灰白色坏死灶。

(2) 成年牛感染沙门菌病，剖检可见急性出血性胃肠炎变化，表现肠黏膜潮红、出血，大肠黏膜有局限性坏死、脱落，肠系膜淋巴结水肿、出血。肝脂肪变性，有灰白色坏死结节。脾充血、肿大、柔软。肺有化脓性肺炎及坏死灶。犊牛的沙门菌病，表现肝散在坏死结节，脾肿大，质地坚硬。小肠呈卡他性出血性炎。肠系膜淋巴结肿大。肺呈纤维素性肺炎变化。

(3) 羊沙门菌病，呈现出血性胃肠炎变化。

(4) 马沙门菌病，无特异性变化，流产胎儿可见胎膜水肿，表面有糠麸样物及出血点。

3. 卫生处理

宰前发现沙门菌病急宰，其胴体及内脏经高温处理后出场。

(六) 巴氏杆菌病

巴氏杆菌病是由多杀性巴氏杆菌引起的各种家畜和野生动物的一种传染病。

以败血症和出血性炎症为主要特征。人感染多由动物咬伤和抓伤所致。

1. 宰前鉴定

（1）猪巴氏杆菌病　又称"猪肺疫"，最急性型者通常不见症状，突然死亡。急性者体温升高，咳嗽，呼吸极度困难，呈犬坐姿势。皮肤发绀，耳根、四肢内侧有红斑，颈部、咽喉部炎性肿胀，伴有脓性结膜炎。慢性者表现持续性咳嗽、呼吸困难、腹泻、消瘦。

（2）牛巴氏杆菌病　患败血型的病牛，体温升高至42℃，精神沉郁，食欲减退或废绝，反刍停止，结膜潮红，呼吸、脉搏加快。水肿型者在头颈、咽、胸、肛门和四肢出现水肿，吞咽、呼吸困难。肺炎型者主要表现纤维素性胸膜肺炎症状。此时病牛出现呼吸困难，痛苦干咳，流鼻汁，后呈脓性或带有血色。

（3）羊巴氏杆菌病　常见颈部和胸部水肿，胸腔积有纤维素渗出液，肺水肿、实变，胃肠黏膜出血，肝有坏死灶。

2. 卫生处理

（1）肌肉无病变或病变轻微时，将病变割除，胴体及内脏高温处理后出厂（场）。

（2）肌肉有病变时，胴体、内脏与血液作工业用或销毁皮张经消毒后出厂（场）。

（七）钩端螺旋体病

钩端螺旋体病是由致病性钩端螺旋体引起的一种自然疫源性传染病。其特征为发热、黄疸、血红蛋白尿、皮肤及黏膜坏死等。人亦可经皮肤、黏膜或被污染的食物感染。

1. 宰前鉴定

（1）猪感染后，妊娠母猪表现为流产、产死胎、弱胎和木乃伊胎。哺乳猪发生腹泻，皮肤、结膜出现黄染、贫血，头颈或全身水肿，排深黄色尿液，耳、尾尖皮肤坏死。

（2）牛感染后，表现发热，鼻镜干燥，皮肤和黏膜黄染、贫血，出现血红蛋白尿。

（3）马感染后，出现体温升高，黄疸，皮肤干裂、坏死，排血红蛋白尿。

2. 宰后鉴定

病畜宰后剖检，主要表现皮肤、皮下、浆膜和黏膜出血、黄疸。肝肿大，黄褐色，胆囊充盈。脾轻度肿大，肺水肿，肾肿大、贫血，表面散布灰白色坏死灶。胸腔积液，膀胱积有血红蛋白尿。

3. 卫生处理

（1）处于急性期和高度衰弱的病畜，不准屠宰。

（2）宰后发现有明显病变且胴体呈黄色并在一昼夜内不能消失的家畜，其胴体及内脏作工业用或销毁。

（3）宰后未见黄疸或黄疸较轻且胴体放置一昼夜后基本消失或仅留痕迹者，胴体及内脏高温处理后出厂（场），肝脏销毁。

（4）皮张可用浸渍法加工或盐腌或使其保持干燥状态，经两个月后出厂（场）。

（八）痘病

痘病是由痘病毒引起各种动物的一种急性、热性传染病，以皮肤、黏膜上发生丘疹和疱疹为主要特征。牛痘可以传染给人，但仅引起局部病变。

1. 宰前鉴定

（1）病羊初期体温升高到 41～42℃，呼吸加快，食欲减少，精神不振，流黏性或脓性鼻液。随后在皮肤无毛或少毛部位，出现红斑，形成丘疹，逐渐变成灰白色水疱。水疱破裂后形成棕色结痂。山羊痘多发于乳房。

（2）病猪表现发热，食欲减退。在皮肤少毛的部位，特别是乳房、大腿内侧、下腹发生红斑，之后出现深红色丘疹，逐渐形成脓疱，最后形成结痂。

（3）牛痘多见于乳房，马痘多发生于系部（蹄弯）或表现为脓疱性口炎。

2. 宰后鉴定

在病猪的口、咽、气管和支气管黏膜出现痘疹。绵羊咽及第一胃有痘疹和溃疡，呼吸道有出血性炎症，有时在皮下组织可见浆液性炎症，肺有灰白色结节。

3. 卫生处理

（1）绵羊和猪的胴体有全身性出血或坏疽者，作工业用或销毁。如为良性痘疮且全身营养良好者，将痘疮割去后出厂（场）。头蹄有病变者，将病变割除后出厂（场）。

（2）牛胴体有病变者，将病变割除后出厂（场）。

（3）皮张干燥后出厂（场），或以不漏水工具运往制革厂加工。

（九）猪传染性水疱病

猪传染性水疱病是由猪水疱病病毒引起的一种急性、热性、接触性传染病。以蹄部、口腔皮肤发生水疱和烂斑为特征。在自然流行中，仅有猪发生。人也可感染。

1. 宰前鉴定

猪群感染此病后，初期会出现跛行，突然拒食。接着体温升高到 40～41℃，蹄部肿胀、充血。不久在蹄冠、蹄叉、蹄踵、口和鼻端等部出现水疱，水疱内充满透明液体，破裂后形成溃疡，蹄壳脱落。哺乳猪的乳头及四周有时也可出现水疱。

2. 宰后鉴定

猪传染性水疱病特征性病变主要在蹄部、鼻盘、唇、舌面和乳房出现水疱。

应与口蹄疫相区别。鉴别诊断可采用中和试验和动物试验。

3. 卫生处理

患畜整个胴体、内脏及其他副产品作工业用或销毁。

（十）猪丹毒

猪丹毒是由猪丹毒杆菌引起的猪的一种急性或慢性传染病。该病以败血症症状、皮肤出现疹块及心内膜炎和关节炎为特征。人患本病主要是经皮肤或黏膜损伤感染，称"类丹毒"。

1. 宰前鉴定

（1）急性败血型　病猪体温升高，稽留热，食欲下降，眼结膜潮红，两眼清亮有神，很少有分泌物，呕吐，便秘或腹泻。皮肤出现大小不等红斑，指压退色。

（2）亚急性疹块型　典型症状为在肩、颈、胸、腹、背和四肢外侧等部皮肤出现大小不等、形状不一的疹块，疹块呈暗红色或边缘灰紫色而中央苍白，方形、圆形或菱形，稍高出于皮肤，表面有浆液渗出，逐渐坏死形成结痂。

（3）慢性型　表现消瘦，运动时见心率加快，呼吸急促，听诊有心杂音。肘、髋、跗、膝、腕关节变形，运动障碍。有的病猪皮肤大片坏死脱落，甚至耳或尾全部脱落。

2. 宰后鉴定

（1）急性型　为败血症的变化，全身淋巴结肿胀充血，紫红色，切面多汁，有点状出血。脾脏明显肿大，呈樱桃红色，被膜紧张，边缘钝圆，质软，脾髓易于刮下。肾肿大，颜色暗红，俗称"大红肾"，皮质部可见大小不等点状出血。肺淤血、水肿。胃或十二指肠有卡他性或出血性炎症。皮肤充血潮红，呈"小红袍"或"大红袍"。

（2）亚急性型　皮肤上出现疹块，疹块部皮肤和皮下组织充血并有浆液浸润。内脏变化与急性型相同。

（3）慢性型　患心内膜炎的病猪，在心脏二尖瓣上形成各种灰白色的菜花状赘生物。关节炎病例可见关节肿大或变形，关节囊内充满多量浆液，混有白色纤维素性渗出物。

3. 卫生处理

（1）急性猪丹毒的胴体、内脏和血液作工业用或销毁。

（2）其他型的猪丹毒，且病变较轻的，其胴体和内脏高温处理，血液作工业用或销毁，皮张消毒后利用，脂肪可炼制后食用。

（3）皮肤仅有灰黑色痕迹且皮下无病变者，可将患部割除后，其余不受限制出厂（场）。

（十一）牛海绵状脑病

牛海绵状脑病又名疯牛病，是由朊病毒引起的牛的一种中枢神经系统疾病。

其临床表现和病理变化与人的克雅氏病十分相似，都是以神经细胞受到破坏、大脑蜕变而死亡。

1. 宰前鉴定

病牛最常见的症状是触觉和听觉高度过敏，脖颈伸直，耳朵朝后。精神异常，表现为异常恐惧，烦躁不安。运动障碍，表现为四肢过度伸展，后肢运动失调，肌肉震颤，起立困难，重者躺卧不起。患牛体重和泌乳量下降，最后全身衰竭而死。

2. 宰后鉴定

病理变化主要发生在中枢神经系统。脑组织神经元数目减少，脑两侧灰质神经呈对称性海绵样病变，脑神经核的神经元核周围空泡化，一般在延髓、脑桥和中脑处的脑横切面的切片中较常见，变化也较一致，尤其在延髓间脑部神经实质最严重。少数病例可见大脑淀粉样变。对疑似病牛进行剖检，可采取其脑部组织制作切片，经 HE 染色后镜检，根据患牛脑干神经元空泡变化和海绵状变化的出现与否进行判定。

3. 卫生处理

（1）病牛或疑似病牛，严禁食用，一律扑杀销毁。

（2）牧场、畜舍的垫料、器具等被污染物应尽量销毁，不能销毁的器具可用 0.5% 以上的次氯酸钠 2h 或 1~2mol/L 经苛性钠 1h 消毒。

（3）对处理病例时发生的外伤，用次氯酸钠彻底消毒。

（十二）炭疽

炭疽是由炭疽杆菌引起的家畜和野生动物一种急性、热性、败血性传染病。其特征是天然孔出血、血液凝固不良、脾脏显著肿大以及皮下和浆膜下结缔组织出血性浸润。人往往由于直接接触病畜尸体或食用病畜肉而感染。

1. 宰前鉴定

（1）最急性型　常见于绵羊和山羊，表现突然倒地，昏迷，全身痉挛，呼吸困难，可视黏膜发绀，天然孔流出带泡沫的暗色血液，黏稠如煤油样，常于数小时内死亡。

（2）急性型　多见于牛，病畜表现体温升高至 42℃，兴奋不安，吼叫，虚弱，呼吸困难，食欲废绝，反刍、泌乳减少或停止，初便秘后腹泻，粪尿中带血，一般 1~2d 死亡。

（3）亚急性型　多见于牛、马，常在颈、喉、肩胛、胸腹或乳房等部皮肤以及直肠或口腔黏膜等处出现炭疽痈，初期硬且有热痛，不久变冷无痛，中心发生坏死或溃疡，病程周。有时可长达半月。

（4）慢性型　主要发生于猪，临床症状不明显，有的表现咽型炭疽和肠炭疽。咽型炭疽出现咽喉部淋巴结肿胀，吞咽、呼吸困难；肠炭疽多伴有便秘或腹泻等症状。

2. 宰后鉴定

（1）牛羊急性型者表现全身多发性出血，皮下、肌间、浆膜下结缔组织水肿，呈黄色胶冻样浸润。全身淋巴结充血、出血和肿大，暗红色。脾脏淤血、出血，肿大3~5倍，脾髓呈暗红色，粥样软化。此外，还可在胃、肠和皮肤出现炭疽痈，其大小不一，呈一种富含浆液的扁圆形肿胀，并有波动感。

（2）猪多表现为咽型炭疽和肠炭疽，以颌下淋巴结和肠系膜淋巴结出血、肿胀、坏死及其邻近组织呈出血性胶样浸润为特征，还可见扁桃体肿胀、出血、坏死，并有黄色痂皮覆盖。

3. 卫生处理

（1）宰前检验发现炭疽病畜，应采取不放血方式扑杀，尸体销毁。可疑病畜在放血前，必须进行血片检查。

（2）宰后检验发现炭疽病畜，应立即停产，封锁现场。各型炭疽患畜的胴体、内脏、皮毛及血液（包括被污染的血），分别装入不漏水的容器，加盖后于当天运至指定地点全部作工业用或销毁。被炭疽污染或可疑被污染的胴体、内脏，应在6h内高温处理后出场，不能在6h内高温处理者应工业用或销毁。血、骨和毛等只要有污染的可能，均作工业用或销毁。确实未被污染的胴体、内脏及其副产品，不受限制出厂（场）。

（3）发现炭疽后，对现场要进行彻底消毒，用清水冲刷干净，再恢复生产。与炭疽患畜或病畜肉接触过的人员，必须接受卫生防护。

（十三）猪链球菌病

猪链球菌病是由多种链球菌引起的一些疾病的总称，该病以颌下、咽部、颈部淋巴结出现化脓性炎症为特征。

1. 宰前鉴定

败血型病猪出现体温升高达41~42℃，食欲减退，眼结膜充血，流泪，有浆液性鼻液，便秘，皮肤有出血斑点。慢性病例主要表现为关节炎，跛行或站立不稳。脑膜炎型病例出现共济失调、盲目运动、全身痉挛等症，最后衰竭死亡。淋巴结脓肿型呈颌下淋巴结化脓性炎症，表现为局部隆起，触诊硬固，有热痛。

2. 宰后鉴定

病猪皮肤出现紫斑，黏膜出血。浆膜腔积液，含有纤维素。全身淋巴结不同程度的肿大、充血和出血。肺充血肿胀。心包积液淡黄色，心内膜有出血斑点。脾肿大，暗红色，易脆。肠系膜水肿。脑膜充血、出血，脑脊髓液混浊，量增多，有较多白细胞。慢性病例表现心内膜炎和关节炎。

3. 卫生处理

患猪胴体及内脏经高温处理后出厂（场）。

（十四）恶性水肿

腐败梭菌引起的多种家畜经创伤感染的急性传染病，其特征是在创伤部位及其周围发生气性炎性水肿，并伴有发热和全身毒血症。人可由伤口感染。近年来有多人感染该病致死。其原因多为剖检死猪所致。屠宰以及检验人员对该病应提高防范意识，在生产加工及检验操作中，一定不要让破损的皮肤部位接触到胴体和内脏。

1. 宰前鉴定

家畜感染后，可在伤口及其周围，特别在富有疏松结缔组织处出现界限不清的气性炎性水肿，初期有热痛且硬固，不久变冷无痛，触之柔软，有捻发音。切开肿胀部，可见皮下和肌间结缔组织内流出淡红褐色、酸臭的液体，随着病情发展，患畜表现高热（稽留热），黏膜发绀，呼吸困难，有时腹泻，排出恶臭粪便。因去势感染者，可在阴囊处发生弥漫性气性炎性水肿，并伴有上述全身症状。牛、羊因分娩感染者，多表现阴道黏膜肿胀、充血，流出红褐色恶臭液体。

2. 宰后鉴定

在发病局部出现弥漫性水肿，皮下和肌肉间结缔组织有黄色或暗红色液体浸润。肌肉松软，苍白色，煮肉样，易于撕裂，严重的呈暗褐色。实质器官变性，肝、肾、脾和淋巴结肿大，偶有气泡。血凝不良，心包、腹腔积液。因分娩感染者，生殖器官黏膜充血、肿胀，被覆有污秽、腐败的糊状物。猪经消化道感染时，可见胃壁水肿、增厚，有气泡。

3. 卫生处理

（1）宰前确诊为恶性水肿的病畜，不得屠宰。

（2）宰后发现时，全部胴体、内脏、毛皮和血液销毁，被污染的胴体、内脏高温处理。

（十五）破伤风

破伤风是由破伤风梭菌经伤口感染引起的多种动物共患的一种急性中毒性传染病。临床特征为全身肌肉持续性痉挛和神经反射兴奋性增高。人可由伤口感染。

1. 宰前鉴定

病畜表现骨骼肌强直性痉挛，兴奋性增高。稍有刺激即头高举，瞬膜外露。牙关紧闭，流涎，两耳竖立，鼻孔开张，四肢腰背僵硬，腹部蜷缩，尾根高举。行走困难，易于跌倒。病畜神志清楚，有饮食欲。牛感染后，症状较轻微，常见反刍停止，多伴有瘤胃臌气。羊多表现角弓反张。

2. 宰后鉴定

宰后无特征性病变，偶尔可见实质器官和骨骼肌变性，肺和肌间结缔组织水肿。

3. 卫生处理

（1）肌肉无病变时，将伤口及周围组织切除，其余不受限制出厂（场）。

（2）肌肉局部有病变时，将病变部分割除作工业用或销毁，其余部分及内脏高温处理后出厂（场）。

（3）肌肉多处有病变者，将胴体和内脏全部作工业用或销毁。

（十六）坏死杆菌病

坏死杆菌病是由坏死梭杆菌引起各种哺乳动物的一种慢性传染病。其特征是在受损伤皮肤、皮下组织和消化道黏膜发生坏死，有的在内脏形成转移性坏死灶。

1. 鉴定

（1）腐蹄病　多见于牛羊，蹄部出现肿胀或溃疡，流出恶臭的脓汁，蹄壳脱落。病畜表现跛行，患肢不敢负重。严重者有全身症状，进而发生脓毒败血症死亡。

（2）坏死性皮炎　多见于育肥猪和架子猪，于头、耳、颈、四肢和尾部皮肤及皮下组织发生坏死，并积有大量黄色恶臭的液体，最后发生溃烂。个别病猪表现全身或大块皮肤干性坏死或脱落。母畜还可波及乳头和乳房皮肤。

（3）坏死性口炎　多见于犊牛、羔羊和仔猪。病初在舌、齿龈、上腭、颊和喉头等处黏膜上出现灰白色假膜，如剥离后，露出不规则的溃疡面。病畜表现厌食、流涎和吞咽困难等。

（4）坏死性肠炎　病畜消瘦，腹泻，便中带血、脓或坏死黏膜，剖检可见肠黏膜坏死和溃疡，有白色假膜覆盖。

2. 卫生处理

（1）病变为局部性时，割除病变，其余不受限制出厂（场）。

（2）病程为败血性经过且有转移病灶者，胴体、内脏作工业用或销毁。

（3）皮张经消毒后出厂（场）。

（十七）李氏杆菌病

李氏杆菌病是由单核细胞增多性李氏杆菌引起的多种动物和人共患的传染病。其特征是出现神经系统症状。人常因直接接触而感染发病。

1. 宰前鉴定

病畜感染后，初期表现精神沉郁，食欲减退，体温升高。接着出现神经症状，常见为口吐白沫，反应迟钝，转圈运动，四肢游泳样动作。也可出现脑膜炎症状，如共济失调、痉挛等。

2. 宰后鉴定

可见脑膜充血，脑组织水肿、出血，脑内有软化灶。另外，还表现心外膜、肾包膜、腹膜和肠黏膜出血，肝和心肌有小点状坏死。

3. 卫生处理

（1）只有症状而不能确诊的，头和患病脏器作工业用或销毁，胴体高温处理。

（2）症状明显并确诊的，胴体和内脏销毁。

（十八）放线菌病

放线菌病是由放线菌属的牛放线菌、林氏放线菌引起的以牛易感的慢性传染病，人也可被感染。其特征是形成肉芽肿并伴有慢性化脓过程。

1. 宰前鉴定

牛感染常见于头、颈部皮肤、舌和下颌骨出现放线菌肿，病灶硬而痛，破溃后流出脓汁，形成瘘管。舌部感染后，在其周边形成圆形小结节，溃烂后流出恶臭液体，从而出现采食和咀嚼困难。猪放线菌病常在乳房、耳、颌骨和扁桃体处出现肿胀和溃烂。羊多发生于唇、舌和下颌等处。

2. 宰后鉴定

剖检可见下颌骨肿胀，骨质疏松，流出灰黄色脓汁。舌背沟出现小结节和糜烂。乳房有坚硬肿块，乳头坏死或形成瘘管。

3. 卫生处理

（1）患畜的胴体、内脏和骨骼有病变时，全部作工业用或销毁。

（2）仅舌或内脏有病变且较轻者，割除病变，其余不受限制出厂（场）。

（3）头部骨骼和肌肉有病变的，整个头部作工业用或销毁。

（4）仅头部淋巴结有病变的，将淋巴结割除，头不受限制出厂（场）。

（十九）伪狂犬病

伪狂犬病是由伪狂犬病毒引起的急性传染病，其特征是除猪、马外，其他动物出现发热、剧痒，呈现神经症状而死亡。

1. 宰前鉴定

（1）牛羊感染后可在乳房、鼻镜及后肢处出现奇痒，使局部脱毛，皮肤出血。病畜吼叫，但不攻击人畜。烦躁、衰弱，腹部臌气，大量流涎，磨牙，卧地不起。

（2）猪发病后一般不出现奇痒。新生仔猪表现为发热，呼吸困难，食欲废绝，精神沉郁，流涎，腹泻。继而出现神经症状，抽搐，肌肉震颤，运动失调。成年猪感染后，可出现呼吸系统症状。

2. 宰后鉴定

猪在损伤部可见皮下出血性胶样浸润，牛可见肺淤血、水肿。肾脏和脾脏有出血点及坏死灶，脑膜充血。

3. 卫生处理

发现病畜应急宰。胴体不瘦且病变较轻者，胴体、内脏高温处理；病变明显者，胴体和内脏作工业用或销毁。

二、其他传染病

（一）猪瘟

猪瘟是由猪瘟病毒引起的猪的一种高度接触性、败血性传染病，其特征为高热稽留、广泛出血、梗塞和坏死。在发病过程中，常继发感染沙门菌。因此，当人们食用了未经适当处理的病猪肉及其产品，易引起沙门菌食物中毒。

1. 宰前鉴定

（1）最急性型　突然发病，高热稽留，皮肤和黏膜发绀、有出血点。

（2）急性型　体温升高，呈稽留热型。两眼无神，眼有多量黏性、脓性分泌物。畏寒，喜卧。先便秘后腹泻。鼻端、耳、腹下、四肢、臀部和会阴等处皮肤充血、出血。公猪包皮积尿。

（3）亚急性型　较缓和，仅表现体温升高，皮肤有出血点。

（4）慢性型　消瘦，贫血，轻热，咳嗽，便秘与腹泻交替。有时皮肤出现紫斑或出血点。

（5）温和型　皮肤无出血，体温升高，口渴，食欲减退，尿黄。四肢及腹下有淤血斑。耳、尾坏死脱落，口腔、咽喉、软腭和扁桃体出现坏死点或溃疡。长期便秘，粪便混有血液、黏液或伪膜。

2. 宰后鉴定

（1）急性、亚急性型　以全身性出血为特征。皮肤有出血斑，喉头、胆囊、膀胱黏膜和心内外膜出血。淋巴结水肿、出血，黑红色，切面呈大理石样。脾不肿大或肿大不明显，边缘有出血性梗死。肺切面暗红色，间质水肿、出血。肾贫血色淡，有针尖大小出血点。

（2）慢性型　在回肠末端、盲肠和结肠处呈坏死性肠炎。炎症从淋巴滤泡开始，向外发展，形成中央低、突出黏膜表面、呈同心轮层状的纽扣状溃疡（扣状肿）。

（3）温和型　扁桃体充血、水肿、化脓性坏死、溃疡。胃底有片状充血、出血，大肠有纽扣状溃疡。脾周边梗死，胆囊肿胀、出血。

3. 卫生处理

（1）患猪瘟病猪的整个胴体、内脏和血液作工业用或销毁。

（2）同群猪及怀疑被污染的胴体和内脏高温处理，皮张消毒后出厂（场）。

（二）地方流行性肺炎

地方流行性肺炎又称为猪气喘病，是由猪肺炎支原体引起的在猪群中可造成地方性流行的一种慢性、接触性传染病。主要症状为咳嗽和气喘，病变的特征是融合性支气管肺炎。

1. 宰前鉴定

（1）急性型。常见于仔猪和妊娠、哺乳母猪。表现为气喘，呼吸次数增多，咳嗽，体温一般正常。

（2）慢性型。在老疫区常见，以架子猪、肥育猪多见。主要表现持续性咳嗽，特别在清晨进食或活动时最为明显。呼吸困难，腹式呼吸。体温和食欲正常，发育缓慢。

2. 宰后鉴定

病理变化主要在肺脏，呈不同程度的水肿和气肿，在肺的尖叶、心叶、中间叶和膈叶前部有对称性、融合性支气管肺炎病变，肉样红色或浅紫色。逐渐发生实变，实变区与正常肺组织界限清楚。支气管淋巴结肿大、多汁，灰白色。

3. 卫生处理

（1）无病变的内脏高温处理，有病变的内脏作工业用或销毁。

（2）胴体不受限制出厂（场）。

（三）猪痢疾

猪痢疾是由猪痢疾密螺旋体引起的猪的一种肠道传染病。其特征为大肠黏膜发生卡他性、出血性、坏死性炎症。临床表现黏液性或出血性下痢。

1. 宰前鉴定

最急性病例突然死亡。急性病例表现迅速下痢，粪便黄色，含有大量血液、黏液和坏死上皮组织碎片。病猪脱水，口渴，食欲减退，消瘦，弓腰缩腹，极度衰竭而死。亚急性和慢性病例表现下痢，粪中黏液及坏死组织碎片较多，进行性消瘦，生长发育缓慢。

2. 宰后鉴定

剖检可见大肠黏膜肿胀、充血和出血，并覆盖有黏液和带血块的纤维素。黏膜表面点状坏死，形成假膜，将其剥离后，可露出糜烂。

3. 卫生处理

（1）胴体消瘦和内脏有病变者，全部作工业用或销毁。

（2）胴体及内脏无明显病变者，胃肠工业用，胴体及其他内脏高温处理后出厂（场）。

（四）牛传染性胸膜肺炎

牛传染性胸膜肺炎也称牛肺疫，是由丝状支原体引起的一种接触性传染病，主要侵害肺和胸膜，其病理特征为纤维素性肺炎和浆液纤维素性肺炎。

1. 宰前鉴定

（1）急性型　体温高达41℃以上，食欲减退至废绝，被毛蓬乱光。头颈直伸，鼻息张开，呼吸急促，呈腹式呼吸。咳嗽，呈痛苦状。流浆液性或脓性鼻液。拍打胸部，病牛有痛感。胸部叩诊有实音区，听诊出现啰音和支气管呼吸音及胸膜摩擦音。便秘与腹泻交替。

（2）慢性型　病牛食欲不振，消瘦。颈、胸、腹下出现水肿，咳嗽。消化机能紊乱，食欲反复无常。病牛尿量减少，色深黄，产乳量下降。

2. 宰后鉴定

主要病变在肺脏，常限于一侧，初期以小叶性肺炎为特征，中期为该病典型病变，表现为浆液性纤维素性胸膜肺炎，病肺呈红、紫红、灰红及黄色等不同时期的肝变而变硬，切面呈大理石状外观，间质增宽。支气管淋巴结和纵隔淋巴结肿大、出血。病肺与胸膜粘连，胸膜显著增厚并有纤维素附着。胸腔有淡黄色并夹杂有纤维素性凝块的渗出物。心包液混浊且增多。

3. 卫生处理

（1）胴体与内脏有病变时，将病变割除作工业用或销毁，其余不受限制出厂（场）。

（2）胸腔有炎症时，胸腔器官及邻近部分作工业用或销毁。被污染的胴体及内脏经高温处理后出厂（场）。

（3）牛皮经消毒或在隔离条件下晒干后出厂（场）。

（五）气肿疽

气肿疽是由气肿疽梭菌引起的反刍动物的一种急性、热性、败血性传染病。其特征是在局部肌肉出现坏死性炎，并发生气性肿胀，压之有捻发音。主要发生于青年牛，绵羊和山羊也可感染。

1. 宰前鉴定

患畜突然发病，体温升高，食欲和反色停止。不久在肩、颈、股、臀、胸和腰等肌肉丰满处发生气性炎性肿胀，初有热和痛感，后变冷无痛，按压有捻发音。肿胀部分皮肤呈黑色，切开有泡沫状酸臭黑红色液体流出，内含气泡，周围组织水肿。病畜表现轻度跛行，呼吸增速。

2. 宰后鉴定

病变主要发生在肌肉丰满部位，出现气性炎性水肿。患部肌肉黑红色，肌间充满气体，呈疏松多孔的海绵状，有酸败气味。局部淋巴结充血、水肿，切面散布点状出血。肝、肾充血肿大，呈暗黑色，有豆粒大至核桃大坏死灶，切面有带气泡的血液流出。体腔内有褐红色渗出物，胸膜、腹膜及心包膜有灰红色纤维蛋白渗出物，心肌变性，有出血点。肺充血、水肿。脾肿，有气泡。

3. 卫生处理

（1）宰前发现时，应禁止屠宰。

（2）宰后发现时，病畜胴体、内脏、毛皮和血液销毁。

（3）被污染的胴体和内脏高温处理后出厂（场）。

（六）蓝舌病

蓝舌病是由蓝舌病病毒引起的以昆虫为传播媒介的反刍动物的一种病毒性传染病，主要侵害绵羊，其特征为发热，消瘦，口腔、鼻和胃肠黏膜出现溃疡。

1. 宰前鉴定

病羊体温升高，精神萎顿，厌食，流涎。唇、面颊、耳部、颈部、胸部和腹部发生水肿。舌及口腔黏膜充血、发绀，出现青紫色糜烂。鼻腔排出带血的浆液性或脓性分泌物，鼻黏膜出血糜烂，鼻孔周围有结痂。在溃疡部位渗出血液。病羊出现呼吸、吞咽困难，便秘或腹泻，消瘦，衰弱。有些病例，蹄冠、蹄叶发生炎症，跛行。

2. 宰后鉴定

剖检可见颌下、颈部皮下组织胶样浸润。口腔黏膜糜烂，唇、舌、齿龈、硬腭和颊部黏膜水肿、出血。淋巴结充血、水肿和出血。呼吸道、消化道、泌尿系统黏膜以及心肌有出血点。皮肤潮红，有斑状疹块区。蹄冠充血，蹄叶发炎并形成溃烂。严重病例，消化道黏膜常发生坏死和溃疡。

3. 卫生处理

（1）胴体和内脏全部工业用或销毁。

（2）疑似被污染的胴体和内脏高温处理，毛皮消毒后出厂（场）。

（七）羊快疫

羊快疫是由腐败梭菌经消化道感染引起的主要发生于绵羊的一种急性传染病。其特征是突然发病，病程短促，真胃有出血性坏死性炎症。

1. 宰前鉴定

病羊未发现临床症状即突然死亡，常死于牧场或圈舍内。有些羊于死前表现为不愿行走，腹痛、腹泻，运动失调，磨牙，抽搐，痉挛。有些病例出现食欲废绝，衰弱昏迷，口流带血泡沫，排粪困难，里急后重，粪便黑而软，夹有黏液及脱落的黏膜，具有恶臭。

2. 宰后鉴定

特征性病理变化为真胃及十二指肠黏膜充血、肿胀，散在点状出血，肠道内有大量气体。胃底部及幽门部黏膜可见大小不等的出血斑点及坏死区，黏膜下发生水肿。前胃黏膜脱落，瓣胃内容物干而硬。肝、脾、肾等实质器官肿大。肝脏质脆，土黄色，呈水煮状，内含气泡，切面有淡黄色坏死灶。肾充血，有软化现象。胆囊多肿胀。胸腔积有红色渗出液。心包积液，心肌呈黄灰色，心内、外膜可见点状出血。

3. 卫生处理

（1）宰前发现时，应禁止屠宰。

（2）宰后发现时，患病的胴体、内脏、毛皮和血液销毁，被污染的胴体和内脏高温处理。

(八) 羊肠毒血症

羊肠毒血症又称软肾病或类快疫,是由 D 型魏氏梭菌在肠道内大量繁殖并产生毒素引起的,主要发生于绵羊的一种急性毒血症。本病以急性死亡和死后肾组织软化为特征。

1. 宰前鉴定

病羊突然死亡,很少见到症状。有的羊死前表现不安,腹痛,流涎,四肢划动,肌肉震颤,眼球转动,磨牙,头颈抽搐,倒地痉挛;有的病例表现步态不稳,倒卧,感觉过敏,角膜反射消失,上下颌颤抖有声,腹泻,排黄褐色水样粪便,继而昏迷死亡。

2. 宰后鉴定

剖检可见全身淋巴结充血肿大,切面黑褐色。肠黏膜特别是小肠浆膜出血、溃疡。肠系膜胶样浸润。胸腹腔积液。心包积有纤维素性渗出液,心内外膜出血。肝变性肿大,呈灰土色,质脆。脾肿大。肺充血、水肿。肾变化特征,多表现肾皮质变软,不成形,如用水轻冲,肾组织流失。

3. 卫生处理

同羊快疫。

(九) 山羊传染性胸膜肺炎

山羊传染性胸膜肺炎是由丝状支原体山羊亚种引起的,1 岁以下山羊最易感的一种接触性传染病。其特征是高热、咳嗽,以及肺和胸膜发生浆液性纤维素性肺炎。

1. 宰前鉴定

病羊体温升高,呈稽留热,咳嗽,呼吸困难,有浆液性、黏液性鼻液。眼睑有分泌物。腰背拱起,头颈伸直。叩诊时,在一侧有浊音区。听诊时,有支气管呼吸音和摩擦音。触压胸部有痛感。

2. 宰后鉴定

胸腔有大量黄色渗出液,胸膜增厚,覆有纤维蛋白絮片,肺胸膜和肋胸膜以及心包发生粘连。肺表现纤维素性肺炎变化。肺实质内出现暗红色肝变区,切面呈大理石样。支气管淋巴结和纵隔淋巴结肿大,切面有出血点。心包积液,心肌变性。肝、脾和肾肿大变性。

3. 卫生处理

(1) 胴体和内脏有病变的,将病变割除作工业用或销毁,其余部分不受限制出厂(场)。

(2) 胸腔出现炎症的,将胸腔器官及邻近部分作工业用或销毁。

(3) 被炎性渗出物污染的胴体和内脏,洗净后高温处理。

（4）羊皮经消毒或在隔离条件下晒干后出场，或用不漏水的工具运至制革厂加工。

（十）马流行性淋巴管炎

马流行性淋巴管炎是由假性皮疽囊球菌引起的马属动物的一种慢性传染病，其特征是皮下淋巴管和淋巴结发生化脓性炎症，并形成溃疡。

1. 宰前鉴定

在唇、鼻、颈、胸、背、阴囊和乳房部位的皮肤及皮下形成肉芽肿性结节、脓肿和溃疡。结节大小如豌豆至鸡蛋大，质地坚硬，有痛感，破溃后流出脓性液体，形成圆而深的溃疡。随着病情发展，在溃疡部形成高出皮肤的蘑菇状生长物，上有脓性分泌物，干后形成棕色痂块。患部淋巴管发炎，肿大，变粗如索状，并沿淋巴管形成串珠状结节，结节破溃后形成溃疡。局部淋巴结肿大、化脓或形成溃疡。

2. 卫生处理

（1）宰前发现病畜时，应禁止屠宰。

（2）宰后发现病畜时，胴体、内脏、毛皮和血液作工业用或销毁。

（3）被污染的胴体与内脏高温处理后出厂（场），皮张及骨骼消毒后利用。

（十一）马传染性贫血

马传染性贫血是由马传染性贫血病毒引起的马属动物的一种传染病，临床以发热、出血、黄疸、消瘦和心脏机能紊乱等症状为特征。

1. 宰前鉴定

（1）发热 表现为稽留热和间歇热，有时还出现温差倒转现象，上午体温高，下午体温低。

（2）贫血、黄疸及出血 发病初期，结膜及可视黏膜潮红、充血及轻度黄染，继而变为苍白，常在舌下出现大小不一的出血点。

（3）浮肿 多见于胸前、腹下、四肢下部等处。

（4）全身状态 病马表现后躯无力，步样不稳，转弯困难，消瘦。随着病程的发展，红细胞数显著减少，血红蛋白含量降低，血沉加快，白细胞数在发热初期时稍增多，在发热中后期减少，静脉血中出现吞铁细胞。

2. 宰后鉴定

表现皮下组织胶样浸润，黏膜及浆膜有出血点或斑。淋巴结肿大，切面有充血、出血和水肿。肝脏肿大，灰黄色或暗红色，切面小叶明显，形成槟榔样花纹。脾肿大，暗红色，切面呈颗粒状。心肌脆弱，呈土黄色，状似"虎斑"，心内外膜有出血点。肾肿大，灰黄色，皮质有出血点。血液稀薄，消瘦，可视黏膜苍白。

组织学变化主要是脾、肝、肾、心脏及淋巴结等网状内皮细胞增生及铁代谢障碍,尤其肝细胞变性,在中央静脉周围的窦状隙内和汇管区见有多量吞铁细胞。

3. 卫生处理

同马流行性淋巴管炎。

任务二 家禽常见传染病的检疫检验与处理

一、鸡新城疫

鸡新城疫是由新城疫病毒引起的主要侵害鸡、火鸡的一种急性、热性、败血性传染病。主要表现呼吸困难、消化道出血和神经机能紊乱等病理学特征。

1. 宰前鉴定

(1) 最急性型 突然死亡,不见特征症状。

(2) 急性型 病鸡体温升高达44℃,昏睡,行动迟缓,羽毛松乱。鸡冠、肉髯发绀。呼吸困难、咳嗽、气喘。嗉囊和口腔积液,甩头发出咯咯声,常从口腔内流出灰黄色恶臭黏液。严重下痢,排出淡绿色或灰白色恶臭稀便,有时带血。少数病例表现阵发性痉挛,角弓反张,肌肉震颤、翅、腿麻痹。

(3) 亚急性或慢性型 以神经症状明显。病鸡翅腿麻痹、瘫痪,跛行或站立不稳。全身肌肉运动不协调,头颈向后或向一侧扭转,转圈或倒退。有免疫力的产蛋鸡,可出现产蛋下降,产无色壳蛋和畸形蛋。

2. 宰后鉴定

剖检可见全身黏膜和浆膜出血,腺胃乳头、肌胃角质层下有出血点、溃疡和坏死。小肠到盲肠黏膜呈出血、水肿和坏死,有的形成假膜,脱落后形成溃疡。盲肠扁桃体肿胀、出血和坏死。肺淤血、水肿。喉头和气管黏膜充血或有出血点。心尖和心冠脂肪有出血点。产蛋鸡的卵泡和输卵管充血,伴有卵黄性腹膜炎。

3. 卫生处理

(1) 宰前发现时,病鸡采用不放血的形式扑杀后销毁。

(2) 宰后发现时,病鸡整个胴体、内脏和副产品均销毁。

二、禽流感

禽流感也称欧洲鸡瘟或真性鸡瘟,是由A型禽流感病毒引起禽类的一种急性高度接触性传染病,鸡和火鸡易感。其特征为脚鳞出血和败血症变化。

1. 宰前鉴定

流行初期的病例无特征性症状而突然死亡。接着病禽出现体温升高,头翅下垂,精神沉郁,饮食减少,消瘦。有时出现呼吸道症状,咳嗽,呼吸困难,鼻分泌物增多。病鸡流泪，头和面部水肿，冠和肉垂肿胀、发绀、出血和坏死，脚鳞出血，下痢，产蛋下降，白壳蛋、软壳蛋增多，蛋壳粗糙。有的出现神经症状，如歪脖、抽搐和跛行等。

2. 宰后鉴定

主要病变为口腔、喉头和气管出血，有黏液。腺胃乳头出血、溃疡，表面有一层脓性分泌物，肌胃角质层、十二指肠、直肠和泄殖腔出血严重。胸骨内面、胸部肌肉和腹部脂肪有散在出血点。心冠脂肪有点状出血，心包肥厚。肝肿大，有灰黄色坏死灶，脾肿大或出血，胰有出血或坏死斑。肾肿大，有尿酸盐沉积。法氏囊有时出血、肿胀或萎缩。成禽主要表现为卵黄性腹膜炎，以卵泡膜出血和卵泡变黑、变形、破裂为特征。

3. 卫生处理

同鸡新城疫。

三、马立克氏病

马立克氏病是由马立克氏病病毒引起的鸡的一种以淋巴组织增生为特征的肿瘤性疾病。主要发生于18周龄以下的小鸡。其病理特征为外周神经、虹膜、各种内脏器官和皮肤的单核细胞浸润，产生淋巴细胞性肿瘤。

1. 宰前鉴定

（1）眼型　虹膜色素消失，变为灰白色，瞳孔收缩变形，边缘不整，后期只剩下针尖大小的孔或失明。

（2）皮肤型　常见于躯干、背和大腿生长粗大羽毛部位的羽毛囊肿大，形成大小不等灰白色结节或瘤状物，并有结痂。

（3）神经型　主要侵害外周神经，造成一翅和一腿不全或完全麻痹，出现两腿劈叉姿势，患翅下垂，拖地而行。有时病鸡表现头颈歪邪，呼吸困难，嗉囊胀大，倒地不起。

（4）内脏型　表现精神委顿，冠和肉髯苍白或黄染，贫血，下痢，消瘦。

2. 宰后鉴定

（1）眼型　虹膜的正常色素消失，呈圆环状或斑点状以至弥漫灰白色。

（2）皮肤型　以羽毛囊为中心形成肿瘤结节，呈半球状突出于表面。

（3）神经型　一侧臂神经、坐骨神经或内脏神经肿大，增粗，半透明状，黄白色，纹理不清或消失，偶见大小不等黄白色结节，使神经表现粗细不均。

（4）内脏型　常见性腺、肾、心、肝、脾、肺、腺胃、肠系膜和肠道肌肉组织等出现大小不等、质地坚硬的灰白色肿瘤。受害器官肿大，颜色变淡，呈大理石外观。卵巢肿大，形成很厚的皱襞。法氏囊通常萎缩，无肿瘤结节形成。

3. 卫生处理

同鸡新城疫。

四、淋巴细胞性白血病

淋巴细胞性白血病是由禽白血病病毒引起的鸡的一种慢性肿瘤性疾病,以性成熟期的鸡发病率最高。其特征为淋巴母细胞增生形成肿瘤。

1. 宰前鉴定

病鸡表现鸡冠苍白,食欲下降,下痢,消瘦,腹部增大,产卵异常或停产。

2. 宰后鉴定

病理变化为法氏囊、性腺、肾、心、肝、肺、脾、骨髓和肠系膜出现结节状、大小不一、黄白色肿瘤。肿瘤多弥漫性分布,柔软、平滑而有光泽。肝脏增大数倍,外观灰黄色或灰白色,质脆,表面和切面散在白色颗粒状病灶。

3. 卫生处理

病鸡一律作工业用或销毁。

五、禽霍乱

禽霍乱是由多杀性巴氏杆菌引起的各种家禽均易感染的一种急性败血性传染病,特征为呼吸困难、下痢和出血性炎等。

1. 宰前鉴定

(1) 最急性型 多发于高产蛋鸡,不见症状,突然死亡。

(2) 急性型 发病急、死亡快。死前表现独处,拒食,嗜睡,翅下垂,口鼻流黏液性分泌物,腹泻,排黄白或黄绿稀粪,鸡冠或肉髯水肿,呈暗紫色。病鸭还可表现不愿下水,呼吸困难,并常伸颈和摇头。

(3) 慢性型 常表现肉髯苍白、水肿,消瘦,翅及关节肿胀,跛行。少数病鸡呼吸困难,鼻腔流出分泌物。

2. 宰后鉴定

(1) 最急型 无特殊病变,心外膜有少数出血点。

(2) 急性型 表现浆膜、皮下组织、腹部脂肪和腹膜出血。心外膜、心冠脂肪出血明显,心包扩张,积有大量混有纤维素淡黄色液体。肝肿大,实质变性为黄棕色,质脆,表面散布针尖大灰黄色或灰白色坏死点。十二指肠呈严重的卡他性出血性炎,多为点条状出血,肌胃也有小点出血。

(3) 慢性型 肉髯肿胀,有干酪样物质。鼻腔和鼻窦有多量黏性分泌物。关节肿大、变形,有炎性渗出物或干酪样坏死。卵泡变形,质软,易破。内脏的特征病变是纤维素性坏死性肺炎、胸膜炎和心包炎。

3. 卫生处理

(1) 血液内脏作工业用或销毁,胴体高温处理。

(2) 羽毛消毒后出厂(场)。

六、鸡慢性呼吸道病

鸡慢性呼吸道病是由鸡败血支原体感染引起的,其特征为呼吸啰音、咳嗽、流鼻涕。多发生于1~2月龄小鸡。

1. 宰前鉴定

幼龄仔鸡症状明显,表现流鼻液,咳嗽,打喷嚏,气喘,呼吸困难。严重者发生副鼻窦炎和眶下窦炎,内含渗出物,造成眼睑部乃至整个颜部肿胀。产卵鸡产蛋量下降。

2. 宰后鉴定

主要在鼻腔、气管、支气管、气囊有卡他性渗出物,气囊水肿样肥厚,内容物呈干酪样。还可见肺炎、心包炎、肝包膜炎、输卵管炎。火鸡常见明显窦炎,眶下窦腔内充满黏液或干酪样渗出物。

3. 卫生处理

(1) 病变仅限于呼吸器官,则割除病变,其余部分不限出厂(场)。
(2) 胴体有病变时,将胴体销毁。

七、鸭瘟

鸭瘟又称鸭病毒性肠炎,是由疱疹病毒科中的鸭瘟病毒引起的一种急性、热性、败血性的传染病。其特征为体温升高,两脚麻痹,流泪,头颈部肿大,食道黏膜有纵行排列的假膜或溃疡。

1. 宰前鉴定

病初体温升高到以上,精神萎顿,羽毛松乱,食欲减退以致废绝,渴欲增加,头颈缩起,两翅下垂,两脚麻痹,卧地不起,不愿下水。突出的症状是流泪和眼睑水肿,眼周围的羽毛沾湿,流出黏性或脓性的分泌物。结膜充血,并有散在紫红色出血点,形成溃疡。头颈部明显肿大变粗。鼻腔流出浆液性分泌物,呼吸困难。下痢,粪便呈绿色或灰白色。泄殖腔黏膜充血、出血和水肿,甚至黏膜外翻。用手翻开肛门时,可见到泄殖腔黏膜有黄绿色的不易剥离的假膜。

2. 宰后鉴定

主要特征是全身出血和水肿,皮肤和浆膜有明显出血斑,皮下组织弥漫性炎性水肿。咽、食道和泄殖腔表面有一层灰黄白色或淡黄褐色假膜,剥离后留有浅平不规则溃疡。腺胃与食道膨大部的交界处有一条灰黄色的坏死带或出血带。肝肿大,表面和切面有大小不一的灰白色的坏死点。胆囊肿大、充血,有小溃疡。脾不肿大,质地松软,也有坏死点。产蛋母鸭的卵泡增大,有坏死点和出血斑。有时出现卵黄性腹膜炎。雏鸭感染鸭瘟时,法氏囊红肿,表面有坏死小点,囊腔内充满白色凝固渗出物。

3. 卫生处理
(1) 仅内脏有病变者,内脏销毁,胴体经高温处理后出厂(场)。
(2) 有全身性病变者,胴体和内脏全部销毁。

八、禽痘

禽痘是由禽痘病毒引起禽类的一种急热性高度接触性传染病,其特征是皮肤出现痘疹、结痂以及口腔和咽喉黏膜呈纤维素性坏死性炎症。本病主要感染鸡和火鸡,鸭和鹅也可感染。

1. 宰前鉴定
(1) 皮肤型　在鸡冠、肉髯、眼睑、喙角、腿、泄殖腔及翅内侧形成痘疹。痘疹表面凹凸不平,结节坚硬而干燥,圆形或不规则形,初为灰色小结节,后融合成坚硬不平的痂块。痂皮脱落后,留下白色瘢痕。病鸡出现食欲消失、体重减轻等。产蛋鸡则产蛋减少或完全停产。
(2) 黏膜型　病初鼻有黏液性和脓性鼻汁,然后在口腔和咽喉黏膜出现圆形黄色斑点,逐渐融合成黄白色的隆起斑块,上有一层假膜,不易剥落。病禽表现吞咽和呼吸困难。若波及眶下窦和眼结膜,则眼睑肿胀,结膜充满脓性或纤维蛋白性渗出物。
(3) 混合型　皮肤和黏膜同时发生痘疹。

2. 宰后鉴定
(1) 皮肤型　特征性病变是局部表皮及其下层的毛囊上皮增生,形成结节。
(2) 黏膜型　其病变是在口腔、鼻、咽、喉、眼或气管黏膜上出现稍微隆起的白色结节,后期连片,并形成干酪样假膜,可以剥离。气管黏膜增厚。胃肠黏膜有卡他性出血性炎症。肝实质变性并散布小坏死灶。肾呈黄色。

3. 卫生处理
(1) 病变限于头部的,头部作工业用或销毁,其余部分不受限制出厂(场)。
(2) 胴体局部有病变而肌肉无变化的,将病变部分割除销毁,其余部分不限出厂(场)。
(3) 仅内脏有病变的,将内脏作工业用或销毁,胴体不限出厂(场)。
(4) 全身痘疹较多,且内脏又有病变的,胴体和内脏全部销毁。

九、鸡传染性贫血

鸡传染性贫血是由鸡传染性贫血病毒所致鸡的一种传染病,所有年龄的鸡均可感染,其特征为再生障碍性贫血,全身淋巴组织萎缩。

1. 宰前鉴定
病鸡表现精神萎顿,食欲减退,发育受阻。鸡冠、肉髯及可视黏膜苍白,皮肤和皮下出血。

2. 宰后鉴定

单纯的鸡传染性贫血最特征性病变是骨髓萎缩。大腿骨的骨髓脂肪化，淡黄色或粉红色。胸腺萎缩、充血或完全退化。部分病例法氏囊萎缩，重量降低，体积变小。病情严重者，可见肝、肾肿大，变黄，质脆，或有坏死斑点。腺胃黏膜、皮下与肌肉出血。肌肉苍白，血液稀薄。

组织病理学检查可见骨髓中红细胞、血小板、粒细胞减少，取而代之的是脂肪组织。胸腺皮质和髓质淋巴细胞减少。

3. 卫生处理

与鸡新城疫同。

十、禽副伤寒

禽副伤寒是由鼠伤寒沙门菌和肠炎沙门菌等引起的各种家禽均易感的传染病，其特征为呼吸困难、下痢、抽搐等。食用处理不当的病禽肉可引起食物中毒。

1. 宰前鉴定

（1）急性型　病禽表现精神沉郁，羽毛蓬乱，食欲减退，昏睡，怕冷，口渴，呼吸困难，两翅下垂。初便秘，后腹泻，粪便为粥状或黑色液状，肛门周围羽毛常被粪便污染。抽搐，头向后仰。

（2）慢性型　多见于成年鸡，表现消瘦，排出带血粪便，有时出现抽搐、转圈和麻痹。

2. 宰后鉴定

（1）急性型　肠黏膜出现出血性卡他性炎，盲肠黏膜有坏死灶。肝肿大，土黄色，质脆，表面散在大小不等灰白色坏死点。

（2）慢性型　可见肠黏膜坏死，肝脾肿大，肺有卡他性或纤维素性肺炎，卵泡变形。

3. 卫生处理

（1）宰前发现时，应急宰。

（2）宰后发现胴体无病变或病变轻微的高温处理，内脏及血液作工业用或销毁。

十一、禽伤寒

禽伤寒是由鸡伤寒沙门菌引起鸡和火鸡的一种败血性传染病，多发生于成年鸡，鸭和鹅也可感染；主要特征是体温上升，排黄绿色粪便。如处理不当，可引起人的食物中毒。

1. 宰前鉴定

表现为突然停食，体温升高，精神萎顿，羽毛蓬乱，两翅下垂，冠和肉髯苍白，排出黄绿色稀粪，呼吸困难。

2. 宰后鉴定

常见肝、脾充血肿大，肝呈淡褐色或青铜色，质脆，表面时常有散在性的灰白色粟粒状坏死点。胆囊充满胆汁而膨大。肾脏呈显著的充血、肿大，表面有细小坏死灶。心包积液，心脏扩张，表面有粟粒样坏死灶，心肌变性。卵泡出血、变形、变色、变性，常引发严重的腹膜炎。肺和肌胃可见灰白色小坏死灶。小肠一般可见到卡他性肠炎，盲肠有土黄色干酪样栓塞物，大肠黏膜有出血斑，肠管间发生粘连。

3. 卫生处理

同禽副伤寒。

十二、传染性法氏囊病

传染性法氏囊病又称传染性腔上囊炎和冈布罗病，是由传染性法氏囊病病毒引起的鸡的一种急性接触性传染病。主要发生于3～15周龄的鸡。其特征为间歇性腹泻，极度衰弱，以及法氏囊出现特征性病变。

1. 宰前鉴定

病鸡食欲降低，羽毛蓬松无光泽，全身震颤，步态不稳，卧地不动，头下垂。泄殖腔上缘突出，用手可触摸到肿大的法氏囊。病鸡表现自啄泄殖腔，泄殖腔周围羽毛被排出的白色或微黄色稀粪污染。耐过鸡出现贫血、消瘦，生长缓慢。

2. 宰后鉴定

感染初期法氏囊浆膜水肿、出血、坏死，增大2～3倍，表面覆盖有黄色胶冻样物，呈黄白色或灰白色，剖开后可见奶酪样混浊黏液。后期逐渐萎缩，呈深灰色，触之坚实，周围胶状物消失。腺胃和肌胃交界处以及十二指肠常见出血斑。脾脏轻度肿大，表面有弥散性灰色小坏死灶。肾脏肿大，呈灰白色。胸肌、股肌长条状及斑点状出血。

3. 卫生处理

同禽副伤寒。

十三、禽结核病

禽结核病是由禽结核分枝杆菌引起的多发于鸡的一种慢性传染病，常表现贫血、消瘦等症状。

1. 宰前鉴定

病禽表现进行性消瘦，贫血，冠、肉髯和可视黏膜苍白，鸡冠萎缩，两翅下垂，跛行，产蛋减少或停止。

2. 宰后鉴定

病变为各脏器出现大小不等的灰白色或黄白色结节，多发生在肠道、肝、脾、骨骼和关节。肠道的结节可形成溃疡。肝、脾肿大，切面具有大小不一的结节状干酪样变化。关节肿大，内含干酪样物质。

3. 卫生处理

（1）胴体瘠瘦的，胴体及内脏作工业用或销毁。

（2）胴体不瘠瘦的，将病变部分割除作工业用或销毁，其余部分高温处理。

（3）仅内脏有结核病变的，内脏作工业用或销毁，胴体不受限制出厂（场）。

任务三 屠畜常见寄生虫病的检疫检验与处理

动物的寄生虫病，有些可经过肉品传染给人，有些可经过其他途径感染人，还有的虽不感染人，但可感染其他动物，因而造成重大的经济损失。所以有必要对其进行检验并做适当处理。

一、人畜共患的寄生虫病

（一）囊尾蚴病

囊尾蚴病又称囊虫病，是由绦虫的中绦期幼虫所引起的一种人畜共患的寄生虫病。多种动物均可感染此病，人感染囊尾蚴时，在四肢、颈背部皮下可出现半球形结节，重症患者有肌肉酸痛、全身无力、痉挛等表现。虫体寄生于脑、眼、声带等部位时，常出现神经症状、头昏眼花、视力模糊和声音嘶哑等。人吃进生的囊尾蚴病肉，即可在肠道中发育成有钩绦虫（猪肉绦虫）或无钩绦虫（牛肉绦虫）。人患绦虫病时，身体虚弱，消化不良，经常下痢和腹痛，有时恶心和呕吐。所以本病在公共卫生上的地位十分重要，是肉品卫生检验的重点项目之一。

1. 鉴定

（1）猪囊尾蚴病 猪囊尾蚴病是由寄生于人体小肠内的有钩绦虫的幼猪囊尾蚴在猪体内寄生所引起的疾病。轻症病猪无特殊表现。重症病虫猪可见走路前肢僵硬，后肢不灵活，左右摇摆，似醉酒状，不爱活动，反应迟钝；若寄生在舌部，则咀嚼、吞咽困难；若寄生在咽喉，则声音嘶哑；若寄生在眼球，则视力模糊；若寄生在大脑，则出现痉挛等。

猪囊尾蚴多寄生于肩胛外侧肌、臀肌、咬肌、深腰肌、心肌、脑部、眼球等部位，所以我国规定猪囊尾蚴主要检验部位为咬肌、深腰肌和膈肌，其他可检部位为心肌、肩胛外侧肌和股内侧肌等。肌肉中可见多少不等的椭圆形的白色半透明的囊泡，囊内充满液体，囊壁上有一个圆形、粟粒大的乳白色头节，显微镜检查可见头节的四周有4个圆形吸盘和2圈角质小钩。

（2）牛囊尾蚴病 牛囊尾蚴病是由寄生于人体小肠内的无钩绦虫的幼

虫——牛囊尾蚴在牛体内寄生所引起的疾病。

牛囊尾蚴主要寄生在牛的咬肌、舌肌、颈部肌肉、肋间肌、心肌和膈肌等部位。我国规定牛囊尾蚴主要检验部位为咬肌、舌肌、深腰肌和膈肌。与猪囊，囊内充满液体，尾蚴的外形相似，囊泡为白色的椭圆形，大小为8mm×4mm，囊壁上也附着有乳白色的头节，头节上有个吸盘，但无顶突和小钩，这正是与猪囊尾蚴的区别。

（3）绵羊囊尾蚴病　绵羊囊尾蚴病是由绵羊带状绦虫的幼虫——绵羊囊尾蚴在绵羊体内寄生引起的一种疾病，人不感染此病。

绵羊囊尾蚴主要寄生于心肌，还可见于咬肌、舌肌和其他骨骼肌等部位。我国规定羊囊尾蚴主要检验部位为膈肌、心肌。绵羊囊尾蚴囊泡呈圆形或卵圆形，较猪囊尾蚴小。

2. 卫生处理

（1）整个胴体在去除皮下脂肪和体腔脂肪后作化制处理。

（2）胃、肠、皮张不受限制出厂（场）。除心脏以外的其他脏器检验无囊尾蚴者，亦不受限制出厂（场）。

（3）患病胴体剔下的皮下脂肪和体腔脂肪，可炼制食用油。

（二）旋毛虫病

旋毛虫病是由旋毛形线虫所引起的一种人畜共患寄生虫病。多种动物均可感染，屠畜中主要感染猪和狗。本病对人危害较大，可致人死亡。人感染旋毛虫病多与吃生的或未煮熟的猪肉、狗肉，或食用腌制与烧烤不当的含旋毛虫包囊的肉类有关。

1. 鉴定

动物感染轻微者，大都有一定的耐受力，症状不明显。而感染严重者，则表现为食欲减退、呕吐、腹泻，以后因虫体移行而引起肌炎，病畜出现肌肉疼痛、麻痹、运动障碍、声音嘶哑、发热等症状。我国规定采用进行旋毛虫的宰前检疫。

猪体内肌肉旋毛虫常寄生于膈肌、舌肌、喉肌、颈肌、咬肌、肋间肌及腰肌等处，其中膈肌部位发病率最高，且多聚集于筋头。故我国规定旋毛虫的宰后检验方法是：

（1）感官检查　在每头猪的两侧横膈膜肌脚各取一小块肉样（各重约15g），先撕去肌膜做肉眼观察。

（2）压片镜检　顺肌纤维方向各随机剪取米粒大肉粒12粒，两侧共24粒，进行压片镜检。可见肌旋毛虫包囊与周围肌纤维间界限明显，包囊内的虫体呈螺旋状。被旋毛虫侵害的肌肉发生变性，肌纤维肿胀，横纹消失，甚至发生蜡样坏死。

（3）集样消化法（详见实训六）。

2. 鉴别诊断

旋毛虫包囊特别是钙化和机化的包囊，镜检时易与囊尾蚴、住肉孢子虫及其他肌肉内含物相混淆，应加以区别：

（1）包囊与虫体形态　旋毛虫包囊的壁是双层的，虫体通常呈螺旋状，也有呈S状或"8"字状的，卷曲于折光性强的透明囊液中。钙化的包囊体积小，滴加10%稀盐酸将钙盐溶解后，可见到虫体或其痕迹。

囊虫的囊包为单层、囊液不清晰，不见有螺旋形虫体。虫体的钙化点比旋毛虫大，可达2mm，滴加稀盐酸溶解后，可见到崩解的虫体团块和特征性的角质小钩。囊包周围形成厚的结缔组织膜。

住肉孢子虫的虫体呈灰色柳叶形，有时呈雪茄烟形或半月形，包囊虫一般在0.5~3mm，钙化多从虫体部开始，滴加10%稀盐酸溶解后不见虫体。钙化的虫体周围不形成结缔组织包膜，与其毗邻的肌纤维横纹不消失。

（2）机化与钙化　当旋毛虫包裹机化时，为了与其他周围增生有大量结缔组织的肌肉内含物相区别，在压片上滴加2~3滴甘油溶液，数分钟后镜检：经此处理的结缔组织包膜和包囊变为透明，内容物清晰可见。如为旋毛虫包囊，此时可见到活的、死的或崩解的暗色旋毛虫虫体残骸。

肌肉中其他钙化凝结物，具有各种不同的起源，大小不同，呈黑色团块，在其周围往往形成厚的结缔组织包膜。为了鉴别钙化的旋毛虫和这些非旋毛虫来源的钙化凝结物，须采用10%盐酸液处理后镜检。旋毛虫具有薄的包囊，而凝结物则围有厚的纤维性包膜有时，当住肉孢子虫死亡后，由十虫体崩解产物的刺激，引起局部特殊肉芽组织增生，外观呈白色的小点，与包囊周围增生大量结缔组织的旋毛虫很难区别。在这种情况下，除用甘油进行透明处理外，还需要观察许多压片视野，一般总会看到存活的住肉孢子虫。

（三）弓形虫病

弓形虫病又名弓浆虫病，是由龚地弓形虫所引起的一种人畜共患的原虫病。猪、羊、牛、禽、兔等多种动物均可感染，但以猪最为常见。人可因接触和生食患有本病的肉类而感染。

1. 鉴定

感染病猪体温升高达41~42℃，呈稽留热，精神沉郁，食欲减退或废绝，便秘。呼吸困难，流鼻涕，咳嗽甚至呕吐。耳翼、鼻端、下肢、股内侧、下腹部等处出现紫红斑或小点状出血。病理变化主要有肠系膜淋巴结、胃淋巴结、颌下淋巴结及腹股沟淋巴结肿大、硬结，质地较脆，切面呈砖红色或灰红色，有浆液渗出。急性型的全身淋巴结髓样肿胀，切面多汁，呈灰白色；肺脏水肿，有出血斑和白色坏死点，切面间质增宽，有多量浆液流出；肝脏变硬、浊肿、有坏死点；肾表面和切面有少量出血点。

确诊必须进行病原学检查、动物接种和免疫学诊断。

2. 卫生处理

（1）病变脏器及淋巴结割除后作工业用或销毁。

（2）胴体和内脏高温处理后出场，皮张不受限制出厂（场）。

（四）棘球蚴病

棘球蚴病又名包虫病，是由细粒棘球绦虫和多房棘球绦虫的幼虫——棘球蚴所引起的一种人畜共患的寄生虫病。家畜中牛、羊、马、猪和骆驼均可感染，以羊和牛受害最重。人感染棘球蚴后常寄生于肝脏、肺脏及脑组织，对人体健康危害很大。

1. 鉴定

轻度感染时无症状，严重感染时，病畜表现消瘦、咳嗽，右侧腹部膨大。棘球蚴主要寄生于肝脏，其次是肺脏。受害脏器体积显著增大，表面凹凸不平，可在该处找到棘球蚴，有时也可在其他脏器如脾、肾、脑、皮下、肌肉、骨、脊椎管等处发现。虫体包囊大小不等，小的如豌豆粒，大的有排球样大小。切开包囊可见有液体流出，将液体沉淀，用肉眼或在解剖镜下可看到许多生发囊与原头蚴（即包囊砂）；有时肉眼也能见到液体中的子囊甚至孙囊。偶然还可见到钙化的棘球蚴或化脓灶。

2. 卫生处理

（1）患棘球蚴的器官，整个化制或销毁。

（2）在肌肉组织中发现有棘球蚴时，患部化制或销毁，其余部分不受限制出厂（场）。

（五）住肉孢子虫病

住肉孢子虫病是由住肉孢子虫寄生于骨骼肌和心肌所引起的一种人畜共患的寄生虫病。猪、牛、羊等多种动物均可感染，人也可患此病。

1. 鉴定

（1）猪住肉孢子虫病　患猪表现不安，腰无力，肌肉僵硬等症状。猪住肉孢子虫体形较小，主要寄生在腹斜肌、膈肌、肋间肌、咽喉肌和舌肌等处。肉眼观察可在肌肉中看到与肌纤维平行的白色毛根状小体，显微镜检查虫体呈灰色纺锤形，内含无数半月形孢子。若虫体发生钙化，则呈黑色小团块。严重感染的肌肉，虫体密集部位的肌肉发生变性，颜色变淡似煮肉样，有时可见胴体消瘦，心肌脂肪呈胶样浸润等变化。

（2）牛住肉孢子虫病　患牛表现厌食、贫血、发热、消瘦、水肿、淋巴结肿大等症状。牛住肉孢子虫主要寄生于食管壁、膈肌、心肌及骨骼肌，呈白色呈白色纺锤形，虫体大小不一，长3～20mm不等。虫体密集部位的肌肉发生变性，颜色变淡似煮肉样，有时可见胴体消瘦，心肌脂肪呈胶样浸润等变化。

（3）羊住肉孢子虫病　症状与牛相似。羊住肉孢子虫主要寄生于食道、膈肌和心肌等处，呈卵圆或椭圆形的半球状突起。自小米粒至大米粒大，最大的虫体长达2cm，宽1cm。

2. 卫生处理

（1）虫体发现于全身肌肉，但数量较少时，不受限制出厂（场）。

（2）若较多虫体发现于全身肌肉，且肌肉有病变时，整个胴体化制或销毁；肌肉无病变时，则高温处理后出厂（场）。

（3）若较多的虫体发现于局部肌肉，该部高温处理后出厂（场），其余部位不受限制出厂（场）。

（4）水牛食管有较多的虫体者，将食管化制或销毁。

（六）裂头蚴病

裂头蚴病是由假叶目双槽科绦虫的幼虫裂头蚴寄生于猪、鸡、鸭、泥鳅、蛙、鲨和蛇的肌肉中所引起的一种人畜共患的寄生虫病。我国发现的裂头蚴主要为曼氏裂头蚴，成虫寄生于犬、猫和肉食动物的小肠中，人偶能感染；幼虫寄生于哺乳动物包括人的肌肉、胸腹腔等处。猪主要是由于吞食了含有裂头蚴的蛙和鱼类而感染，人的感染主要是吃进了生的或半生不熟的含有裂头蚴的肌肉所致，也有因用蛙皮贴敷治疗而感染的。

1. 鉴定

猪轻度感染时无症状，严重感染时表现营养不良，食欲不振，嗜睡等。曼氏裂头蚴为乳白色，长带状，长3~300mm，宽0.7mm，头节与成虫头节相似。虫体不分节，但具有横皱纹。

曼氏裂头蚴主要寄生在猪的腹肌、膈肌、肋间肌等肌膜下或肠系膜的浆膜下和肾周围等处，宰后检验中常于腹斜肌、体腔内脂肪和膈肌浆膜下发现，盘曲成团，如脂肪结节状，展开后如棉线样，如寄生于腹膜下，虫体则较为舒展，寄生数目不等。

2. 卫生处理

在现行规程中尚无规定。虫体较少时可经高温处理后出场，虫体数量较多时则应化制或销毁。

（七）双腔吸虫病

双腔吸虫病又名歧腔吸虫病，是由矛形双腔吸虫所引起的一种人畜共患寄生虫病。虫体寄生在牛、羊、猪、骆驼、马、鹿和兔等动物的肝脏胆管和胆囊内。多与肝片形吸虫混合感染，这种吸虫主要见于反刍兽，偶见于人。

1. 鉴定

轻度感染者无症状，严重感染者可见黏膜黄染，逐渐消瘦，水肿和腹泻等症状。矛形双腔吸虫虫体比肝片形吸虫小，虫体长5~15mm，宽1.5~2.5mm。扁平而透明，呈棕红色。前端尖细，后端较钝，呈矛状故而得名。由于虫体寄居，可见胆管壁轻度增生和黏膜卡他性炎症，胆管常呈粗细一致的粗索状。病程较久或严重侵袭时，可导致不同程度的肝硬变，且以边缘部分最为明显。切开较大的胆管，可见虫体随胆汁流出。

2. 卫生处理

（1）病变轻微者，割除病变部分，其余部分不受限制出厂（场）。

（2）病变严重者，整个脏器作工业用或销毁。

（八）肝片形吸虫病

肝片形吸虫病是牛、羊最常见的寄生虫病之一，由肝片形吸虫寄生于牛、羊等反刍兽的肝脏胆管内而致。兔、马和人亦可遭受感染。

1. 鉴定

感染严重时可见患畜营养不良、消瘦、贫血，颈、胸、腹下有水肿。肝片形吸虫虫体扁平，外观呈柳叶状，自胆管取出时呈棕红色，固定后变为灰白色，虫体长 20~30mm，宽 5~13mm。牛、羊急性感染时，肝脏肿胀，被膜下有点状出血和不规整的出血条纹。慢性病例，肝脏表面粗糙不平，颜色灰白，胆管发生慢性增生性炎症和肝实质萎缩、变性，导致肝硬化。

2. 卫生处理

（1）病变轻微者，割除病变部分，其余部分不受限制出厂（场）。

（2）病变严重者，整个脏器作工业用或销毁。

（九）姜片吸虫病

姜片吸虫病是由布氏姜片吸虫所引起的一种人畜共患的寄生虫病。家畜中以猪多见，偶见于狗和野兔，人亦可以感染发病。

1. 鉴定

患猪表现为精神沉郁，低头流涎，消化不良，发育迟缓，皮毛干燥，失去光泽，贫血消瘦，腹痛腹泻等症状。新鲜的姜片吸虫呈肉红色，较肥厚，是吸虫类中最大的一种，形似斜切的姜片，故而得名。固定后呈灰白色，成虫长 20~75mm，宽 8~20mm，体表有小刺。腹吸盘较大，在虫体的前方，与口吸盘十分靠近。两条肠管弯曲，但不分支，伸达虫体后端。宰后检验时见患猪小肠发炎，常有弥漫性出血、溃疡和坏死。

2. 卫生处理

（1）病变轻微者，将病变部分切除，其余部分不受限制出厂（场）。

（2）病变严重者，整个脏器化制或销毁。

（十）卫氏并殖吸虫病

卫氏并殖吸虫病又名肺吸虫病。是由卫氏并殖吸虫所引起的一种人畜共患的寄生虫病。犬、猫、猪、牛、羊等动物均可感染，但主要见于犬和猪。人也可以感染发病，主要损害肺部和脑脊髓。

1. 鉴定

卫氏并殖吸虫病的病犬表现为精神不振，阵发性咳嗽，因气胸而呼吸困难。虫体寄生于腹部时可引起腹痛和腹泻，寄生于脑脊髓时可引起神经症状。猪与犬有相似症状，但较轻微。卫氏并殖吸虫为一红棕色卵圆形吸虫，形体扁平，背面较隆，长 7.5~16mm，宽 4~6mm，厚 2~4mm，形似黄豆瓣。虫体常寄生在肺组织的小支气管附近，形成豌豆大或更大一些的暗褐色或灰白色结节，外围以结缔组织包囊。切开后流出许多铁锈色液体，包囊内虫体常成双存在。结节有时化脓或穿孔，形成脓疡或溃疡。

2. 卫生处理

将受损害的脏器和组织化制或销毁，其余部分不受限制出场。

（十一）华支睾吸虫病

华支睾吸虫病是由华支睾吸虫寄生于肝脏胆管内引起的一种人畜共患的寄生虫病。犬、猫、猪、水貂和鱼等动物均可感染。人常因吃生的或不熟的肉类而感染，所以本病在公共卫生上的地位十分重要。

1. 鉴定

多数动物为隐性感染，常无症状表现。严重感染时，则表现为消化不良、食欲减退、腹泻、贫血、消瘦等症状。华支睾吸虫形体较小，窄长，呈扁平的乳灰白竹叶状，前端稍尖，后端钝圆，体长一般为 10~25mm，宽为 3~5mm，由于虫体寄居而引起胆管和胆囊发炎，管壁增厚。严重者虫体阻塞胆管，使胆汁排泄障碍而引起黄疸。肝脏结缔组织增生，肝细胞萎缩、变性，毛细血管栓塞形成，引起肝硬化。切开肝脏胆管和胆囊，有许多虫体。

2. 卫生处理

同肝片形吸虫病。

（十二）舌形虫病

舌形虫病是由节肢动物门五口虫目的一类寄生虫所引起的一种人畜共患的寄生虫病。马、绵羊、牛、兔、狗、猫、鸟和蛇等多种动物均可感染，人亦可感染发病。

1. 鉴定

舌形虫是一种退化了的蠕形动物，无附肢，只在靠近口的部位有两对钩。幼虫有 2~3 对短足，若虫与成虫相似，无足。成虫多侵害狗、猫、鸟和蛇的呼吸道；幼虫和若虫则主要侵害马、牛、绵羊和兔等肉用动物的肠系膜淋巴结，表现为体积增大，变软和水肿，切开后有时可在其腔隙中发现长 4~6mm 的乳白色幼虫。当慢性经过时，在淋巴结内可发现有针头大至豌豆大的浅灰或淡绿色的坏死结节，质地柔软或干酪样。镜检在病灶内可以发现完整的幼虫或稚虫或其角质钩。同样的坏死结节，有时也见于肺、心、肝、肾等器官，有些病灶不一定含虫体。

2. 卫生处理

（1）将病变淋巴结切除化制，体和内脏不受限制出厂（场）。

（2）若在心、肺、肝、肾等器官内发现带虫病灶时，可将病变器官化制或销毁。

二、其他寄生虫病

（一）细颈囊尾蚴病

细颈囊尾蚴病是由泡状带绦虫的幼虫——细颈囊尾蚴所引起的多种动物的一种常见寄生虫病。成虫寄生在犬、狼等肉食兽的小肠内，幼虫寄生在猪、黄牛、绵羊、山羊等多种动物的大网膜、肠系膜、肝、肺等部位。

1. 鉴定

成年动物感染后一般无临床症状。但对羔羊、仔猪危害较大。幼虫在肝脏移行时，患畜表现不安、流涎、不食、腹泻和腹痛等症状，甚至死亡。幼虫到达腹腔和胸腔后，则可引起腹膜炎和胸膜炎。

细颈囊尾蚴，俗称水铃铛。呈囊泡状，自黄豆至鸡蛋大，大小不等，囊壁乳白色，囊泡内含透明液体。眼观可看到囊壁上有一个不透明的乳白色结节，即其颈部及内凹的头节所在，翻转结节的内凹部，能见到一个相当细长的颈部与其游离端的头节，头节上有4个吸盘和由36个角质钩组成的一个双排齿冠。

虫体寄生部位，形成较厚的包膜，包膜内虫体死亡、钙化。严重者可形成一片球形硬壳，破开后可见到许多黄褐色的钙化碎片，以及淡黄色或灰白色头颈残骸。

2. 卫生处理

（1）感染轻微者，可将患部割除，集中处理，不得随意丢弃或喂犬，其余部分不受限制出厂（场）。

（2）感染严重者，整个器官化制或销毁。

（二）球孢子虫病

球孢子虫病又名贝诺孢子虫病，是由贝诺球孢子虫或贝氏贝诺孢子虫所引起的一种慢性寄生虫病。牛、马、羊、骆驼均可感染，但以牛感染率最高。

1. 鉴定

球孢子虫病患畜表现为皮肤过度增生肥厚而表现为慢性皮炎、脱毛、皱裂，又名厚皮病。本病不但可降低皮和肉的质量，而且还可以引起母牛流产，公牛精液质量下降，对养牛业发展造成较大的危害。

贝诺球孢子虫寄生于动物的皮肤、皮下结缔组织、筋膜、浆膜、呼吸道黏膜及眼结膜、巩膜等部位。虫体多形成包囊，包囊为宿主组织所组成，故称为假囊。假囊呈现灰白色，圆形，如细砂粒样，散在、成团或串珠状排列。直径为100～500μm，囊壁由两层构成，内层薄，含有许多扁平的巨核；外层厚，呈均质而嗜酸性着染，囊内无中隔。假囊中的滋养体为新月状或香蕉状，一端尖，另一端圆，核偏中央。

球孢子虫病患畜局部皮肤粗糙，被毛稀少，弹性消失，厚而坚硬，出现皱褶，严重者呈格子状，类似大象的皮肤。在头部、四肢、背部、臀部、股部、阴囊、腰部等处，可见皮下结缔组织和表层肌间结缔组织增生肥厚，其中有许多灰白色圆形砂粒样的坚硬的孢子虫小结节，外有结缔组织包囊。严重病例，除全身皮下结缔组织外，在浅表肌层、大网膜、舌、喉头、气管、支气管黏膜、肺脏及大血管内壁和心内膜上可见到寄生性结节。

确认此病，可在皮肤病变部切取小块或刮取皮肤裸层组织，压片后镜检，可见假囊或滋养体。宰后常在皮下、喉头、声带、软腭、鼻腔等黏膜上，可见散在有大量白色的圆形包囊，并从包囊中检查出香蕉状的滋养体。

2. 卫生处理

（1）虫体发现于全身肌肉，但是数量较少时，不受限制出厂（场）。

（2）若较多的虫体发现于全身肌肉，并且肌肉有明显病变时，整个胴体化制或销毁；而肌肉无明显病变时，则高温处理后出厂（场）。

（3）若较多虫体发现于局部肌肉，将该部高温处理后出场；其余部位不受限制出厂（场）。

（三）前后盘吸虫病

前后盘吸虫病是由前后盘科各属的多种前后盘吸虫所引起的一种寄生虫病。成虫寄生于牛、羊等反刍兽的瘤胃、网胃和胆管壁上，一般危害不严重。但大量幼虫移行寄生于真胃、小肠、胆管、胆囊时，可引起较严重的疾病，甚至导致死亡。

1. 鉴定

前后盘吸虫病病畜主要表现为顽固性下痢，粪便呈粥样或水样，常有腥臭味。食欲减退，精神萎顿，消瘦，贫血，颌下水肿，黏膜苍白，最后病畜极度衰弱，卧地不起，因衰竭而死亡。

前后盘吸虫因其种属很多，虫体大小亦因种类不同而有差异，小者长仅几毫米，大者长达20mm左右。虫体深红色、粉红色或乳白色。呈圆柱状、梨形或圆锥形等。有两个吸盘，口吸盘位于虫体前端，后吸盘位于虫体的后端，大于口吸盘。有些虫体具有腹袋，有的口吸盘连有一对突出袋。角皮光滑，没有咽，有食道，有两条肠管，睾丸多数分叶，常位于卵巢之前，卵黄腺发达，位于虫体两侧。

幼虫在移行阶段，可见于真胃、十二指肠、胆管和胆囊中，有时在腹腔渗出液中甚至肾盂内也可发现幼小的虫体。

2. 卫生处理

（1）轻者　除去虫体。

（2）重者　切除虫体侵害部分，其余部分不受限制出厂（场）。

（四）肺线虫病

肺线虫病是由各种肺线虫所引起的一种慢性支气管肺炎。牛、羊、猪均可感染，尤以羊和猪较为严重。

1. 鉴定

（1）羊肺线虫病　是由丝状网尾线虫（大型肺线虫）和原圆线虫（小型肺线虫）寄生在羊的气管和支气管内引起。病羊主要表现为咳嗽，严重感染时呼吸急促，流涕。病羊逐渐消瘦、贫血、浮肿，呼吸困难等症状。支气管内含有黏性至黏脓性甚至混有血液的分泌物团块，其中含有大量的成虫、幼虫和虫卵。支气管黏膜肿胀、充血，并有小点状出血；支气管周围发炎，并有不同程度的肺膨胀不全和肺气肿。虫体寄生部位的肺表面隆起，呈灰白色，触诊有坚硬感，切开常见有虫体。

（2）猪肺线虫病　又名猪后圆线虫病或猪肺丝虫病。是由长刺后圆线虫和复阴后圆线虫寄生在猪的支气管、细支气管和肺泡内所引起。轻度感染者，症状不明显，但影响生长发育。严重感染时，患猪表现为咳嗽、呼吸困难、贫血、食欲废绝，即使痊愈，生长仍缓慢。虫体呈丝线状，肉眼病变一般不明显。在肺膈叶腹面边缘有楔状肺气肿区，支气管壁增厚、管腔扩张，靠近气肿区还有坚实的灰色小结，小支气管周围呈淋巴样组织增生和肌纤维肿大。支气管内有虫体和黏液。

（3）牛肺线虫病　又名牛网尾线虫病，是由胎生网尾线虫寄生于牛的气管和支气管引起。病牛最初出现的症状为咳嗽，初为干咳，后变为湿咳，流鼻涕、消瘦、贫血，严重者发生肺气肿而致呼吸困难。虫体呈乳白色，细长，形如粗棉线，长达 40~80mm 不等。病理变化为肺气肿，肺门淋巴结肿大，有时胸腔积液。肺体积肿大，有大小不一的块状肝变区，切开大小支气管可见虫体堵塞。

2. 卫生处理

（1）轻度感染的　割除患部，其余部分不受限制出厂（场）。

（2）严重感染的　且肺部病变明显，可将整个肺脏化制或销毁。

（五）猪冠尾线虫病

猪冠尾线虫病又称为猪肾虫病，是由有齿冠尾线虫寄生于猪的肾盂、肾周围脂肪和输尿管等处所引起的一种线虫病。本虫无需中间宿主，多以感染幼虫经消化道或皮肤感染。幼虫在体内移行过程中，可使许多器官尤其是肝和肺受到损害。本病分布十分广泛，对养猪业危害极大。

1. 鉴定

猪冠尾线虫病病猪初期出现皮肤炎症，有血疹和红色小结节，体表局部淋巴结肿大，以后食欲不振，精神萎顿，逐渐消瘦，贫血，被毛粗乱。患猪后肢无力，跛行，不能站立，拖地爬行。严重者多因极度衰弱而死亡。

经消化道重度感染的猪只，其肝脏呈现急性损伤性肝炎，肝出血和形成脓肿，甚至发生肝硬变。肝门淋巴结急性肿胀，周围结缔组织水肿并常被染成淡红色或灰褐色。在肝表面和实质内常见灰白色大小不等的结节，中心为出血灶，从较大的结节中可找到幼虫。沿门静脉分支常有红褐色瘤样的小血栓，小心切开，可在黑褐色的血栓中找到幼虫，长 0.5~1cm。在肝门结缔组织中也可以见到较大的带虫包囊。肺脏受到侵袭时，在胸膜下肺小叶间常见暗红色条状出血灶，切开后，可以找到灰白色幼虫。严重侵袭时，常导致肺脏的广泛性出血和炎症反应，肺胸膜明显增厚，肺气肿，病灶中的虫体也常发生钙化死亡，肺门淋巴结水肿。

2. 卫生处理

将病变组织或器官化制或销毁，其余部分无限制出厂（场）。

（六）猪浆膜丝虫病

猪浆膜丝虫病是由猪浆膜丝虫引起的一种寄生虫病。虫体主要寄生于猪的心脏浆膜下。

1. 鉴定

猪浆膜丝虫病一般不表现临诊症状，严重感染引起心脏病变时，可影响心脏功能而出现相应症状。

虫体呈丝状，乳白色，细似毛发。成虫寄生于猪的心脏、子宫阔韧带、肝脏、胆囊、胃、膈肌、腹膜、肋膜以及肺动脉基部等部位的浆膜淋巴管内。虫体常寄生于心外膜淋巴管内，致病猪心脏表面呈现病变。最为常见的病变为灰白色，呈圆形或卵圆形结节或弯曲的条索状，境界分明，质地坚实，切面灰黄色，干燥，常有死亡或钙化的虫体残骸，其数量多少不等，大小不一。病变严重者的心外膜往往因纤维性肥厚而呈现乳斑状或绒毛状，甚至与心包呈不全粘连。其他器官和胸腹膜等处也有寄生，但较少见。

2. 卫生处理

若心脏上只有少数病灶者，可割除病灶后出厂（场）；若有较多病灶者，可将心脏化制或销毁。

（七）盘尾丝虫病

盘尾丝虫病是由盘尾属中的多种线虫所引起的一种寄生虫病。牛和马均可感染，虫体主要寄生于牛、马的肌肉间、肌腱和韧带等部位。

1. 鉴定

盘尾丝虫的虫体主要盘曲在结缔组织中，形成虫巢，引起局部皮肤肥厚，或造成脓肿和瘘管。因虫体种类不同,其寄生部位不同,症状也有差异。微丝蚴能引起周期性眼炎;颈盘尾丝虫引起颈韧带肿胀或鬐甲瘘;网状盘尾丝虫引起屈腱和球节系韧带发炎,严重时机体跛行;吉氏盘尾丝虫在皮下形成结节。

盘尾丝虫虫体呈长线形,头部构造简单;角皮上除有横纹外,另有呈螺旋状的角质嵴,但常在虫体的侧部中断。常见的种类有:网状盘尾丝虫,雄虫长达27cm,雌虫长约75cm,寄生于马的屈肌腱和前肢的球节悬韧带。颈盘尾丝虫,雄虫长达6~7cm,雌虫长约30cm,寄生于马的颈韧带和甲部。吉氏盘尾丝虫,雄虫长达3.0~5.3cm,雌虫长14~19cm,寄生于牛的体侧和后肢的皮下结节内。以在患部检出虫体、虫体的片段或幼虫为诊断依据。

2. 卫生处理

割除患部组织化制或销毁,其余部分不受限制出厂(场)。

(八) 蠕形螨病

蠕形螨病又称毛囊虫病或脂螨病,是由蠕形螨科中的各种蠕形螨寄生于毛囊或皮脂腺引起的皮肤病。各种家畜各有其固有的蠕形螨寄生。犬和猪的蠕形螨病较多见,羊、牛也常有此病发生。患蠕形螨病的牛皮和猪皮,在制革生产上很不适用,造成很大的经济损失。寄生于人体的有毛囊蠕形螨和皮脂蠕形螨两种。

1. 鉴定

(1) 猪蠕形螨病 首先发生于眼周围、鼻部和耳基部,而后逐渐向其他部位蔓延。病变部出现针尖大、米粒大甚至核桃大的白色囊。囊内含有很多蠕形螨、表皮碎屑及脓细胞,细菌感染严重时,成为单个的小脓肿。有的患猪皮肤增厚、不清洁,凹凸不平而覆盖以皮屑,并且发生皱裂。

(2) 牛蠕形螨病 一般多发生于头部、颈部、肩部、背部或臀部,形成针尖大至核桃大的白色小囊瘤,内含粉状物或脓样液,也有的只出现鳞屑而没有疮疖的。切开皮肤上的结节或脓包,取其内容物作涂片镜检。可见蠕形螨身体细长,似蠕虫状,呈半透明的乳白色,虫体长0.25~0.3mm,宽约0.04mm。从外形上可以区分为头、胸和腹三部分。头部具有蹄铁状的口器(又称为假头),口器由一对须肢、一对螯肢和一个口下板组成;胸部有四对短粗的足;腹部较长,表面具有明显的环形皮纹。

2. 卫生处理

(1) 轻度感染时 将病变的皮肤切除化制或销毁,其余部分不受限制出厂(场)。

(2) 严重感染时 且皮下组织有病变者,剥去病变部皮肤及切除病变组织化制,其余部分高温处理后出厂(场)。

(九) 牛皮蝇蛆病

牛皮蝇蛆病是由牛皮蝇和纹皮蝇的幼虫寄生于牛的背部皮下所引起的一种外

寄生虫病。

1. 鉴定

牛皮蝇蛆的幼虫在皮下组织穿行时，可引起瘤状肿及蜂窝织炎，致使皮肤隆起、粗糙不平或形成许多硬结节。最后虫体进入皮下组织，形成较大的硬结节。这种结节通常开口于皮肤表面，常引起化脓和瘘管，挤压结节，成熟的虫体便自行脱出并流出脓液。

牛皮蝇蛆的幼虫形体大小不一，成熟者较粗大，呈棕褐色，前端略尖，无口钩，后端较齐，有两个气门板，体表有疣状突起。幼虫在食道壁穿行时，可引起食道壁发炎。剥皮后，可见局部皮下有虫体的通道及黄绿色脓液。

2. 卫生处理

割除患部组织和食道化制或销毁，其余部分不受限制出厂（场）。

任务四 家禽、家兔常见寄生虫病的检疫检验与处理

一、鸡球虫病

鸡球虫病是由艾美耳属的各种鸡球虫引起的一种地方性急性流行病。多侵害幼鸡，可造成大批死亡。球虫主要寄生于盲肠黏膜的上皮细胞内，其次是小肠黏膜的上皮细胞内。

1. 鉴定

病鸡早期精神萎顿，全身衰弱，羽毛松乱，两翅下垂，喜欢挤在一起。最主要的临床症状是下痢，粪便混有血液。成年鸡个别表现为鸡冠、肉髯苍白。食欲不振，下痢时有时无，粪中一般不混有血液。病鸡消瘦，两脚无力，个别瘫痪。

鸡球虫病的主要病变为盲肠明显肿大，呈棕红色或暗红色，肠壁增厚、坚实，且有灰白色坏死灶，肠内充满大量血块或混有血液的豆腐渣样坏死物。慢性病例，主要在小肠前段的十二指肠部位，肠管肿胀变粗，肠壁增厚，有时在浆膜上可见到灰白色小斑点。确诊时可刮取肠黏膜涂片，镜检球虫卵囊。

2. 卫生处理

废弃病变肠管，其余部分不受限制出场。

二、鸡组织滴虫病

鸡组织滴虫病亦称盲肠肝炎或黑头病，是由火鸡组织滴虫所引起的鸡和火鸡的一种急性原虫病。以肝脏的坏死灶和盲肠溃疡为主要特征。

1. 鉴定

鸡组织滴虫病的患鸡精神不振，食欲废绝，翅羽下垂，下痢，粪便呈淡黄色

或淡绿色，急性严重的病例可以排出血样粪便。病鸡尤其是发病的火鸡皮肤发绀，变成紫黑色或黑色。

典型的病例表现为盲肠肿大，肠壁肥厚变硬，形似香肠。切开肠管可见干酪样物质堵塞在肠内，使肠内容物切面呈同心层状，中心是黑红色血凝块，外围是黄白色的渗出物和坏死物质，肠黏膜表面可见坏死和溃疡。急性病例，可发生出血性盲肠炎变化。肝脏大小正常或肿大，肝脏的表面可见大小不等的坏死斑点，坏死斑点呈黄色或黄白色，中心稍凹陷，边缘稍隆起，有时有许多小坏死斑点连在一起呈花环状或呈大片状的溃疡区。

2. 卫生处理

将病变器官化制或销毁，其余部分不受限制出场。

三、兔球虫病

兔球虫病是由艾美耳属的多种兔球虫所引起的一种寄生虫病。球虫主要寄生于肝脏和肠道，故分为肝球虫病、肠球虫病和肝、肠混合型球虫病。在屠宰检验中，最为常见的是肝球虫病。

1. 鉴定

兔球虫病的病兔消瘦，贫血，被毛粗乱而无光泽，食欲减退或废绝。

（1）肠型球虫病　病兔出现顽固性下痢，肛门周围沾有粪污。腹部因肠管积气、膀胱积尿和腹腔积液而膨胀。有时病兔突然倒地，四肢痉挛抽搐，很快死亡。宰后可见胴体消瘦，小肠后段和盲肠充满气体和大量微红色黏液，十二指肠和蚓突黏膜充血、肿胀、出血，并有白色粟粒样结节或溃烂，有的呈脓性坏死病灶。取病变部黏膜涂片、镜检，可见大量球虫卵囊。

（2）肝型球虫病　表现为病兔肝脏肿大、疼痛，眼结膜和口腔黏膜黄染。后期出现顽固性腹泻，甚至全身痉挛或麻痹。严重病例胴体消瘦，黏膜贫血或黄染。肝脏实质内有数量不等、灰白色或淡黄色、粟粒大至绿豆大小的椭圆形的坏死结节，结节常突出于肝表面，其周围常有结缔组织包囊，结节内有脓样或干酪样物质。取脓样或干酪样物质压片镜检，可见有球虫卵囊。

（3）肝、肠混合型球虫病　具有肝型和肠型球虫病的症状。

2. 卫生处理

胴体不受限制出场，病变脏器化制或销毁。

四、兔豆状囊尾蚴病

兔豆状囊尾蚴病是由狗豆状带绦虫的幼虫所引起的一种寄生虫病，对人无害。

1. 鉴定

兔豆状囊尾蚴病常在腹膜、网膜、肠系膜上、肝脏表面和肌肉中，发现有多量绿豆大至黄豆大、灰白色半透明的囊泡，内含透明液体和一个白色的头节。多个囊泡丛生在一起时，形似小串葡萄样。胴体多半消瘦，并有不良气味。

2. 卫生处理

（1）轻度感染者，废弃病变部分，胴体不受限制出厂（场）。

（2）肌肉中有多数虫体寄生或胴体具有不良气味者，胴体和内脏全部化制或销毁。

五、兔链形多头蚴病

兔链形多头蚴病是由狗的链形多头绦虫的幼虫——链形多头蚴所引起的一种寄生虫病。

1. 鉴定

兔链形多头蚴病常在肌肉表面可见豌豆至鸡蛋大的单个大泡状虫体，透过囊壁可以看出许多小的透明子囊。

2. 卫生处理

割除囊泡部分，其余部分不受限制出厂（场）。

六、兔棘球蚴病

兔棘球蚴病是由细粒棘球绦虫的幼虫——棘球蚴所引起的一种寄生虫病。人也可间接感染。

1. 鉴定

兔棘球蚴病常见于肝脏，呈豌豆至核桃大的囊泡状，切开时流出淡黄色液体，切面残留圆形空洞，囊壁较厚，内膜上有白色颗粒样头节。

2. 卫生处理

（1）胴体营养良好，病变部分化制或销毁，其余部分不受限制出厂（场）。

（2）肌肉中有寄生虫时，胴体和内脏化制或销毁。

七、兔肝片形吸虫病

兔肝片形吸虫病是由肝片形吸虫寄生在兔的肝脏、胆管内而引起的寄生虫病。

1. 鉴定

肝片形吸虫虫体多寄生在胆管内，引起慢性胆管炎，胆管扩张，管壁增厚。横切肝脏胆管后用力稍加挤压，虫体便随胆汁、黏液流出。当严重感染时，可导致肝硬变，甚至造成阻塞性黄疸。

2. 卫生处理

废弃病变器官，胴体不受限制出厂（场）。

八、兔螨病

螨病又称疥癣，俗称癞病，是由疥螨和痒螨引起的多种动物的一种皮肤寄生虫病，尤其是兔的严重疾病之一。螨也能引起人的感染。

1. 鉴定

螨病常在兔嘴唇四周、鼻端、耳朵和爪部以及无毛或少毛的部位形成片样痂皮，使患兔发痒不安，时常搔抓患部，食欲减退，体形消瘦。但内脏器官无肉眼可见病变，临床主要根据皮肤病变及检查患部皮屑中的螨虫或虫卵而做出诊断。

2. 卫生处理

胴体不受限制出厂（场），皮毛经消毒后利用。

项目小结

动物疫病是由细菌、病毒、寄生虫等病原体引起的具有传染性和流行性的并且危害严重的动物性疾病。动物疫病不仅会给养殖业造成巨大的经济损失，而且某些动物疫病是人畜共患，直接威胁着人类的健康。根据动物疫病所造成危害的严重程度，通常分为一类疫病（即对人与动物危害严重，需要采取紧急、严厉的强制预防、控制、扑灭等措施的疫病）、二类疫病（即可能造成重大经济损失，需要采取严格控制、扑灭等措施，防止扩散的疫病）、三类疫病（即常见多发、可能造成重大经济损失，需要控制和净化的疫病）。动物疫病是当前困扰养殖业发展和影响人类公共卫生安全的难题之一，特别是近年来禽流感、口蹄疫等重大动物疫病在全球范围暴发，使人们越发认识到加强动物疫病检疫检验工作的重要性。但是，只有掌握了兽医基础知识和兽医基本操作技能，才能做到早报告、早诊断、早处置、早扑灭，确保以最快时间将疫情控制住、将疫情限制在最小范围内，避免事态严重并将损失减少到最小。

复习思考题

1. 简述常见人畜共患的寄生虫病的鉴定与处理措施。
2. 简述猪、牛、羊住肉孢子虫病的鉴定与处理措施。
3. 口蹄疫的鉴定要的和处理方法是什么？
4. 简述禽流感的鉴定要点和处理措施。

项目六 品质异常肉的鉴定与卫生处理

知识目标

1. 气味和滋味异常肉的鉴定和卫生处理；
2. 色泽异常肉的鉴定与卫生处理；
3. 注水肉的鉴定与卫生处理；
4. 公、母猪肉的鉴别与卫生处理；
5. 病死动物肉的鉴定与卫生处理；
6. 中毒动物肉的鉴定与卫生处理。

技能目标

1. 能对性状异常肉做出正确的鉴定与处理；
2. 正确鉴定掺假肉和劣质肉；
3. 正确鉴定病死畜禽肉并了解其处理方法；
4. 准确鉴定中毒动物肉并及时做出正确的处理。

任务一　性状异常肉的鉴定与卫生处理

性状异常肉是指感官检查出现气味、色泽、质地异常的肉。属于病理性质或者虽然无毒无害的异常肉。

一、气味和滋味异常肉的鉴定和卫生处理

（一）鉴定

气味异常或异味肉是指感官可以觉察存在固有气味之外其他气味的肉类。气味和滋味异常肉，在屠宰后和保藏期间均可发现。其种类主要有饲料气味、性气味、病理性气味、特殊气味（如汽油味、油酸味、烂鱼虾味、消毒药物味）等。目前，鉴定气味异常肉仍然依靠人的嗅觉，必要时可切取小块肉煮沸嗅闻来判定。

引起肉的气味异常的来源有：一是饲料气味，二是性气味，三是药物气味和化学气味，四是病理性气味，五是其他因素。

如鲜猪肉具有猪肉固有的鲜、香气味。正常冻肉呈坚实感，解冻后肌肉色

泽、气味、含水量等均正常无异味。而饲料所致的劣质肉有废水或药等气味；病理所致的有油脂、粪臭、腐败、怪甜等气味。

1. 饲料气味

因禽宰前长期饲喂带有浓厚气味的饲料。如苦艾、萝卜、甜菜、油饼渣、色粉、蚕蛹粕及泔脚水等。使肉和脂肪产生令人厌恶的废水气味及其他各种异味。将肉切成小块，放置 2~3d，可使气味减轻或消失。

2. 性气味

未去势或晚去势的家畜肉，特别是老公猪肉、老母猪肉、公山羊肉，常散发出难闻的性臭气味。这种气味主要是 α-睾丸酮和甲基氮茚等物质引起，一般认为肉的性气味在去势后 2~3 周消失，脂肪的性气味在去势后 2~5 个月消失，实际上要晚得多，唾液腺的性气味则消失更慢。因此，检验上述腺体对发现性气味肉有特殊意义，性气味可用煮沸或烧烙试验法检验。

3. 药物气味

屠畜禽时在屠宰前注射或服用具有芳香或其他含有特殊气味的药物，如乙醚、樟脑、氯仿、松节油、克辽林等。可以使肌肉带有药物的气味。这种情况在动物急宰后较为常见。

4. 病理性气味

当畜禽患某种疾病时，肉里脂肪带有特殊气味。如患气肿疽和恶性水肿时，有陈腐油脂气味；患创伤性脓性心包炎和腹膜炎时，有腐尸臭味；患蜂窝织炎、瘤胃臌气时，有腥臭味；患酮血症时，有烂苹果味；砷中毒时，有大蒜味；患尿毒症时，有尿臊臭味；禽患卵黄性腹膜炎时，有恶臭气味。

5. 其他因素

（1）附加气味 指将肉在贮运时置于具有特殊气味（如消毒药、漏氨冷库、鱼、虾、烂水果、塑料、蔬菜、葱、蒜、油漆、煤油等）的环境中，因吸附作用而使肉具有异常的附加气味。

（2）发酵性酸臭 新鲜胴体冷凉时，由于吊挂过密或堆放，胴体间空气不流通，使其深部余热不能及时散失，引起自身产酸发酵，使肉质软化，色泽深暗，带有酸臭味。

（二）卫生处理

气味和滋味异常肉的卫生处理可依据不同情况分别对待。在排除禁忌症状（如病理性因素、毒物中毒）的情况下，将有异常气味的肉放于通风处，经 24h 切块煮沸后嗅闻，如果仍然保持原有气味者，不得上市销售，胴体化制或销毁；如果仅有个别部分有气味，则将该部分割除，其余部分不受限制出售食用。

注：由于创伤性引起的脓毒败血症、气肿疽、恶性水肿以及毒物中毒、严重代谢病（如酮血病）即病理性因素或毒物中毒等产生异味的胴体和内脏化制或

销毁。

二、色泽异常肉的鉴定与卫生处理

（一）鉴定

屠畜宰后检验中常见的色泽异常肉有：黄脂肉、黄疸肉、红膘肉、应激性肌病肉、色素沉着等。

1. 黄脂肉

黄脂肉又称为黄膘肉，是指皮下或腹腔脂肪发黄，质地较硬，稍呈混浊，略带鱼腥味，而其他组织器官不发黄的一种色泽异常肉。是由于 β-胡萝卜素沉着于脂肪组织而引起脂肪组织明显黄染。一般认为，黄脂肉是饲料中黄色素沉积于脂肪组织所发生的一种非正常黄染现象，发生的原因是长期饲喂黄玉米、芜菁、棉籽饼、南瓜、胡萝卜等饲料，或饲喂鱼粉、蚕蛹、鱼肝油下脚料等所致。有人认为，某些品种的猪易发生是与遗传因素有关。它们都仅仅是脂肪有黄色素沉着，而呈黄色甚至黄褐色，尤以背部和腹部皮下脂肪最为明显。黄脂肉随放置时间延长，颜色会逐渐减退或消失。

2. 黄疸肉

黄疸肉是由于体内胆红素生成过多或排泄障碍所引起。大量溶血或胆汁排除受阻，导致大量胆红素进入血液、组织液，把全身各组织染成黄色。除脂肪组织发黄外，全身皮肤（白皮猪）、巩膜、结膜、黏膜、浆膜、关节囊液、腱鞘及内脏器官均染成不同程度的黄色。黄疸可由以下病变所引起，如肝脏硬化（实质性黄疸）；胆道被钙盐、肿瘤或寄生虫等异物阻塞（阻塞性黄疸）；红细胞被微生物、寄生虫及其毒素大量破坏，形成过多的胆色素（溶血性黄疸）。以关节囊液、组织液、皮肤和肌腱黄以染对黄疸和黄脂的鉴别具有重要的意义。此外，绝大多数黄疸病例（80%上）的肝脏和胆道都呈现明显的病变，与传染病并发的黄疸，肝、肾等器官有病理变化。黄疸肉存放时间越长，其颜色越深，这也是区别黄脂肉的重要特征（表2-4）。

表2-4 黄脂肉和黄疸肉的鉴别

项目	黄脂肉	黄疸肉
着色部位	皮下、胶胜脂肪发黄	全身各部位皮肤、脂肪、可视黏膜、关节液、实质器官等都发黄
发生原因	与饲料和猪的品种有关	溶血或胆汁排泄受阻
放置后变化	放置时间越长，颜色变淡或消退	放置时间越长，颜色越深
氢氧化钠鉴别法	上层乙醚为黄色，下层液无色	上层乙醚为无色，下层液黄色或黄绿色
硫酸鉴别法	滤液呈阴性反应	滤液呈绿色，加入硫酸，适当加热变成淡蓝色

3. 红膘肉

红膘肉是指皮下脂肪内于充血、出血或血红素浸润而呈现粉红色。在此情况下，应仔细检查内脏和主要淋巴结有无病理变化。除某些传染病（如急性猪丹毒、猪肺疫）外，还可由于背部受到冷、热等机械性刺激而引起，特别在烫猪水温超过68℃时，常可见到皮下和皮肤发红。

4. 应激性肌病肉

动物受到应激刺激以后发生的以肌肉病变为主的疾病称应激性肌病（stressmyopathy）。该病包括：PSE 肌肉、DFD 肌肉、猪背肌坏死、腿肌坏死、捕捉性肌病、家禽胸深肌病等。

（1）白肌肉　白肌肉又称 PSE 肉，也称"水煮样肉"。PSE 猪肉是指以颜色苍白或粉红、质地松软、有液体渗出，宰后 45min 肌肉 pH 在 6.0 以下为特征的猪肉。病理变化多发生于半腱肌、半膜肌和背最长肌。发生的原因多是因为猪在宰前应激所致，即宰前机体受到强烈刺激（如驱赶、恐吓、冲淋、电击）后，肾上腺分泌增多，导致肌肉中肌糖原的磷酸化酶活性增强，在缺氧状态下糖的无氧酵解过程加速，产生大量乳酸，使肉的 pH 下降（pH 降至 5.7 以下，健康动物新鲜肉的 pH 为 5.8~6.4），再加上宰前高温和僵直热使肌纤维膜变性，肌浆蛋白凝固收缩，肌肉游离水增多而渗出，从而使肌肉色泽变淡，质地变脆，切面多汁。其与肌肉坏死的区别在于没有炎症变化和坏死。PSE 猪肉的常见背最长肌、半腱肌、半膜肌、腰大肌等。严重时，全身多处肌肉发生。外观色泽根据严重程度不同而有变化。轻型多数呈粉红色或淡灰白色。严重时呈熟肉状白色。质地松软，切面突出，肌肉表面湿润，严重时有肉汁渗出。

（2）DFD 肉　DFD 肉是由于应激敏感猪在屠宰前所受的应激强度较小而时间较长，肌糖原消耗较多，体内产生的乳酸少，被呼吸性碱中毒产生的碱中和，出现的切面干燥（dry）、质地较硬（firm）、色泽深暗（dark）的肉。糖酵解的充分程度和终点 pH 与猪肉的颜色有关。当肌肉糖酵解不充分，不能达到正常 pH5.5~5.6 时，尸僵则在较高的 pH 条件下发生；或者糖酵解的速度十分缓慢，尸僵需要较长时间发生。在这些情况下，肌肉保持深红色、质地较硬、外观干燥。主要发生于幼龄动物，特征是骨骼肌和心肌发生变性和坏死，病变常发生于负重较大的肌肉群，主要是后腿的半腱肌、半膜肌和股二头肌，其次是背最长肌。发生病变的骨骼肌呈白色条纹或斑块，切面干燥，似鱼肉样外观，左右两侧肌肉常呈对称性发生。一般认为，白肌病肉是缺乏维生素 E 和微量元素硒，或维生素 E 利用障碍而引起的一种营养代谢病。

（3）肌肉坏死　肌肉坏死通常包括猪背肌坏死、腿肌坏死等。

猪背肌坏死：宰后可见病猪全身充血。急性背肌坏死常限于背最长肌和多裂肌，背肌中有红色、灰色或者白色区域或者黑色区域，肌肉苍白，柔软，有液体渗出和出血，有特殊气味。

中国肉猪的腿肌坏死：由于我国所见肌肉坏死的屠宰肉猪，不表现临床症状，肌肉坏死主要在后腿的半腱肌和半膜肌与前腿的臂肌和臂二头肌，与国外的背肌坏死不同，因而取名为中国肉猪的腿肌坏死。

轻型腿肌坏死：宰后45min测得的肌肉pH在7.0左右。病变特征是急性浆液性肌炎。

重型腿肌坏死：肌肉pH在7.5左右，高的达到7.8。特征是严重的坏死性肌炎。

5. 黑色素沉着

黑色素沉着又名黑变病，黑色素正常是由位于皮肤基底层的成黑色素细胞将酪氨酸转化而成的，存在于动物的皮肤、被毛、视网膜、脉络膜和虹膜。赋予其相应的颜色和防御阳光的辐射，而起保护动物机体的作用。如果在其他组织或器官里，有黑色素沉着，使组织或器官呈黑斑者称黑色素沉着或称黑变病。常见于犊牛等幼畜或深色皮肤动物及牛、羊的肝脏、肺脏、胸膜和淋巴结。黑色素沉着的组织或器官由于色素沉着的数量及分布状态不同，面呈现棕褐色或黑色，分布由斑点到整个器官不等。

6. 骨血色素沉着症

骨血色素沉着症是猪和牛的一种遗传性疾病，由于体内血红素代谢障碍，产生大量不含铁的血红素即卟啉，并沉着在全身组织中，引起骨骼、牙齿和内脏器官（肝、脾和肾）呈红棕色、棕褐色或黑色，全身淋巴结肿大，切面棕色。而骨膜、软骨、关节软骨、韧带和腱不被着色。如果进行脱钙处理，色素同时被清除。

7. 其他色素沉着

（1）炭末沉着症　是由于炭末进入肺实质和淋巴结。

（2）黑色素沉着症或黑变病　是指黑色素异常地沉着于心、肝、肾、肺、胃肠道等正常无黑色素沉着的部位。病变器官呈黑色或褐色，组织切片中可见棕色球形黑色素颗粒。无害，但令人厌恶。

（3）注射色素　是指有色药物注入组织中，使注射部位及相关淋巴结显现相应的色泽。

（二）卫生处理

1. 黄脂肉卫生处理

（1）因饲料感染来源引起的黄脂肉，一般无碍于食用。

（2）如同时伴有其他不良气味者，应复制加工或工业用。

（3）黄脂肉胴体放置24h颜色变淡或消失时，肉可食用，可上市销售。放置24h色素消退不快或有异味不允许上市，其胴体、内脏可经高温处理后销售。

2. 黄疸肉卫生处理

黄疸肉确认后一律不得上市，其胴体如膘情良好，肌肉无异味，可进行腌制或熬油。若胴体消瘦，放置24h黄色退化不显著，胴体及内脏一律销毁。怀疑是传染病引起的黄疸应进一步送检，胴体和内脏按动物防疫法规定处理。

3. 红膘肉卫生处理

红膘肉如系传染病引起，应结合该传染病处理规定处理，如内脏淋巴结没有明显病理变化的红膘肉，将胴体及内脏高温处理后出场。

4. PSE 肉卫生处理

PSE猪肉属于肌肉变性，可以食用。但因PSE猪肉煮熟以后失重大，收缩多，不适合工业加工；其次，口感粗糙，品质低下。白肌肉味道不佳，加热烹调时营养损失很大，口感粗硬，不宜鲜售。如果感官上变化轻微，在切除病变部位后，胴体和内脏可不受限制出场。病变严重，有全身变化时，在切除病变部位后，胴体和内脏可做复制品出售，但不宜做腌腊制品的原料。

5. DFD 肉卫生处理

DFD肉可以食用，白肌病全身肌肉有变化时，胴体作工业用或销毁；病变轻微而局部的，经修割后可食用。

6. 肌肉坏死肉卫生处理

（1）按照我国的检验规程，背肌坏死的病变肌肉不得供人食用。
（2）腿肌坏死属于病变肌肉，应当废弃。

7. 黑色素沉着肉卫生处理

炭末沉着、黑色素沉着的组织或器官，修割其病变部分，予以化制或销毁，其余部分无碍食用。确认注射色素引起的变化，须修割受到影响的组织。黑色素沉着轻度的组织和器官可以食用，重度者将局部修割或废弃病变器官，其余部分可供食用，也可用末制作复制品或化制。

8. 骨血色素沉着卫生处理

患病骨骼、皮肤和实质器官化制或销毁，其余部分无碍食用。

任务二 掺假和劣质肉的鉴定与卫生处理

在开放的肉类市场，一些不法商贩千方百计向肉类中掺假、注入自来水、血水、矾盐水、胶质液体等以牟取暴利，严重影响了肉品的卫生质量，危害人民群众的健康。因此，必须对市场肉类的掺假、注水行为进行严格检验，坚决打击制裁这种不法行为。

一、注水肉的鉴定与卫生处理

注水肉是指宰前通过血管向猪、牛、鸡等体内注入水（污水、盐水、明矾水、卤水等）或经胃肠灌入水，向屠畜、光禽肌肉、皮下注水或将其浸泡于水中得到的肉。这不仅严重地损害了消费者的利益，而且影响肉品卫生质量，危害人类健康,是一种严重的违法行为。

(一) 感官检验

1. 视检

（1）肌肉　注水肉不具正常猪肉的鲜红色、弹性及光泽,而色泽变淡、呈淡红色、湿润、肌纤维肿胀。浸泡、注水的白条鸡,胸肌呈苍白色,皮肤变软,毛孔胀大呈浅白色,冠髯膨胀。

（2）皮下脂肪及板油　正常猪肉的皮下脂肪和板油,色泽洁白,质地柔软。而注水肉的皮下脂肪和板油,轻度充血、呈粉红色,新鲜切面的小血管有血液流出。

（3）心脏　正常猪心冠脂肪洁白,而注水猪心冠脂肪充血、心血管怒张,有时在心尖部可找到注水口,心脏切面可见心肌纤维肿胀,挤压有水流出。

（4）肝脏　注水的肝脏严重淤血、肿胀、边缘增厚,呈暗褐色,切面有鲜红色血水流出。

（5）肺脏　注水肺脏明显肿胀、表明光滑、呈浅红色,切面有大量淡红色的血水流出。

（6）肾脏　注水肾脏肿胀、淤血、呈暗红色,切面可见肾乳头呈深紫红色。

（7）胃肠　注水胃肠的黏膜充血、呈砖红色,胃肠壁增厚。

2. 触检

用手触摸注水肉,指压被检肉含水量和弹性。指压时有多余的水分流出,手指黏湿,肉弹性差,指压痕迹恢复缓慢。

3. 剖检

用检验刀切开被检肉,注水肉切面湿润,有血水流出,皮下疏松组织处有淡红色或微黄色胶冻样浸润,严重的肌肉分层如水煮样。

(二) 卫生处理

严禁注水肉上市销售,对检出的注水肉须作废弃处理,并对经营者按有关规定进行惩处。

二、猪肉新鲜度的感官鉴别

1. 色泽鉴别

（1）优质猪肉　表面有一层微干或微湿润的外膜,呈淡红色,有光泽,切断面稍湿、不黏手,肉汁透明。

（2）劣质猪肉　表面有一层风干或潮湿的外膜,呈暗灰色,无光泽,断面的色泽比新鲜的肉暗,有黏性,肉汁混浊。

（3）变质猪肉　表面外膜极度干燥或黏手,呈灰色或淡绿色,发黏并有霉变现象,切断面也呈暗灰或淡绿色、黏手,肉汁严重混浊。

2. 弹性鉴别

（1）优质猪肉　质地紧密且富有弹性，用手指按压凹陷后会立即复原。

（2）劣质猪肉　肉质比新鲜肉柔软、弹性小，用指头按压凹陷后不能完全复原。

（3）变质猪肉　腐败变质肉由于自身被分解严重，组织失去原有的弹性而出现不同程度的腐烂，用指头按压后凹陷，不但不能复原，有时手指还可以把肉刺穿。

3. 气味鉴别

（1）优质猪肉　具有鲜猪肉正常的气味。

（2）劣质猪肉　在肉的表层能嗅到轻微的氨味、酸味或酸霉味，但在肉的深层却没有这些气味。

（3）变质猪肉　腐败变质的猪肉，不论在肉的表层还是深层均有腐臭气味。

4. 脂肪鉴别

（1）优质猪肉　脂肪呈白色，有光泽，有时呈肌肉红色，柔软而富有弹性。

（2）劣质猪肉　脂肪呈灰白色，无光泽，容易黏手，有时略带油脂酸败味和哈喇味。

（3）变质猪肉　脂肪表面污秽，有黏液，常霉变呈淡绿色，脂肪组织很软，具有油脂酸败气味。

5. 肉汤鉴别

（1）优质猪肉　肉汤透明、芳香，汤表面聚集大量油滴，油脂的气味和滋味鲜美。

（2）劣质猪肉　肉汤混浊，汤表面浮油滴较少，无鲜香的滋味，常略有轻微的油脂酸败气味和霉变味道。

（3）变质猪肉　肉汤极混浊，汤内漂浮着犹如絮状的烂肉片，汤表面几乎无油滴，具有浓厚的油脂酸或显著的腐败臭味。

三、公、母猪肉的鉴别

1. 皮肤

淘汰公、母猪的皮肤一般都比较粗糙，松弛而缺乏弹性，多皱襞，且较厚，毛孔粗大。公猪上颈部和肩部皮肤特别厚，形成"胛"，刀切阻大，母猪皮肉结合处疏松。

2. 皮下脂肪

公猪的皮下脂肪较少，有较多的白色疏松结缔组织。肥膘较硬，公猪的背脂特别硬。母猪皮下脂肪呈青白色，皮与脂肪之间常见有一薄层呈粉红色，俗称"红线"，手触摸时，黏附于手指上的脂肪少，而手触摸肥猪肉时，在手指上黏附的脂肪多。

3. 乳房

公猪最后一对乳房多半并在一起；母猪的乳头长而硬，乳头皮肤粗糙，乳头孔很明显，乳头基部大，横切乳头，两乳池明显，纵切乳房部，可见粉红色海绵状的腺体，有的虽然萎缩，但有丰富的结缔组织填充，有时尚未完全干乳，故切开时可流出黄白色的乳汁。而肥猪的乳头短而软，乳头孔不明显，切开后看不见乳池和腺体。

4. 肌肉特征

一般来说，公、母猪的猪肉，其色泽较深，呈深红色，肌纤维较粗，肌间夹杂的脂肪少。而肥猪的瘦肉呈鲜艳的红色，肌纤维粗细适中，肌间夹杂的脂肪较多。

5. 嗅性气味

公猪肉一般有性气味，且以唾液腺、脂肪和臀部肌肉最明显。除直接嗅检外，还可用加热方法（如烧烙、煮沸、煎炸上述部位组织）来鉴定。

6. 寻找生殖器官残迹和阉割疤

检查公猪肉，有时还可见到阴囊被切的痕迹，阴茎根常出现于胴体的一侧，球海绵肌发达；母猪则可见子宫韧带的固着痕迹；有时还可见睾丸或卵巢等生殖腺残留，特别是隐睾猪，此种情况尤为多见。

如果是淘汰的公、母猪经阉割催肥后出售，公猪在阴囊部位可见较大而明显的阉割疤痕，阴茎萎缩不明显，若已预先摘除，则仍可见发达的阴茎退缩肌和球海绵肌；而母猪则可在腹侧发现较大的阉割疤痕。

7. 腹部特征

母猪的腹围较公猪宽，其腹直肌往往筋膜化，而公猪的腹直肌特别发达。

8. 肋骨和骨盆

母猪的肋骨扁而宽，骨膜白中透黄，尤其是前5根肋骨更为明显，骨盆腔较宽阔。肥猪的肋骨呈扁圆形，骨膜呈淡粉色，骨盆腔不宽阔。

四、公、母猪肉的卫生处理

1. 市销

（1）公、母猪肉挂牌标明，可上市销售。

（2）未生育的小母猪肉在割掉乳腺部分后，初产母猪育肥4个月后，其肉可鲜售。

2. 作复制品原料

性气味轻或晚阉猪肉，在割除筋腰、脂肪、唾液腺后，可作灌肠等复制品原料。

3. 炼制食品油

公、母猪肉脂肪可炼制食用油。

五、肉种类的鉴别

在肉类交易中,某些经营者在经济利益驱动下,"挂羊头,卖狗肉"欺骗消费者。另一方面由于肉制品的多样化,有时还需查明各种原料的比例和真伪等情况。因此,经常出现因肉种类而引发的问题。进行肉种类鉴别主要依据肉的外部形态、骨的解剖特征、肉的理化特性及免疫学反应等。

(一)外部形态学特征比较

各种动物肉及脂肪的形态学特征受品种、年龄、性别、阉割、肥育度、使役、饲料、放血程度及屠畜应激反应等因素的影响,不可能始终如一,因此只能作为肉种类鉴别时的参考。牛肉与马肉,羊肉、猪肉与狗肉,兔肉与禽肉的外部形态学比较分别如表2-5、表2-6和表2-7所示。

表2-5 牛肉与马肉形态学特征比较

肉类别	肌肉			脂肪		气味
	色泽	质地	肌纤维性状	色泽和硬度	肌间脂肪	
牛肉	淡红色、红色或深红色(老龄牛),切面有光泽	质地坚实,有韧性,嫩度较差	肌纤维较细,眼观断面有颗粒感	黄色或白色(幼龄牛和水牛);硬而脆,揉搓时易碎	肌间脂肪明显可见,切面呈大理石斑样	具有牛肉特有的气味
马肉	深红色、棕红色,老马更深	质地坚实,任性较差	肌纤维比牛肉粗,切面颗粒明显	浅黄色或黄色,软而黏稠	成年马少,营养好多	具有马肉固有的气味

表2-6 羊肉、猪肉与狗肉形态学特征比较

肉类别	肌肉			脂肪		气味
	色泽	质地	肌纤维性状	色泽和硬度	肌间脂肪	
绵羊肉	淡红色、红色或暗红色,肌肉丰满,肉黏手	质地坚实	肌纤维较细、短	白色或微黄色,质硬而脆,油发黏	少	具有绵羊肉固有的膻味
山羊肉	血色、暗红色,肌肉发散,肉不黏手	质地坚实	比绵羊肉粗长	除油不黏手外,其余同绵羊肉	少或无	膻味浓

续表

肉类别	肌肉			脂肪		气味
	色泽	质地	肌纤维性状	色泽和硬度	肌间脂肪	
猪肉	鲜红色或淡红色，切面有光泽	肉质嫩软，嫩度高	肌纤维细软	纯白色，质硬而黏稠	富有脂肪，瘦肉型断面呈大理石样	具有固有的肉腥味
狗肉	深红色或砖红色	质地坚实	较猪肉纤维粗	灰红色，柔软而黏腻	少	具有不愉快的气味

表 2-7 兔肉和禽肉形态学特征比较

肉类别	肌肉			脂肪		气味
	色泽	质地	肌纤维性状	色泽和硬度	肌间脂肪	
兔肉	淡红色或暗红（老龄兔或放血不全）	质地松软	肌纤维细嫩	黄白色，质软	沉积极少	具有兔肉固有的土腥味
禽肉	呈淡黄、淡红色、灰白色或暗红色等	质地较细嫩	纤维细软，水禽的肌纤维比鸡粗	黄色，质甚软	肌间无脂肪沉积	具有禽肉固有的气味

（二）淋巴结特征比较

主要是牛与马的淋巴结鉴别。牛的淋巴结是单个完整的淋巴结，多呈椭圆形或长圆形，切面在灰色或黄色的基础上往往有灰褐色或黑色的色素沉着。马的淋巴结是由多个大小不同的小淋巴结联结的淋巴结团块，呈纽结状，比牛的淋巴结小，切面色泽灰白或黄白。

（三）脂肪熔点的测定

每种动物脂肪所含饱和脂肪酸和不饱和脂肪酸的种类和数量不同，其熔点也不相同，故可作为鉴别肉种类的依据。

1. 直接加热测定法

从检肉中取脂肪数克，剪碎，放入烧杯中加热，待熔化后，加适量冷水（10℃以下），使液态油脂迅速冷却凝固并浮于液面。插入一温度计，使液面刚好淹没其水银球。将烧杯放在石棉网上加热，并随时观察温度计水银柱上升和脂肪熔化情况。当液面的脂肪刚开始熔化和完全熔化时，分别读取温度计所示读数，即为被检脂肪的熔点范围。

2. 毛细管测定法

将毛细管直立插入已熔化的油样中，当管柱内油样达 0.5~1.5cm 高时，小心移入冰箱内或冷水中冷却凝固。取出后，用橡皮圈固定毛细管于湿度计上，并使油样与水银球在同一水平面上，然后将其插入盛有冷水的烧杯中，使温度计水银球浸没于液面下 3~4cm 处。缓慢加热，不时搅拌，使水温传热均匀并保持水的升温速度为每分钟 0.5~1℃，直至接近预计的脂肪熔点时，分别记录毛细管内油样刚开始熔化和完全澄清透明时的温度。将毛细管取出，冷却。再按上述方法复检 3 次，取平均温度，即为该脂肪样品的熔点。

3. 结果判定

各种动物脂肪的熔点与凝固点温度见表 2-8。

表 2-8 各种动物脂肪的熔点与凝固点温度

脂肪名称	熔点温度/℃	凝固点温度/℃	脂肪名称	熔点温度/℃	凝固点温度/℃
猪脂肪	34~44	22~31	羊脂肪	44~55	32~41
马脂肪	15~39	15~30	狗脂肪	30~40	20~25
牛脂肪	45~52	27~38	鸡脂肪	30~40	—
水牛脂肪	52~57	40~49	兔脂肪	35~45	—

（四）免疫学鉴别

免疫学鉴别方法较多，用于市场肉种类鉴别的方法，首推沉淀反应和琼脂扩散反应。前者是一种单相扩散法，即以相应动物的特异蛋白作抗原接种家兔，以获得特异抗体，再用这种已知的抗血清检测未知的肉样。后者是一种双相扩散法，不仅能检测单一肉种，还能同时与有关抗原作比较，分析混合肉样中的抗原成分。琼脂扩散反应在形成沉淀线之后不再扩散，并可保存作为永久性记录，有法律证据价值。

任务三 病死动物肉的鉴定与卫生处理

市场上对病死动物肉的检验鉴定，常从询问和现场观察开始，结合肉品感官检查就能查出疑点，一般病死动物肉上市时多数抽走头蹄和内脏，为了检验确实，除现场感官检查外，必须结合实验室的快速检验（涂片镜检和理化检验）。

一、病死动物肉的鉴定

（一）感官检查

1. 询问和现场观察

临时上市销售病死动物肉易于识别，例如经营者没有"四证"，销售点和台案工具也是临时的,把询问和胴体感官检查的结果综合分析就能正确判断。不法商贩虽属少数,但也确实存在,用病死动物肉低价销售诱骗群众,各地的市场上均有发生。因此检验时,除询问屠宰动物的来源、屠杀时间及贮运情况外,再结合胴体感官检查和理化检验,一般都能正确判别。

2. 宰杀口状况

宰杀口状况是判别病死动物肉的客观标准。健康猪肉宰杀口外翻,切面粗糙,周围浸染血液。病死动物肉由于死前血液循环变慢或已有部分凝固,放血时宰杀口就比较平整而不外翻,附近也无血液污染。急宰的胴体除宰杀口状态外,还要依据其他感官检查的项目判定。

3. 放血程度

有病急宰、中暑、横死、电死等畜禽动物的胴体都有放血不良的现象,在自然光线下观察肌肉组织呈暗红色或黑红色,肌肉切面可见多处暗红色血液浸润区,有的有暗红色小血珠,脂肪不洁白,呈淡红色;剥皮的胴体表面有血珠,个别微细血管内充满黑红色血液,胸膜、腹膜上小血管充盈,切一小口放入滤纸条,浸湿部超出插入部分 2~5mm。

4. 血液坠积情况

动物濒死期或刚刚死亡,由于地心引力的作用,血液流向胴体最低体位引起坠积性充血,结果动物尸体的躺卧侧皮下及肌肉组织由于血液坠积而颜色变暗,尤其是对称性器官(如肾脏)尤为明显。肺脏、肾脏色泽暗红淤血,胸膜、腹膜血管充盈暴露,呈红褐色,这是濒死期急宰胴体或冷宰胴体的标志。

5. 疫病特征性病理变化

因传染病而死亡的胴体,可在体表或皮下观察到特有的病理变化。如猪瘟在颈部和腹下皮肤上有小而密布的出血点,淋巴结和内脏有固有的病变。

6. 胴体淋巴结病变

病死动物的淋巴结呈现水肿、充血、出血等病变。不同性质的疾病在淋巴结上还会出现特有的变化,如中暑濒死的猪,屠宰后也可以表现出轻度放血不良的现象,但淋巴结切面仍呈灰白色。这种肉也可食用,在市场检验时应慎重判别。

7. 横死肉痕迹检验

横死亦即物理性致死,如电击、摔死、勒死等。凡横死动物在胴体上均可观察到致死痕迹,如电击有灼伤,摔死有骨折性出血损伤,勒死有勒痕,撞死有挫伤等。

8. 病死家禽胴体鉴别

病死家禽的鸡冠、肉髯呈紫黑色,眼球下陷,眼睛全闭且污秽不洁,皮下充血,体表铁青,表面无光不湿润,毛孔突出,拔毛不净,翅下小血管淤血,肌肉不丰满,外观干瘪,胴体一侧有坠积性充血,肛门松弛,周围污秽不洁,嗉囊空虚,内有恶臭液体。

（二）实验室检验

病死畜禽肉的检验主要用细菌学检验、放血程度检验、细菌毒素检验、过氧化物酶反应试验等方法。

二、病死动物肉的卫生处理

集市检验病、死动物肉要迅速准确，发现疑点时辅以实验室检验。凡病、死动物肉，不论是何种原因，一律不准上市销售，若检出是恶性传染病（如炭疽、狂犬病）时，应在检疫人员的监督下就地销毁。销毁方法可依据具体条件进行深埋或焚烧等。对胴体污染的一切场地、车辆、工具、衣物、进行消毒，并报告上级主管部门，严密监视其疫情动态，凡与恶性传染病畜接触过的人员，必须接受卫生防护。

对一般性疾病急宰的畜（禽）体，可依据 GB 16548—2006 规程处理，对物理性致伤的肥猪，可在卫生检验人员的监督下，按不同情况进行无害化处理后利用。固定摊点销售病、死动物肉时，除按规定处理胴体外，有关部门依据具体情况处以罚款，没收非法所得，吊销营业执照，直至追究刑事责任。

任务四　中毒动物肉的鉴定与卫生处理

一、常见的中毒

（一）氰化物中毒

氰化物中毒多见于牛、羊等草食动物。常因采食了富含氰苷的植物，如高粱和玉米的幼苗、生长中的三叶草、刀豆、木薯及亚麻籽饼等而引发中毒，其中毒原因是在胃内由于胃酸和氰苷酶的作用，氰苷类即分解生成剧毒的氢氰酸，使细胞的呼吸酶受到抑制，引起组织的急性缺氧，尤其是脑细胞对缺氧特别敏感，致使机体发生急剧性中毒。

（二）亚硝酸盐中毒

亚硝酸盐中毒又称为饱潲症，一些富含硝酸盐的青饲料，如小白菜、南瓜叶、萝卜叶、甘蓝、芥菜等叶菜类饲料，由于堆积时间过长，或煮沸后焖盖时间长，使硝酸盐在硝酸盐还原菌的作用下还原成亚硝酸盐。亚硝酸盐能氧化血红蛋白，使之变成高铁血红蛋白，高铁血红蛋白失去与氧结合的能力，结果引起全身组织缺氧而发生中毒。家畜饱食后不久发病，迅速死亡，猪最为敏感。

（三）有机农药中毒

动物常因误食喷施过农药后的牧草、农作物、饲料或误饮施用农药后污染的水源以及用含有机磷的农药（如敌百虫）灭虱或驱除体表寄生虫而引起中毒。

中毒途径主要是有机磷通过消化道、呼吸道、皮肤和黏膜进入动物体内，有机磷在动物体内能抑制胆碱酯酶的活性，使神经末梢释放的乙酰胆碱不能水解，体内乙酰胆碱蓄积而中毒。

（四）生物碱中毒

生物碱是一类含氮的有机化合物，存在于各种植物内，又称"植物毒"。它们具有特殊的生理功能，呈碱性，能与有机酸或无机酸结合生成盐类，使毒性减弱或消失。常见的生物碱有马前子碱、麻黄碱、食若莨菪碱、毒芹碱、乌头碱等，多为药用植物，广泛分布于草原牧草中，其有效成分有毒性，可引起牛、羊发生中毒生物碱主要侵害动物的神经系统，同时也涉及呼吸、消化及泌尿器官。动物常因误食了有毒的植物或治疗疾病时用量过大、炮制方法不当而发生中毒。

（五）霉饲料中毒

动物吃了霉变饲料中霉菌的有毒代谢产物而引起的中毒，特别是由曲霉属中的黄曲霉和寄生曲霉产生的黄曲霉毒素。能耐热、在200℃高温、强酸和紫外线条件下不能使其完全破坏，霉菌毒素能作用于动物的肝脏引起肝细胞变性、坏死，作用于血管引起血管变脆，通透性增强，并能引起红细胞减少和血凝时间延长，从而表现出中毒症状。慢性黄曲霉毒素中毒还可引起动物的肝癌等。

（六）有害金属及其盐类中毒

动物通过各种途径摄入或接触有害金属及其盐类，如汞、砷、铅、镉等而引起动物中毒，甚至死亡。重金属及其盐类可通过消化道、呼吸道、皮肤、黏膜进入动物体内，抑制机体酶的活性、腐蚀组织器官等，而发生急性或慢性中毒。

二、中毒动物肉的鉴定

动物中毒致死的原因有农药中毒、化学药品中毒、工业毒物污染中毒、毒蛇毒虫咬伤中毒等多种。动物中毒后其临床表现和死后病理变化多种多样，在农贸集市销售此类肉多不带头蹄、内脏，胴体上的病理变化常不完整，检验中正确判别是何种药物中毒在技术上存在一定困难，所以对可疑中毒动物肉的诊断，必须全面收集病因，病、死动物宰前症状，在掌握宰后病理变化的基础上进行必要的毒物检验，综合判定。许多情况下还需要动物检疫检验人员有较丰富的业务知识和临床经验，如对动物中毒的机会、常见的中毒症状及死后特有的病理变化有较详细的了解，再结合分析，一般就可得出正确结论。中毒动物肉主要从4个方面进行的检验。

（一）调查

1. 中毒情况

调查询问时态度要热情、诚恳、注意引导和启发，要特别讲明中毒动物肉的危害和有关法律。详细了解动物生前饲养管理，使役和表现，饲草饲料的种类，调制及喂饮等情况,以及与周围环境接触的情况等。进一步了解发病及死亡情况,即发病时间、病程、发病后的表现、治疗经过以及死亡头数等。

2. 发病特点

(1) **群发性** 多数动物同时或相继发病一般在饲喂后数小时至数日乃至数周内突然成群发病或相继发病。

(2) **共同性** 发病的动物具有共同的临床表现和相似的剖检变化,其中以消化系统和神经系统的症状最为明显,食欲旺盛的动物症状重剧。

(3) **同因性** 发病的动物有相同的发病原因,如喂相同饲草、饲料,条件改变后,发病随之停止。

(4) **无热性** 发病动物体温多不升高,有的动物体温下降,但并发炎症或肌肉痉挛时可能发热。

(5) **无传染性** 发病动物与健康动物间不发生传染。

(二) 中毒症状

引起动物中毒的毒物很多,发病原因和临床表现也各不相同,常见毒物中毒的主要症状见表2-9。

表2-9 常见毒物中毒主要症状

毒物名称	中毒症状	患病器官
氰化物	发病急、死亡快,生前呼吸困难,眼结膜发绀,极度兴奋。狂叫,心功能衰竭、衰弱、昏迷	神经系统、血液、呼吸系统
有机磷、有机氯化物、亚硝酸盐、汞砷制剂、食盐等	流涎、呕吐、口腔黏膜发炎、充血、糜烂、狂躁不安、全身抽搐、瞳孔缩小、腹痛、腹泻、粪臭有血样黏液	消化系统、神经系统和眼
毒芹、麦角、颠茄、麻黄、马前子、乌头等生物碱	兴奋不安,呈强直性或阵发性肌肉痉挛、阵颤、后躯不全麻痹、角弓反张	神经系统、肌肉系统
芥子油、秋水仙素、升汞等	血尿、血红蛋白尿、多尿、无尿(升汞)	泌尿系统
荞麦、三叶草、马铃薯	红斑性皮疹、黄染、脓包	皮肤
毒蛇、其他毒虫	咬伤处肿胀、出血、剧痛、兴奋不安	皮肤、皮下组织

(三) 病理变化

1. 与毒物接触组织、器官的变化

一般与毒物接触的口腔、食道、胃肠黏膜会引起不同程度的充血、出血、变性、坏死、黏膜脱落、溃疡等变化。

2. 毒物吸收后实质器官的变化

毒物吸收后，引起心、肝、肾、脑等组织器官的充血、汽血、水肿、变性、坏死等变化。

3. 中毒动物放血不良

胴体肌肉呈暗红色，主要淋巴结肿大、出血、切面呈紫（暗）红色。其宰杀口状态、血液坠积等现象，基本与病、死动物肉相同。

4. 中毒动物的特征性病理变化

某些毒物对某些组织器官有特殊的选择性，会引起这些组织器官特征性病理变化（表2-10）。

表2-10 中毒动物肉的特征性病理变化

毒物名称	主要病理变化
氰化物	血液、肌肉呈鲜红色
亚硝酸盐	血液呈黑褐色，如酱油状凝固不良
有机磷	肝肿大、脂变，肾肿大、质脆，心、肌肉、胃肠黏膜出血，肺水肿
有机氯	肝、肾、脾肿大，体表淋巴结肿大，肺气肿充血，肠呈蓝紫色
食盐	胃肠产生出血性炎症，脑、延髓水肿、充血
灭鼠药	肝、肺肿大、充血、出血，胃肠壁出血
霉玉米	肝脏器官广泛充血，脑膜、脑实质出血、软化
砷	肝、肾、脾呈不同程度变性、坏死，胃肠壁严重穿孔
汞	肾肿大、苍白，肺充血、出血，肝贫血，胃肠道黏膜脱落
毒蛇咬伤	咬伤处局部肿胀，伤口附近肌肉呈煮肉样

（四）毒物检验

1. 样品的采取、包装、保存及送检

（1）样品采取　无菌采取胃肠内容物、粪便、血液、尿液及心、肝、肾、淋巴结等，必要时采取可疑的剩余饲料。

（2）样品包装　将多点取的样品装入清洁、无菌、无线留药物的容器内，并分别进行无菌包装密封后详细标注采集样品名称、采集人、采集地点和时间等备查资料。

（3）样品运送和保存　样品采取后，冷藏并尽快送检。注意一般不用加防腐剂，只能加酒精并注明，同时将调查情况和病理剖检变化的记录一并送检，以供参考。

2. 常见毒物检验方法

主要有纸上呈色反应、薄层层析法、色谱法等。实践中市场上多采用快速、简便的定性检验法——纸上呈色反应法。

三、中毒动物肉的卫生处理

（一）销毁

（1）确认中毒致死（包括毒死的鸟及野兽）或死因不明的中毒动物肉，禁止上市销售，其胴体、内脏应全部销毁。

（2）如发现中毒濒死急宰的胴体及被食物中毒性微生物污染的胴体，禁止上市销售，其胴体、内脏全部销毁。

（二）有条件利用

（1）某些饲料中毒如食盐中毒、酒精中毒、尿素中毒、棉籽饼中毒、霉玉米中毒、甘薯黑斑病中毒等，其胴体经高温处理后利用，内脏、头蹄化制或销毁。

（2）被毒蛇毒虫咬伤而急宰的胴体，将咬伤局部和病变组织修割后，胴体高温处理后利用。内脏、头蹄全部销毁。

📧 项目小结

消费者在选购生肉时，首先要认清检疫合格标识，"放心肉"盖有圆形印章，章内标有某某定点屠宰厂、序号和年、月、日，它是经过兽医部门宰前检疫和宰后检疫及屠宰厂肉品品质检验合格后，才盖上的圆形章。其次从肉的感官特性、技术指标、营养价值、卫生（毒性或食品安全方面）状况等方面进行仔细的辨别，影响生肉品质因素很多，其中有些因素是生产者无法控制，肉的食用品质包括肉色、风味、系水力等方面，目前评价肉质的指标主要有肉色、肌间脂肪（大理石纹）、嫩度、系水力、总脂含量、胆固醇含量、烹调损失、烹调后水分含量、咀嚼性能、口感风味等。"放心肉"从外观看脂肪洁白，肉有光泽，皮色微红均匀，外表微干或微湿润，弹性好，指压皮肉产生的凹陷能立即恢复，气味好等特点。因此要想在市场上购买到"放心肉"，一是看肉皮上是否有圆形"检验合格"印章或其他健康标识，二是从外观看是否符合上述特征。如肉上盖有其他印章，一般是有害化处理章，不能食用。

✏️ 复习思考题

1. 常见的中毒病有哪些？如何正确利用中毒动物肉？
2. 如何鉴定病死动物肉？如何处理？
3. 如何鉴定注水肉？

模块三　畜禽产品的加工卫生与检验

项目一　宰后肉的变化及卫生检验

知识目标
1. 理解肉的概念，肉在保藏时的变化；
2. 熟悉新鲜肉的感官检验和理化检验指标；
3. 掌握肉新鲜度的检验方法。

技能目标
1. 能够正确鉴定新鲜猪肉、牛肉和羊肉；
2. 会进行肉挥发性盐基氮的测定、细菌总数、大肠菌群 MPN 测定。

　　畜禽在屠宰后，一般并不立即供人们食用，而是宰后经过一定的加工、贮藏后，才供人们食用。实际上，刚屠宰后的畜禽肉就烹调食用是不太适宜的，因为这时的肉吃起来粗糙，缺乏风味，需要在一定温度下放置一定的时间，使肉发生一系列的生物化学变化，即糖原酵解、pH 变化、组织蛋白酶的作用等，肉则随之发生肌肉僵直、解僵、成熟等变化，因而肉的适口性和风味都得到了改善，这时食用是比较科学的。成熟后的肉如保藏不当，则会发生自溶，肉的质量有所降低，如不及时处理和食用，还会在微生物的作用下发生腐败，以致不能食用。

任务一 肉在保藏时的变化

一、肉的僵直

屠宰后的畜禽肉，随着肌糖原酵解和各种生化反应的进行，肌纤维发生强直性收缩，使肌肉失去弹性，变得僵硬，这种状态称为肉的僵直。

（一）僵直机理

动物死亡后，呼吸停止，肌糖原不能完全氧化生成 CO_2 和 H_2O，而是无氧酵解后生成乳酸。在正常有氧条件下，每个葡萄糖单位可氧化生成 39 个 ATP，而在无氧条件下只能生成 3 个 ATP，因而供给肌肉的 ATP 急剧减少。

由于肌肉中 ATP 的减少，肌纤维的肌质网体崩裂，其内部保存的 Ca^{2+} 释放出来，使肌浆中 Ca^{2+} 的浓度增高，促使粗丝中的肌球蛋白 ATP 酶的活化，更加快了 ATP 的减少，因而促使 Mg‒ATP 复合体的解离。这与活的肌肉受神经支配时的过程相同，肌球蛋白纤维粗丝和肌动蛋白纤维细丝结合成肌动‒球蛋白，但在这种情况下，由于 ATP 的不断减少，反应变为不可逆性，则引起肌纤维永久性的收缩，因而肌肉表现为僵直。

（二）僵直肉的特点

1. pH 降低

畜禽被屠宰后，供应肌肉的氧气也就中断了，因而促进肌糖原无氧酵解的进行，结果形成乳酸，使肌肉的 pH 下降，趋于酸性。当 pH 下降到一定界限时（pH5.6~6.0），糖原酵解酶的活性逐渐失去，而无机磷酸化酶的活性则大大增强，开始促使 ATP 迅速分解，形成磷酸，则使肉的 pH 继续下降至 5.4 左右。肉的 pH 下降对微生物，特别是对细菌的繁殖有抑制作用，使肉的耐藏性提高。从这个意义上来说，宰后肌肉 pH 的下降，对肉的品质保持有十分重要的意义。

2. 保水性降低

肌肉在僵直阶段，肌糖原分解产生的乳酸和 ATP 分解时释放的磷酸，共同形成肉的酸性介质。这种酸性介质不仅能使最初中性或微碱性的肉出现酸性反应，还显著地影响着肌肉蛋白质的生化性质和胶体结构。肌肉蛋白质之所以成为亲水胶体，是因为其分子表面的多种极性基团（如巯基、氨基、羟基、羧基等）对水具有亲和性。各种蛋白质的亲水能力大小不同，而蛋白质的等电点（一般均偏酸性）对其亲水性有显著的影响，在不同的 pH 时，蛋白质对水的亲和力不同。肌肉 pH 为 7 时，其含水量为肌肉本身等容积；pH 为 6 时，含水量为肌肉容积的 50%；pH 为 5 时，含水量为肌肉容积的 25%。

3. 适口性差

处于僵直期的肉，肌纤维强韧，保水性低，肉质坚硬、干燥、缺乏弹性，嫩度降低。这种肉在加热炖煮时于不易转化成明胶，使肉保持较高的硬度，不易咀嚼和消化；肉汤也较浑浊，缺乏风味，食用价值及滋味都差。若此时烹调食用，吃起来觉得粗糙硬固，食用价值和风味都较差。因此，处于僵直期的肉不宜烹调食用。

（三）影响肉僵直的因素

肌肉僵直出现的早晚和持续时间的长短与动物种类、年龄、环境温度、生前状态和屠宰方法有关。不同种类动物从死后到开始僵直的速度，一般来说，鱼类最快，依次为禽类、马、猪、牛。一般动物于死后 1~6h 开始僵直，到 10~20h 达最高峰，至 24~48h 僵直过程结束，肉开始缓解变软进入成熟阶段。

肌肉僵直所需时间，受多种条件和因素的影响，如糖原含量、ATP 含量、环境温度、pH 等。肌肉僵直的速度与 ATP 含量密切相关，ATP 减少的速度越快，僵直的速度亦越快。而糖原含量直接影响 ATP 生成量，对于生前处于患病、饥饿、过度疲劳的动物，宰后肌肉中糖原含量明显减少，则 ATP 生成量更少，可大大缩短僵直期。环境温度越高，酶活性越强，肉僵直期出现越早，且维持时间短；反之，僵直越慢，持续时间也越长。

（四）肌肉僵直的解除（解僵）

肌肉僵直达到顶点之后，保持一定的时间，其后肌肉又逐渐变软，解除僵直状态。僵直维持的时间与动物种类、肌肉的部位和环境温度有密切的关系。从僵直开始到解僵之间的时间越长，保持肉新鲜的时间亦越长。在这期间环境温度越低，保持僵直的时间就越长。在 2~4℃下贮藏的鸡肉，维持僵直的时间为 2d。

未经解僵的肉，口感和风味都较差，加工肉馅黏着性也差。经充分解僵后的肌肉，质地变软，保水性提高，适于做各种肉制品的原料。所以，从某种意义来说，僵直的肉类，只有经过解僵之后，才宜作为食用的肉类。

关于解僵的机理，虽已进行了大量的研究，但至今尚不完全清楚，现将有价值的材料归纳总结如下。

1. 肌原纤维小片化

通过实验观察，处于僵直期的肌原纤维，是由数十个至数百个肌节沿长轴方向构成的纤维，随着保藏时间的延长，达到解僵、成熟后，肌原纤维变短，形成 1~4 个肌原纤维节的小片，而且在相邻肌节的 Z 线部分变得脆弱，使 Z 线受外界机械力冲击或在持续的张力作用下发生断裂。多数研究者认为这种小片化与肌肉的解僵软化有着直接关系。

2. 肌动蛋白与肌球蛋白纤维之间的结合变弱

随着肉保藏时间的延长，原来处于强直性收缩的肌动蛋白和肌球蛋白之间的结合力减弱了，这个过程与肌原纤维节的小片化是一致的，小片化是从肌原纤维的 Z 线处崩裂，也就是肌球蛋白粗丝与肌动蛋白细丝的解离作用。

3. 肌肉中结构弹性网肮的变化

结构弹性网肮是 1976 年由千叶大学的丸山教授发现的一种弹性蛋白质，它贯穿于肌原纤维的整个长度，连续的构成网状结构。这种结构弹性蛋白在不同种类的肌肉中含量不同，它随着肉保藏时间的延长和弹性的消失而减少，当肉的弹性达到最低时，结构弹性蛋白含量也达到最低值。

肉类在解僵软化时结构弹性蛋白质的消失，导致肌肉弹性的消失，是结构弹性蛋白质结构形态的变化。用电子显微镜观察，刚死后的动物，肌原纤维 Z 线与 Z 线之间连接结构弹性蛋白的网状结构仍然存在，但经过一定时间贮藏后的肌肉中没有发现结构弹性蛋白。

二、肉的成熟

屠宰后的动物肉在一定的温度下贮存一定的时间，继僵直之后肌肉组织变得柔软而有弹性，切面富有水分，易于煮烂，肉汤澄清透明，肉质鲜嫩可口，具有愉快的香气和滋味，这种食用性质得到改善的肉称为成熟肉，其变化过程称为肉的成熟。肉在食用之前，原则上都要经过成熟过程来改善其品质，特别是牛肉和羊肉，成熟对提高风味是完全必要的，但必须严格控制成熟程序，才能获得满意的结果。肉在成熟期发生的变化，实际上在解僵期已经开始了，所以从过程来讲，解僵期与成熟期不一定能够严格区分开来。

（一）肉成熟机理

肉成熟的全过程目前还不十分清楚，但经过成熟之后的肉，游离氨基酸、10个以下氨基酸的缩合物都增加，游离的低分子多肽形成，使肉的风味提高，这是已经得到了普遍公认的。这些非蛋白含氮物的增加，是在无菌条件下，完全消除了微生物的影响而产生的，说明是肌肉中水解蛋白酶的作用引起的。

肉中水解蛋白酶种类很多，它们必须在中性或酸性条件下才能表现出活性。肉在成熟过程中，蛋白质的水解作用主要与 3 种酶有关，即中性多肽酶（CAF）、组织蛋白酶 D 和组织蛋白酶 L。这 3 种酶的活性各有不同的适宜 pH，所以肉成熟过程中 pH 的变化是决定酶的活性和作用程度的主要因素。当肉的 pH 为 7 左右时，主要是 CAF 发挥作用；当肉的 pH 在 5.5～6 时，主要是组织蛋白酶 L 发挥发作；当肉的 pH 降低至 5.5 以下时，主要由组织蛋白酶 D 发挥作用。在正常屠宰后的肌肉，从死后直到 pH 在 5.5 左右这个期间，蛋白质分解是这些酶依次作用的结果。

（二）成熟肉的物理化学变化

1. pH 的变化

肉在成熟过程中，pH 发生显著的变化。如前所述，屠宰后的动物肉，由于肌糖原酵解为乳酸，加之 ATP 分解产生磷酸，使肉的 pH 值下降至 5.4~5.6。此后随着保藏时间的延长，肉的 pH 开始慢慢地上升，但仍保持在 5.6 左右。

2. 保水性的变化

僵直期肉的保水力达到最小值，然后随着僵直的解除，其保水力逐渐回升，至成熟期达到最大值。成熟肉保水力的增高，一方面可能是由于蛋白质分子分解成较小的单位，从而引起肌纤维渗透压的增高；另一方面可能是蛋白质电荷变化的结果，在成熟过程中不同电荷的阳离子（Na^+、K^+、Ca^{2+}、Mg^{2+} 等）出入肌肉蛋白质，造成肌肉蛋白质净电荷的增加，使结构疏松并有助于蛋白质水合离子的形成，因而肉的保水力增加。

3. 嫩度的变化

酸性介质可增大肌细胞和肌肉间结缔组织的渗透性，使肌间粗硬的结缔组织吸水膨胀软化，促使溶酶体酶对胶原蛋白的末端肽链非螺旋部的横向交链水解和 β-葡萄糖苷酸酶对基质的黏多糖分解，使肌肉中结缔组织结构松散，加之肌原纤维的肌节中 Z 线结合松散而发生肌原纤维断裂，结果使肌肉变得柔软鲜嫩，易煮熟，适口性也有所改善。

4. 风味物质含量的变化

肉在成熟过程中，适宜的 pH 使肌纤维的溶酶体中的组织蛋白酶开始发挥作用，使蛋白质发生部分分解，产生游离氨基酸，如谷氨酸、精氨酸、亮氨酸、缬氨酸、甘氨酸的含量明显增多，这些氨基酸都能增强肉的滋味与香气。同时，ATP 分解为次黄嘌呤核苷，再进一步脱去核糖而成为次黄嘌呤，而次黄嘌呤是构成成熟肉的滋味和香气的主要成分。

（三）成熟肉的特征

（1）胴体或大块肉表面形成一层干燥薄膜，既可防止其下层肉的水分蒸发，减少干耗，又可阻止微生物的侵入。

（2）肉的横断面湿润，有肉汁渗出。

（3）肌肉具有一定的弹性，并不完全弛软。

（4）肉汤澄清透明，脂肪团聚于表面，具特有香味。

（5）呈酸性反应。

成熟肉不但提高了肉的食用价值，并且由于乳酸和磷酸造成的酸性环境，可抑制或杀灭某些微生物，延长了肉的保藏期，故具有重要的卫生学意义。

（四）影响肉成熟的因素

1. 肌糖原含量

肌糖原含量与肉成熟过程有着密切的关系。畜禽在宰前休息得好，健康，宰杀时电麻深度适当，则宰后肌糖原含量多，有利于肉的成熟。相反，畜禽在宰前经长途运输而疲劳，未经适当的休息管理，或畜禽患有疾病，或电麻过浅，在宰杀时剧烈挣扎，都会使肌糖原消耗过多，使肉的成熟过程延缓或不出现成熟变化，从而影响肉的品质。

2. 环境因素

在环境因素中，温度对肉成熟的速度影响最大。在25℃以下，温度越高，肉的成熟速度越快。但在较高温度下促进肉的成熟是危险的，因为这样的温度（20~25℃）同样也适宜于微生物的大量繁殖，不利于肉的保藏。因此，一般采用低温成熟的方法，温度0~2℃，相对湿度86%~92%，空气流速为0.1~0.5m/s，从开始到10d左右约90%成熟，10d后的商品价值高。在3℃的条件下，约1周可成熟，这个温度与晾肉条件基本相同，故生产实践中将晾肉过程与成熟过程兼顾进行。

在某些情况下，为了加快肉的成熟，可将畜禽肉放在10~15℃下，2~3d即能成熟。在这样的温度下，为了防止肉表面有微生物生长繁殖，可用紫外线灯照射肉的表面，杀灭肉表面的微生物。成熟好的肉应立即冷却到接近0℃冷藏，保持其商品质量。

三、肉的自溶

（一）肉自溶的概念

肉在不合理的条件下保藏，如未经冷却即行冷藏，内部热量未散出，或者宰后将家畜胴体或白条鸡、鸭堆放，肉中热量散不出来，这些情况都会使肉较长时间保持高的温度，致使肉中的组织蛋白酶活性增强而发生蛋白质的强烈分解，除产生多种氨基酸外，还放出硫化氢和硫醇等不良气味的挥发性物质，但一般没有氨或氨的含量极微，肉的品质下降，外观也发生明显的改变，这种过程称为肉的自溶。

（二）自溶肉的物理化学变化

自溶是承接或伴随成熟过程发展的，两者之间很难划出界限。自溶过程只将蛋白质分解成可溶性氮及氨基酸为止，即分解至某种程度，达到平衡状态就不再分解了，因而自溶与腐败有本质的不同。但是，自溶过程的产物——氨基酸是腐败微生物的良好营养物质，在环境适宜时，微生物就可大量繁殖而使蛋白质分解到最低的产物。因此，在肉的成熟过程中，微生物的污染和繁殖是非常有害的，必须保持肉的清洁和存放在较低的温度下。

肉在自溶过程中，主要发生蛋白质的分解。除产生多种氨基酸外，还放出硫化氢与硫醇等有不良气味的挥发性物质，但一般没有氨或含量极微。当放出的硫化氢与血红蛋白结合，形成含硫血红蛋白（H_2S-Hb）时，能使肌肉和肥膘出现不同程度的暗绿色斑，故肉的自溶亦称变黑。

（三）自溶肉的特征

自溶肉的特征是肌肉松弛，缺乏弹性，暗淡无光泽，呈褐红色、灰红色或灰绿色，具强酸气味，硫化氢反应阳性，氨反应为阴性。

（四）自溶肉的处理

（1）当自溶肉轻度变色、变味，则可将肉切成小块，置于通风处，驱散其不良气味，割掉变色的部分，经高温处理后可供食用。

（2）当肉因自溶作用已发展到具有明显的异味，并变色严重时，则不宜食用。

四、肉的腐败

（一）肉腐败的概念

肉在成熟和自溶阶段的分解产物，为腐败微生物的生长繁殖提供了良好的营养物质，随着时间的推移，微生物大量生长繁殖，蛋白质不仅被分解成氨基酸，而且在微生物各种酶的作用下，将氨基酸脱氨、脱羧和进一步分解成更低的产物，生成吲哚、甲基吲哚、腐胺、尸胺、酪胺、组胺、色胺及各种含氮的酸和脂肪酸类，最后生成硫化氢、甲烷、硫醇、氨及二氧化碳等最低产物，使肉完全失去了食用价值。这个过程就称为肉的腐败，发生腐败了的肉称为腐败肉。

在实际工作中所说的肉类腐败变质，还包括脂类和糖类也同时受到微生物酶的分解作用，生成各种类型的低级产物。

（二）肉腐败的原因

肉类腐败的原因，虽然不是单一的，但主要还是微生物。只有被微生物污染，并且有微生物发育繁殖的条件，腐败过程才能发展。一般来说，微生物污染有两种情况：一种情况是，屠宰的健康畜禽胴体，本应是无菌的，尤其是深部组织，但从解体到销售，要经过许多环节，因此即使设备非常完善、卫生制度相当严格的肉联厂或屠宰场，也不可能保证胴体表面绝对无菌。加工、运输、保藏以至供销的卫生条件越差，细菌污染就越严重，耐藏性就越差。何况肉本身又含大量的蛋白质、水分和酶类，以及一些不稳定的物质，故自身极易变质。蛋白质成分是细菌极好的营养物，如果温度和湿度适宜，细菌很容易生长、繁殖。因此，为了防止污染，加强卫生管理是十分重要的。及时冷却和冷冻胴体，对抑制细菌生长有重要意义。否则，细菌很快生长，并沿着结缔组织、血管周围或骨膜与肌肉间隙等疏松部分向深部扩散，腐败现象就必然更加严重。当然，由于条件的不同，分解仅限于表面，而深层几乎不被波及的情形也是有的。这与宰前健康状况，充分休息与否，以及宰后冷却、成熟过程等都有一定关系。另一种情况是，畜禽在宰前就已患病，病原微生物可能在生前即已蔓延至肌肉和内脏，或者畜禽的抵抗力十分低下，肠道寄生菌趁机侵入，或者由于疲劳过度使肉的成熟过程进行得很慢，肉中 pH 没有能达到足以抑制细菌生长的程度，所以腐败过程进行得很快。

引起肉腐败的细菌主要是假单胞菌属（*Pseudomonas*）、微球菌属（*Micrococcus*）、梭菌属（*Clostridium*）、变形菌属（*Proteus*）等，但也可能伴随沙门菌和条件致病菌的大量繁殖。随着腐败过程的发展，入侵的细菌种类会发生更替。温度较高时杆菌容易生长繁殖，温度较低时球菌容易生长繁殖。细菌侵入肉深部的速度与细菌的种类有关。肉腐败时，细菌数目大量增加，每克腐败肉中所含不同种类的细菌约有1亿多个。细菌引起肉类腐败变质，随环境条件、物理和化学因素不同而异。一般在有氧状态下，细菌活动主要使肉出现黏质或变色，在厌氧状态下，则呈现酸臭腐败现象。

（三）肉腐败过程中的物理化学变化

肉的腐败主要是在腐败微生物的作用下，引起蛋白质和其他含氮物质的分解，并形成有毒和不良气味等多种分解产物的化学变化过程。在蛋白质分解的同时，往往伴有脂肪和糖类的分解，但脂肪等的变化相对于蛋白质的变化来说其影响要小得多。肉的腐败是紧随着自溶而发生的变化，与自溶过程没有明显的界限。

肉的腐败主要是以蛋白质分解为特征的。肉在成熟和自溶阶段的分解产物，为腐败微生物生长、繁殖提供了良好的营养物质，随着时间推移，微生物大量繁殖的结果，必然导致肉更复杂的分解。蛋白质在腐败微生物的蛋白分解酶和肽链内切酶等的作用下，首先分解为多肽，进而形成氨基酸，然后在相应酶的作用下，氨基酸经过脱氨基、脱羧基、氧化还原等作用，进一步分解为各种有机胺类、有机酸以及CO_2、NH_3、H_2S等无机物质，肉即表现出腐败特征。蛋白质在微生物作用下分解成蛋白胨和多肽类，两者与水形成黏稠状物而附在肉的表面，加热时进入肉汤，使肉汤变得混浊，可作为鉴别肉新鲜度的指标之一。在不同条件下，不同种类氨基酸的分解产物不同。肉品腐败分解产物的形成途径和种类如下：

（1）在水解脱氨基时，产生醇酸和氨。

（2）在氧化脱氨基时，形成酮酸和氨，又在脱羧酶作用下形成醛类和CO_2。

（3）在厌氧菌产生的酶作用下，发生还原脱氨基反应，产生挥发性脂肪酸和氨。

（4）在微生物脱羧酶的作用下，氨基酸发生脱羧反应而形成各种有机胺类，如甘氨酸→甲胺、鸟氨酸→腐胺、赖氨酸→尸胺、酪氨酸→酪胺、组氨酸→组胺等。

（5）由色氨酸、酪氨酸和半胱氨酸（或其他含硫氨基酸）脱氨基或脱羧基时，可分别生成酚类、吲哚、硫醇和硫化氢等。

（6）随着蛋白质的分解，原来与蛋白质结合的卵磷脂也分离出来，并在脂酶作用下分解出胆碱，进一步分解产生三甲胺、二甲胺、甲胺、毒蕈碱和神经碱等。

(7) 在厌氧分解过程中，由核蛋白、磷蛋白、磷脂等分解产生的磷化物可最终形成磷化氢，磷化氢是在胴体深部形成的具有强烈腐败气味的有毒气体。

如上所述，各反应的最终产物均是蛋白质在腐败过程中的特异产物，而且是在腐败过程中的不同时期出现的，其中 NH_3、H_2S、CO_2、醇酸、胺类等在腐败初期即产生，而吲哚、有机酸则是在较晚期形成。

肉类腐败变质，并不仅限于蛋白质的分解而产生恶臭味为主的变化，构成肉类食品的其他化学成分，如脂类以至糖类也同时受微生物酶的分解作用，生成各种类型的低级产物。脂类可在脂酶的影响下，脂肪水解生成甘油、甘油二酯或甘油一酯以及相应脂肪酸，氧化后形成过氧化物，再分解为低分子酸与醇、酯等，或者由过氧化物分解为羟酸。磷脂类酶解后，形成脂肪酸、甘油、磷酸和胆碱。后者又进一步转化为三甲胺、二甲胺、甲胺、蕈毒碱和神经碱。糖类在相应酶的影响下，被水解后形成醛、酮、羧酸直至二氧化碳和水。

此外，鲜肉在腐败初始阶段，由于肌红蛋白被氧化为变性肌红蛋白，肉色就发黑，如果贮存环境比较干燥适宜，变色的表面能形成羊皮纸状。

腐败过程是变质中最严重的形式，因为腐败分解的生成物，如腐胺、硫化氢、吲哚和甲基吲哚都有强烈的令人厌恶的臭气，胺类还具有很大的生理活性。如酪胺是一种强烈的血管收缩剂，能使血压升高；组胺能引起血管扩张；尸胺、腐胺等胺类化合物，即所谓的尸毒，在注射到组织中时有毒性，而在口服时产生中毒作用的证明很少，有人认为所谓尸毒中毒的实际原因，是细菌的毒素作用。

（四）腐败肉的特征

(1) 胴体表面非常干燥或者腻滑发黏。
(2) 表面呈灰绿色、污灰色、甚至黑色，新切面发黏发湿，呈暗红色、微绿色或灰色。
(3) 肉质弛软或软糜，指压后的凹陷完全不能恢复。
(4) 肉的外表和深层都有显著的腐败气味。
(5) 呈碱性反应。
(6) 氨反应呈阳性。

（五）腐败肉的处理

肉在任何腐败阶段，对人都是有危险的。无论是参与腐败的某些细菌及其毒素，还是腐败形成的有毒分解产物，都能危害消费者的健康。因此，腐败肉一律禁止食用，只能化制或销毁。

任务二　肉新鲜度的检验

肉新鲜度的检验，一般是从感官性状、腐败分解产物的特性和数量、细菌的污染程度三方面来进行的，采用单一的方法很难获得正确的结果。因为肉的变质是一个渐进性过程，同时变化又非常复杂，只有采用包括感官检验和实验室检验在内的综合方法，才能比较客观地对其卫生状况作正确的判断。

一、感官检验

畜禽肉在保藏时，可能会发生自溶，甚至腐败变质，在这些变化过程中，由于组织成分的分解，使肉的感官性状发生令人难以接受的改变，如强酸味、臭味、异常色泽、黏液的形成、组织结构的崩解等。因此，借助人的嗅觉、视觉、触觉、味觉来鉴定肉的卫生质量，在理论上是有依据的，而且简便易行，具有一定的实用意义。

人的感觉器官是相当灵敏的，肉开始变质时产生的极微量的硫醇和胺类等异臭物质，在一般设备条件下，用实验室方法常难于检出，但人们通过嗅觉就能明确地感到它们的存在。由于畜禽肉很容易吸收外来气味，特别是少量腐败肉和完全正常的新鲜肉放在一处，或者没有去净的血污迅速发生腐败时，则腐败气味也能被吸收甚至转移到鲜肉中。因此，感官检验应进行色泽、黏度、弹性、气味、肉汤等各个项目的检查，最后进行综合分析和判定，才能比较客观地反映出肉的质量。鲜、冻禽感官指标（GB 16869—2005）见表3-1。

表3-1　鲜、冻禽产品感官指标（GB 16869—2005）

项目	鲜禽产品	冻禽产品（解冻后）
组织状态	肌肉富有弹性，经指压后凹陷部位立即恢复原位	肌肉经指压后凹陷部位恢复较慢，不易完全恢复原状
色泽	表皮和肌肉切面有光泽，具有禽类品种应有的色泽	
气味	具有禽类品种应有的气味，无异味	
煮沸后肉汤	澄清透明、脂肪团聚于液面，具有禽类品种应有的滋味	
淤血［以淤血面积（S）计］/cm^2 　　$S>1$ 　　$0.5<S\leq1$ 　　$S\leq0.5$		不得检出 片数不得超过抽样量的2% 忽略不计
硬杆毛（长度超过12mm的羽毛，或直径超过2mm的羽毛的根）（根/10kg）		≤1

续表

项目	鲜禽产品	冻禽产品（解冻后）
异物	不得检出	

注：淤血面积以单一整禽或单一分割禽体的1片淤血面积计。

二、实验室检验

肉新鲜度的感官检验虽然简便，也相当灵敏准确，但是不可否认此种方法有一定的局限性。因此，在许多情况下，除了进行感官检验以外，尚需进行实验室检验，并且尽可能注意它们之间的相互联系和相互补充。

实验室检验包括理化检验和微生物检验。物理学检验是根据蛋白质分解，低分子物质增多，电导率、黏度、保水量等的变化来衡量肉品质；化学检验是用定性或定量方法测定蛋白质分解产物，如氨、胺类、挥发性盐基氮、三甲胺、吲哚等，从而衡量肉的新鲜度。微生物检验是检查细菌的污染程度。

肉类腐败变质的分解产物极其复杂。由于腐败变质阶段、肉自身性状和环境因素的不同，分解产物的种类和数量也不相同，多年来许多人曾多方面探索肉腐败变质的理化检验指标，提出多种实验室检验方法，但迄今证明挥发性盐基氮在肉的变质过程中，能有规律地反映肉品质量鲜度变化，新鲜肉和变质肉之间差异非常显著，并与感官变化一致，是评定肉品质量鲜度变化的客观指标。pH的测定，随肉的成熟度和采样部位的不同，而有很大的差别，所以不宜作为生产上检验肉品鲜度质量的依据。肉中氨的含量虽然随着鲜肉放置时间的延长而发生变化，但是该测定方法本身并不严格，判定标准很难确定。此外，肉在冷藏中可能由于吸收了一些氨，或者畜禽宰前疲劳，屠宰时畜禽体内含谷氨酰胺量较多，均能使新鲜肉也存在一定量的氨。所以认为该指标只能作参考用，只有当其反应指示出氨含量增高到一定程度时，才有判断价值。因此，对肉的新鲜度应进行综合检验，但只有挥发性盐基氮为国家现行食品安全标准中唯一的理化指标，其他方法只能作为参考。

（一）挥发性盐基氮的测定

挥发性盐基氮（简称TVBN）系指肉品水浸液在碱性条件下能与水蒸气一起蒸馏出来的总氮量，即在此条件下能形成氨的含氮物的总称。在肉品腐败过程中，其蛋白质分解产生的氨及胺类等碱性含氮物质可以与在腐败过程中同时分解产生的有机酸结合，形成一种称为盐基态氮的物质而聚积在肉品中，这种物质具有挥发性，因此称之为挥发性盐基氮。肉品中所含TVBN的量，随着腐败的进程而逐渐增加，与肉品腐败程度成正比，因此可用来鉴定肉品的新鲜度。挥发性盐基氮的测定方法有半微量定氮法和微量扩散法。

《GB 2707—2005 鲜冻畜肉卫生标准》和《GB 16869—2005 鲜、冻禽产品》

中规定：挥发性盐基氮（mg/100g）≤15。

（二） 氨的检验

肉品腐败变质时，蛋白质分解生成氨和胺类等物质，称为粗氨。肉中的粗氨随着腐败变质程度的严重而增多，因此可用来鉴定肉的新鲜度。但不能把粗氨测定的阳性结果作为肉品腐败变质的绝对标志，因为动物机体在正常状态下含有少量氨，并以谷氨酰胺的形式贮存于组织中，其含量直接影响测定结果；另外，疲劳畜禽肌肉中氨的含量可能比正常时大1倍，其宰前疲劳程度也影响测定结果。

肉中粗氨的测定采用纳斯勒试剂法，氨和胺盐在碱性环境中与纳氏试剂反应，可生成黄色或橙色沉淀，其颜色的深浅和沉淀物的多少能反映肉中氨的含量。

（三） 肉的pH测定

畜禽生前肌肉的pH为7.1~7.2。屠宰后由于肉中糖原酵解产生乳酸，ATP分解产生磷酸，使肉的pH下降。如宰后在20℃放置24h可降至pH5.6~6.0，此pH在肉品工业中称"排酸值"。肉品腐败变质时，由于蛋白质被分解为氨和胺类等碱性物质，使肉的pH上升，可达到6.7以上。因此，pH可以反映肉的新鲜程度，但不能作为绝对指标，因为还有很多因素能影响肉pH的变化。如宰前过度疲劳、患病的畜禽，由于生前能量消耗过大，肉中贮存的糖原减少，宰后产生的乳酸量也较少，此种肉在成熟过程中pH下降不明显，有可能误认为是腐败变质肉。另外，对肉施行冷处理的方法和程度不同及不同的腐败过程，也能影响到肉的pH变化。

对肉品pH的测定常用酸度计法。

（四） 球蛋白沉淀试验

肌肉中的球蛋白在碱性环境中呈可溶解状态，而在酸性条件下则不溶解。新鲜肉呈酸性反应，因此新鲜肉的肉浸液中无球蛋白存在。而肉在腐败过程中，由于大量有机碱的生成而呈碱性，其肉浸液中溶解有球蛋白，肉腐败越严重，则肉浸液中球蛋白的含量就越多。因此，可根据肉浸液中有无球蛋白和球蛋白的多少来检验肉品的新鲜度。但是，宰前患病或过度疲劳的畜禽，其新鲜肉亦呈碱性反应，可使球蛋白试验显阳性结果。根据蛋白质在碱溶液中能与重金属离子结合成沉淀的性质，采用重金属离子沉淀法测定肉浸液中的球蛋白，常用Cu^{2+}作蛋白质沉淀剂。

（五） 肉的细菌检验

肉的腐败是由于细菌大量繁殖，导致蛋白质分解的结果。故检验肉的细菌污染情况，不仅是判断其新鲜度的依据之一，也是反映肉在产、运、销过程中的卫生状况，为及时采取有效措施提供依据。

1. 一般检验法

（1）样品的采取和送检　按我国《GB 4789.17—2003 食品卫生微生物学检验　肉与肉制品检验》规定，如系屠宰后的畜肉可于开膛后，用无菌刀采取两腿内侧肌肉 50g（或劈半后采取背最长肌 50g）；如系冷藏或售卖之生肉，可用无菌刀取腿肉或者其他部位之肌肉 100g。检样采取后，放入灭菌容器内，立即送检；如条件不许可时，最好不超过 3h。送检样时应注意冷藏，不得加入任何防腐剂。检样送往化验室应立即检验或放置冰箱暂存。

（2）检样的处理　先将样品放入沸水中烫 3~5s（或烧灼消毒）进行表面灭菌，再用无菌剪刀取检样深层肌肉 25g，放入灭菌乳钵内用灭菌剪刀剪碎后，加入灭菌海砂或玻璃砂少许研磨，磨碎后加入灭菌水 225mL，混匀后为 1:10 稀释液。

如样品是冻肉则可用电钻法采取。

（3）检验方法　按 GB 4789.2—2010、GB 4789.3—2010、GB 4789.17—2003 进行菌落总数、大肠菌群和有关致病菌的检验。

2. 表面检验法

（1）样品的采取　检验畜禽肉及其制品受污染的程度，一般可用板孔 5cm^2 的金属制规板压在受检物上，将灭菌棉拭稍沾湿，在板孔 5cm^2 的范围内揩抹多次，然后将板孔规板移压另一点，用另一棉拭揩抹，如此共移压揩抹 10 次，总面积为 50cm^2，共用 10 支棉拭。每支棉拭在揩抹完毕后应立即剪断或烧断后投入盛有 50mL 灭菌水的三角烧瓶或大试管中，立即送检。检验致病菌时，不必有规板，可疑部位用棉拭揩抹即可。

（2）检样的处理　检验时先充分振摇，吸取瓶、管中的液体作为原液，再按要求做 10 倍递增稀释。

（3）检验方法　同上述"一般检验法"中介绍的方法。

3. 鲜肉压印片镜检

（1）采样　①如为半片或 1/4 体，可从胴体前后覆盖有筋膜的肌肉，割取不小于 8cm×6cm×6cm 的瘦肉。②取颈浅背侧或髂下淋巴结及其周围组织。③病变淋巴结、浮肿组织、可疑脏器（肝、脾、肾）的一部分。④大块肉则从瘦肉深部采样 300g。

（2）触片制备　从样品中切取 3cm^3 左右的肉块，浸入酒精中并立即取出点燃烧灼，如此处理 2~3 次，从表层下 0.1cm 处及深层各剪取 0.5cm^3 大小的肉块，分别进行触片和抹片。

（3）染色镜检　将干燥的触片用甲醇固定 1min，进行革兰染色后油镜观察 5 个视野，同时分别计出每个视野的球菌和杆菌数，然后求出一个视野中细菌的平均数。

（4）卫生评价与处理　我国现行的食品卫生标准中尚没有制定鲜肉的细菌

指标。根据某些实验资料分析,初步提出以下标准作为参考。细菌总数,新鲜肉为 1 万/g 以下;次鲜肉为 1 万~100 万/g,变质肉为 100 万/g 以上;新鲜肉看不到细菌,或一个视野中只有几个细菌;变质肉一个视野中的细菌数在 30 个以上,且以杆菌占多数;在胴体或淋巴结中,如果发现鼠伤寒或肠炎沙门菌,全部胴体和内脏应化制或销毁;仅在内脏发现此类细菌时,废弃全部内脏,胴体切块后进行高温处理。胴体或淋巴结中发现沙门菌属的其他细菌,内脏化制或销毁,胴体高温处理。

项目小结

屠宰后的畜禽肉,随着肌糖原酵解和各种生化反应的进行,变得僵硬。在一定的温度下贮存一定的时间,食用性质得到改善,其变化过程称为肉的成熟。肉在不合理的条件下保藏,肉的品质下降,外观也发生明显的改变,这种过程称为肉的自溶。随着时间的推移,微生物大量生长繁殖,蛋白质不仅被分解成氨基酸,而且在微生物各种酶的作用下,将氨基酸脱氨、脱羧和进一步分解成更低的产物,生成吲哚、甲基吲哚、腐胺、尸胺、酪胺、组胺、色胺及各种含氮的酸和脂肪酸类,最后生成硫化氢、甲烷、硫醇、氨及二氧化碳等最低产物,使肉完全失去了食用价值。这个过程就称为肉的腐败,发生腐败了的肉称为腐败肉。腐败肉一律禁止食用,只能化制或销毁。肉新鲜度的检验,一般是从感官性状、腐败分解产物的特性和数量、细菌的污染程度三方面进行的。

复习思考题

1. 解释名词:肉的僵直、成熟的肉、肉的自溶、肉的腐败。
2. 简述自溶肉的特征及其处理意见。
3. 简述腐败肉的特征及其处理意见。
4. 何谓肉的成熟,成熟肉有哪些特征,肉的成熟受哪些因素的影响?

项目二　肉的加工保藏及肉制品的卫生检验

知识目标
1. 理解冷冻肉、熟肉制品、腌腊肉制品、罐头制品的卫生要求；
2. 掌握冷冻肉、熟肉制品、腌腊肉制品、罐头制品的卫生检验方法。

技能目标
1. 能够对肉制品进行冷冻和冷藏，进行熟制品等制品的加工；
2. 会在加工过程中按照卫生要求进行卫生检验；
3. 熟练运用冷冻肉、熟肉制品、腌腊肉制品、罐头制品的卫生检验方法。

任务一　肉的冷冻加工和冷藏肉的卫生检验

畜禽肉是一种易于腐败变质的动物性食品，其变质的原因，主要是腐败微生物在肉上生长繁殖的结果。微生物的生长繁殖需要有一定的温度、水分和营养物质，若能切断水分的供应，造成不适于微生物生长的温度，便能阻止微生物在肉上的繁殖，而冷冻恰恰就能提供这两个条件。低温保藏方法，不仅能在较长时间内保持肉类及其制品的新鲜度，而且在冷冻加工中不会引起肉的组织结构和性质发生明显变化，基本上能保持原有的组织结构和风味。所以，肉的冷冻加工与冷藏被世界各国广泛采用，是现代保藏肉品的最完善的方法之一。

畜禽肉的生产和消费都有一定的地区性和季节性差异，国内市场的供应和对外贸易都需要使畜禽肉保鲜较长的时间（如6个月以上），而既能够达到保鲜要求，又能规模化保藏和远程运输的保藏方法，就当前来说，非冷冻保藏和冷藏运输莫属。因此，在相当长一段时间内，畜禽肉的冷冻加工、冷藏和冷藏运输仍在肉品工业和商业贸易中起着重要的作用。

一、肉类冷冻加工的基本原理

（一）低温对微生物的作用

在畜禽的屠宰加工过程中，不可避免地会使畜禽肉受到一定数量的微生物（特别是细菌）的污染，这些微生物是引起畜禽肉腐败变质的主要原因。微生物和其他生物一样，只能在一定的温度范围内生长繁殖，这个温度范围的下限温度称作微生物的零度温度，在这个温度以下微生物就处于被抑制状态，不能再进行生长繁殖了。微生物的零度温度，除嗜冷菌外，一般在0℃左右。常见的腐败菌和病原菌，在10℃以下时，其发育就被显著地抑制了，达到0℃附近，发育就基本停止了，达到冻结状态时，这些细菌就会慢慢地死亡。然而，对嗜冷菌来说，−5℃或−10℃才能达到零度温度。霉菌和酵母菌的零度温度也较低，霉菌的孢子即使在−8℃下也能出芽，酵母菌在−2.3℃时，其孢子也能出芽，有的酵母菌在−9℃亦能缓慢地发育。所以，为保证冷冻和冷藏肉的安全，一般要将温度降至−10℃以下。

肉在冻结以后，肉内的水分就结成冰晶。在−3.5℃时，肉中水分约有70%结成冰，在−5℃时，有82%的水分结成冰，在−10℃时，约有94%的水分结成冰。在结冰情况下，水分就不能被微生物利用。在肉中水分结成冰的同时，微生物本身的水分也结成了冰，从而夺取了微生物生存和发育所需要的水分，使它们处于被抑制的状态。再者，微生物本身水分结成冰晶后，较大的冰晶还会对菌体内的结构有机械性的破坏作用。然而，低温对细菌的致死作用是微小的，特别是一些耐低温的细菌，即使冷至−25℃也不会死亡。例如，结核分支杆菌在−10℃的冻肉中可存活2年，沙门菌在−163℃可存活3d。因此，决不能用冷冻作为带菌肉的无害化处理。冻肉解冻以后，存活的细菌又可很快繁殖起来，所以解冻的肉应该在较低的温度下尽快加工利用。

（二）低温对酶的作用

冷冻之所以能够较长时间地保持肉的新鲜程度，除了低温对微生物的抑制作用外，还表现在低温对酶的活性有抑制作用。无论是肉中本身的酶，还是微生物生活过程中产生的酶，酶活性的最适宜温度一般为30~40℃。通常，温度下降10℃，酶活性要减弱1/3~1/2。当温度降至0℃时，酶的活性大部分受到抑制，当接近−20℃时，酶的活性就很不明显了，这是低温下能够保藏肉类的又一重要原因。然而，低温对酶的活性只能是部分地抑制，而不能完全使其停止。例如，脂肪酶在−35℃尚不失去活性，糖原酶在相同条件下也有活性作用，甚至达−79℃也不能被破坏。因此，在目前我国肉品冷藏温度大多不低于−18℃的条件下，酶的活性并未完全停止，只是作用缓慢而已。由此可以理解在低温下储藏的肉类，均有一定的冷藏期限。

二、冷冻加工方法及其卫生要求

（一）肉的冷却

屠宰加工后的畜禽肉，平均温度为37~40℃，这样高的温度和潮湿的肉品，有利于酶的作用和微生物的生长繁殖。因此，屠宰加工后的畜禽肉，如不立即销售或作加工肉制品的原料使用，均应及时进行降温，以防发生自溶和腐败。

1. 冷却的概念与目的

冷却是指将温热鲜肉深层的温度快速降低到预定的适宜温度而又不使其结冰的过程。降温处理后的肉称为冷却肉。冷却肉可在短期内有效地保持新鲜度、香味、外观和营养价值都很少变化，同时也是肉的成熟过程。所以，冷却常作为短期储存畜禽肉的有效方法，同时也是采用两步冷冻的第一步。由于空气冷却时环境与肉表面温差较大，肉表面水分蒸汽压高而蒸发的水分又仅限于表层，结果冷却肉表面常形成干膜，既阻止了外表微生物的生长与侵入，又减少了肉内水分的干耗。

2. 肉冷却的卫生要求

肉的冷却是在装有吊轨并有足够制冷量的冷却库内完成的。其卫生要求是，冷却室应保持清洁，必须定期进行消毒。胴体和胴体之间应保持 3~5cm 的间距，不能互相紧贴，更不能堆叠在一起。不同等级、不同种类的肉要分别冷却，以确保在相近的时间内冷却完毕。同一等级而体重差异十分显著的肉，应将大的吊挂在靠近风口处，以加快冷却。根据不同的冷却方法，选择适宜的空气流速和湿度。

3. 畜肉冷却的方法

目前国内外对冷却肉的加工方法主要采用一段冷却法、两段冷却法和超高速冷却法。

（1）一段冷却法 在进行中只有一种空气温度，即 0℃ 或略低。国内的冷却方法是，进肉前冷却库温度先降到 -1~-3℃，肉进库后开动冷风机，使库温保持在 0~3℃，10h 后稳定在 0℃ 左右，开始时相对湿度为 95%~98%，随着肉温下降和肉中水分蒸发强度的减弱，相对湿度降至 90%~92%，空气流速为 0.5~1.5m/s。猪胴体和四分体牛胴体约经 20h，羊胴体约 12h，大腿最厚部中心温度即可达到 0~4℃。

（2）两段冷却法 第一阶段，空气的温度相当低，冷却库温度多在 -10~-15℃，空气流速为 1.5~3m/s，经 2~4h 后，肉表面温度降至 -2~0℃，大腿深部温度在 16~20℃。第二阶段空气的温度升高，库温为 0~-2℃，空气流速为 0.5m/s，10~16h 后，胴体内外温度达到平衡，为 2~4℃。两段冷却法的优点是干耗小，周转快，质量好，切割时肉流汁少。缺点是易引起冷缩（cold shortening），影响肉的嫩度，但猪肉脂肪较多，冷缩现象不如牛羊肉严重。

（3）超高速冷却法 库温 -30℃，空气流速为 1m/s，或库温 -20~-25℃，空气流速 5~8m/s，大约 4h 即可完成冷却。此法能缩短冷却时间，减少干耗，缩减吊轨的长度和冷却库的面积。

4. 禽肉的冷却方法

禽肉的冷却方法很多，如用冷水、冰水或空气冷却等。在国内，一般小型家禽屠宰加工厂常采用冷水池冷却光禽，然后上市销售或送作加工禽肉制品。采用这种方法冷却时，应注意经常换水，保持冷水的清洁卫生，也可加入适量的漂白粉，以减少细菌污染。

在中型和较大型的家禽屠宰加工厂，一般采用空气冷却法。在冷却间，将光禽吊挂于钩上，胴体与胴体之间保持 3~5cm 的空隙，不能相互紧贴，更不能堆在一处，以使冷空气吹遍肉的表面。应用这种方法冷却时，进肉前库温降至 -1~-3℃，肉进库后开动冷风机，使库温保持在 0~3℃，相对湿度 85%~90%，空气流速 0.5~1.5m/s，经 6~8h 肉最厚部中心温度达 2~4℃时，冷却即告结束。在冷却过程中，因禽体吊挂在挂钩上而下垂，往往引起变形，冷却后需人工整形，以保持外形丰满美观。

5. 冷却肉的保存期

冷却肉不能及时销售时，应移入冷藏间进行冷藏。根据国际制冷学会推荐，冷却肉和肉制品的保藏温度和储存期限如表 3-2 所示。

表 3-2　冷却肉的保存时间

品种	温度/℃	相对湿度/%	预计储藏期/d
牛肉	-1.5~0	90	28~35
羊肉	-1~0	85~90	7~14
猪肉	-1.5~0	85~90	7~14
腊肉	-3~-1	80~90	30
腌猪肉	-1~0	80~90	120~180
去内脏肉	0	85~90	7~11

（二）肉的冻结

1. 肉冻结的概念与目的

肉中所含的水分，部分或全部变成冰，肉深层温度降至 -15℃ 以下的过程，称为冻结，冻结后的肉称为冻肉。加工冻肉的目的是为了作长期保藏。冻结的肉，虽然其色泽、香味都不如鲜肉或冷却肉，但能较长期贮藏，也能作较远距离的运输，因而仍被世界各国广泛采用。

2. 肉的冻结过程

当温度降到冰点时，肉中的水分逐渐由结晶核（结晶中心）形成结晶冰（水分子聚集在晶核的周围，形成晶格排列），最后形成大的冰晶体。整个冻结过程分三个阶段。

（1）第一阶段　从肉的某一初温冷却到冰点。肉内的液体，包括组织液和肌细胞内液，都呈胶体状态，其冰点较水的冰点低，在 -1~-1.5℃，即开始形成冰晶。

（2）第二阶段　温度从冰点降至-5℃，约有80%的水分形成冰晶，故称为最大冰晶生成带。肉如果在-4℃以下进行缓慢结冻，由于细胞外液可溶性物质比细胞内液少而先结冰，则肌细胞内的水分因周围渗透压的变小而渗透到肌细胞周围的结缔组织中，使结缔组织中的冰晶越来越大，肌细胞脱水变形。肉中冰晶大，往往造成肌细胞膜破损，解冻后使肉汁大量流失。冻结时，肉的局部还会发生盐类浓缩吸水现象，破坏蛋白质水化状态，而使水分、养分减少。因此，缓慢冻结不但会改变肉的组织学结构，也会降低营养价值。在-23℃下进行快速冻结，组织液和肌细胞内液同时结冻，形成的冰晶小而均匀，许多超微冰晶都位于肌细胞内。肉解冻后，大部分水分都能被再吸收而不致流失。所以，快速冻结较理想。

（3）第三阶段　温度从-5℃继续下降，结冰量很少，降温速度快，直到冷藏温度。

3. 畜肉的冻结方法

有两步冻结法、一次冻结法和超低温一次冻结法。

（1）两步冻结法　鲜肉先行冷却，而后冻结。冻结时，肉应吊挂，库温保持-23℃，如果按照规定容量装肉，24h内便可能使肉深部的温度降到-15℃。这种方法能保证肉的冷冻质量，但所需冷库空间较大，结冻时间较长。

（2）一次冻结法　肉在冻结时无需经过冷却，只需经过4h风凉，使肉内热量略有散发，沥去肉表面的水分，即可直接将肉放进冻结间，吊持在-23℃下，冻结24h即成。这种方法可以减少水分的蒸发和升华，减少干耗1.45%，结冻时间缩短40%，但牛肉和羊肉会产生冷收缩现象，该法所需制冷量比两步冻结法约高25%。

（3）超低温一次冻结法　将肉放在-40℃冻结间中，只需数小时至10h，肉的中心温度达到-18℃即成。冻结后肉色泽好，冰晶小，解冻后的肉与鲜肉相似。我国尚未广泛采用此法。

4. 禽肉的冻结方法

（1）冻结前的整理和包装　屠宰加工之后的禽肉，在直接冻结前要进行塞嘴、包头和整形工作。这样不仅可以防止微生物从口腔中侵入，而且使光禽美观。整形通常是采用翻插腿翅法，即将双翅从关节以下反贴在禽体的背部，双腿从关节以下向臀部反贴，使双胫对称，双脚趾蹼分开并贴身。

用塑料袋包装光禽时，将装入塑料袋中的禽腹部朝上，一只手按住禽的胸口部位，另一只手伸入袋内，将两腿向胸部推，使其紧缩形成球状，然后将塑料袋上的图案摆正，将袋口拉起，使禽竖立，袋口绕紧后用玻璃纸胶带封口，再顺手在禽背上向胸口处推一下，把缩到尾部的皮肤推回原处，以防冻结后颈根发红。

（2）冻结方法　禽肉的冻结一般是在空气介质中进行的，采用吊挂式强冷风冻结或搁架式低温冻结。冻全禽时，如果是塑料袋包装的，可放在带尼龙网的小车或吊篮上进行强冷风冻结。没有包装的光禽大部分放在金属盘里吊挂冻结，脱盘后再镀冰衣冷藏。分割禽肉也采用金属盘吊挂冻结,然后脱盘包装。如果是搁架式冻结间,则将金属盘直接放在架管上,盘与盘之间应留有一定的距离。送入冻结间进行冻结的禽肉,应整批进入,一次进完,冻结期间避免再送进待冻结的鲜肉,否则会引起冻结间温度波动,影响产品质量。

冻结间的空气温度一般为-23℃,空气相对湿度为85%~90%。当禽体最厚部肌肉中心温度达-16℃时,冻结即告结束,这一过程大约需12~18h。当前采用快速冻结工艺,即悬架连续输送式冻结装置,使吊篮在-28℃的冻结间连续缓慢运行,从不同角度受到冷风吹,只需3h左右,即可使禽肉中心温度达-16℃。快速冻结的禽肉质量好,外形美观,干耗小(低于1%),值得广泛应用。

(三) 冻肉的冷藏

1. 冻肉冷藏的卫生要求

冻结好的冻肉应及时转移至冻藏间冷藏。冻藏时,一般采用堆垛的方式,以节省冷库容积。堆垛的最低层用枕木垫起,垛与垛、垛与墙、垛与顶排管均应留有一定距离。冻禽肉在冷藏间的堆放形式分为有包装和无包装两种。有包装的禽肉一般是以100箱为一堆,注意勿将箱倒置。无包装的光禽,冻结完后将其堆成垛,要尽量堆紧密,堆大垛。

不论是有包装还是无包装的冻肉,堆垛时必须注意坚固、稳定和整齐,不同种类、不同等级的肉应分开堆放,不要混堆在一起。

冻藏间的温度应保持在-18℃,相对湿度为95%~100%,空气流动速度应以自然循环为宜。在冻藏过程中,冻藏间的温度不得有较大的波动。在正常情况下,一昼夜内温度升降的幅度不要超过1℃,温度大的波动会引起重结晶等现象,不利于冻肉的长期冷藏。

外地调运的冻结肉,肉温偏高,肉的中心温度如低于-8℃,可以直接入冻藏库,高于-8℃的,须经过复冻结后,再入冻藏库。经过复冻的肉,在色泽和质量方面都有变化,不宜久存。

2. 冷冻肉的保存期

冻肉的保存期取决于保藏温度、入库前的质量、种类、肥度等因素,其中主要取决于温度。在同一条件下,各类肉保存期的长短,依次为牛肉、羊肉、猪肉、禽肉。国际制冷学会规定的冻结肉类的保藏期见表3-3。

表3-3 冻结肉类的保藏期

品种	保藏温度/℃	保藏期/月	品种	保藏温度/℃	保藏期/月
牛肉	-12	5~8	猪肉	-23	8~10
牛肉	-15	8~12	猪肉	-29	12~14
牛肉	-24	18	猪肉片(烤肉片)	-18	6~8

续表

品种	保藏温度/℃	保藏期/月	品种	保藏温度/℃	保藏期/月
包装肉片	-18	12	碎猪肉	-18	3~4
小牛肉	-18	8~10	猪大腿肉（生）	-23~-18	4~6
羊肉	-12	3~6	内脏（包装）	-18	3~4
羊肉	-12~-18	6~10	猪腹肉（生）	-23~-18	4~6
羊肉	-23~-18	8~10	猪油	-18	4~12
羊肉片	-18	12	兔肉	-23~-20	<6
猪肉	-12	2	禽肉（去内脏）	-12	3
猪肉	-18	5~6	禽肉（去内脏）	-18	3~8

三、冷冻肉的解冻

冷冻肉在加工或食用之前必须经过解冻。解冻的过程就是冻肉中冰晶融化再吸收的过程。冻肉解冻所需时间的长短，取决于冻肉的温度、解冻的媒介、解冻室的温度及解冻单元大小等因素。

（一）缓慢解冻法

缓慢解冻是合理的解冻方法，是利用周围空气的温度来进行解冻。开始时，解冻间的温度应在0℃左右，相对湿度为90%~92%，随后逐渐升高温度，18h后温度可以提高到6~8℃，并降低相对湿度，使肉的表面很快干燥。当肉的内部温度达2~3℃时，解冻即可完成。-15~-16℃的冻肉，解冻过程约需2~3昼夜。缓慢解冻的肉，因有足够的时间再吸收水分，所以解冻后基本上恢复了鲜肉的性状。但缓慢解冻法需要较大的场地，占用较多的设备，所需时间也较长。

（二）室温解冻法

室温解冻法是在20℃下，采取风机送风使空气循环，以加快肉中冷气的散发而较快解冻的方法，-15~-16℃的冻肉，一般经12h即可完成解冻。此解冻方法的优点是解冻速度较快，占用的场地和设备较少。但由于解冻较快，冰晶融化形成的水分不能完全再吸收而流失。这种不被注意的损失，积累起来是很可观的。特别是缓慢冻结的肉，在解冻时流出大量带红色的液体，其中含有盐类、蛋白质、其他可溶性物质及被破坏了的红细胞，这种情况损失更大。

（三）流水浸泡解冻法

用流水浸泡法解冻，是一种不得已的解冻方法。因为将冻肉浸泡在水中，不仅会造成可溶性营养物质的流失，又易被微生物污染，肉的色泽和质量都受到影响。据试验，用水浸泡解冻肉，脂肪流失0.1138%，蛋白质流失0.0635%，糖分流失 0.00253%，而细菌数则增长 16 倍。但是这种方法解冻快，又不需要特殊设备和较大的解冻间，所以这种方法仍被采用。

（四）真空解冻法

真空解冻法是根据蒸汽压力与沸点之间的关系，使水在低温下沸腾，利用低温蒸汽在冷凝时放出的汽化热使肉解冻。其方法是将冻肉挂在密闭的钢板箱里，用真空泵抽气，当箱内真空度达到 94kPa（705mmHg）时，密闭箱内 40℃ 的水就会产生大量低温蒸汽，可使 -7℃ 的冻肉在 2h 内完成解冻，而且减少了蛋白质、脂肪和糖分的流失，解冻后肉色鲜艳，没有过热部位。

（五）蒸汽冷凝解冻法

用吹风机将蒸汽吹入解冻室内，在 30~40℃ 热空气中解冻 1h，使肉表面温度达到 20℃。然后停止吹入热蒸汽，只用风机吹风，使空气流动进行热交换，使室内温度降到 20℃，但保持较高的相对湿度。在解冻后期，用冷风机降低室温，抑制细菌繁殖，以保证解冻肉的质量。一般 -15℃ 的冻肉，解冻至 0℃ 需 6~8h。

（六）高频解冻法

利用微波射向冻肉，当微波透入冻肉后，造成肉分子的振动或转动，分子相互摩擦而产生解冻所需的热。一般用于解冻的微波频率为 915MHz，其穿透力较为理想，解冻的速度也快。但是，微波解冻耗电量大，费用高，而且往往还会出现局部过热现象，故还需进一步研究，以便用于生产实践。

四、冷冻肉的卫生监督与检验

为了保证冻肉的卫生质量，不论是生产性冷库或周转性冷库，都必须配备一定数量的卫生检验人员，健全检验制度，做好各种检验记录，并对冷库进行卫生管理。

（一）生产性冷库鲜肉的接收与检验

生产性冷库是屠宰加工企业的一个组成部分，畜禽经屠宰加工后，除了当日上市鲜销外，其余部分都要经过生产性冷库进行冷冻加工。此外，有些屠宰加工企业专门加工出口冻肉，肉的冷冻加工和冻藏就成了生产的中心环节。由于鲜肉的质量直接关系到冷冻加工后冻肉的质量，故生产性冷库的兽医卫生检验是非常重要的环节。

1. 鲜肉入库前对冷库的卫生要求

（1）检查冷却间、冻结间的温度和湿度。

（2）查看库内工具的卫生情况，防止有尘污、铁锈和油滴等现象。

（3）清理库壁和管道上的结霜，冷却间内不能有霉菌生长。

2. 鲜肉入库时的卫生要求

（1）入库的鲜肉必须盖有清晰的检验印章。只有适于食用的鲜肉，才能作为冷冻加工的原料。

（2）加工不良和需要修整的胴体和分割肉，要退回屠宰加工和分割肉车间返工，符合卫生和质量要求后才能进行冷冻加工。

（3）胴体在冷却间和冻结间要吊挂，胴体或冷冻盘之间要保持一定的距离，不能相互接触。

（4）要禁止有气味的商品和肉混在一起冷冻和冷藏，以防冻肉吸附上异味。

（二）冻肉调出和接收时的卫生监督与检验

1. 冻肉出库时的卫生监督和检验

（1）检查冻肉的冷冻质量和卫生状况。

（2）检查运输车辆的清洁卫生情况。

（3）将冻肉装上车辆后，要关好车门，加以铅封。

（4）开具检验证明书后放行。

2. 接收冻肉时的卫生监督和检验

（1）周转性冷库的兽医卫生检验人员，要检查运肉车辆的铅封和兽医检验证明书。

（2）对运输来的冻肉进行质量检验。在敲击试验中发音清脆，肉温低于 $-8℃$ 的为冷冻良好；发音低哑钝浊，肉温高于 $-8℃$ 的为冷冻不良。

（3）检查印章是否清晰，冻肉中有无干枯、氧化、异物、异味污染、加工不良、腐败变质和病肉漏检等情况。

（4）按检验结果填写入库检验原始记录表和商品处理通知单。入库原始记录表应记明车船号、到埠时间、发货单位、品名、级别、数量、吨位、肉温、质量情况及存放冷库的库号和货位号。冻肉堆码完毕后应填写货位卡，注明品名、等级、数量、产地、生产日期等，挂在货位上。对于冷冻不良的冻肉要立即进行复冻，并填写进库商品供冷通知单，通知机房供冷。对于卫生不符合要求的冻肉要提出处理意见，并做好记录，发出处理通知单，不准进入冷库。

（三）冻肉在冷藏期间的卫生监督与检验

冻肉在冷藏期间，兽医卫生检验人员要经常检查库内温度、湿度、卫生情况和冻肉质量情况。发现库内温度和湿度有变化时，要记录好库号和温度、湿度，同时抽检肉温，查看有无软化、变形等现象。

已经存有冻肉的冻藏间，不应加装软化肉或鲜肉，以免原有冻肉发生软化或结霜，同时也会对冷库建筑结构产生不良影响。

冻藏间要严格执行先进先出的制度，以免冻肉贮藏过久而发生干枯和氧化。实践证明，靠近库门的冻肉易氧化变质，要注意经常更换。兽医卫检人员要注意冻肉的安全期，对于临近安全期的冻肉要采样化验，做好产品质量分析和预报工作，防止冻肉干枯、氧化及腐败变质。

兽医卫检人员在检查后，要按月填报冻肉质量情况月报表，反映冻肉质量情况。表内应包括库号、货位号、品名、生产日期、入库日期、数量、吨数、产地、质量情况等项内容。

（四）冷冻肉的卫生标准

各种冷冻肉的卫生标准见《GB 16869—2005 鲜、冻禽产品》、《GB/T 9959.2—2008 分割鲜冻猪瘦肉》等标准。

GB 16869—2005 规定了鲜、冻禽产品的技术要求、检验方法、检验规则和标签、标志、包装、贮存的要求。适用于健康活禽经屠宰、加工、包装的鲜禽产品或冻禽产品，也适用于未经包装的鲜禽产品或冻禽产品。

GB/T 9959.2—2008 规定了分割鲜、冻猪瘦肉的相关术语和定义、技术要求、检验方法、检验规则、标识、贮存和运输。适用于以鲜、冻片猪肉按部位分割后，加工成的冷却（鲜）或冷冻的猪瘦肉。

（五）冻肉常见的异常现象及其处理

1. 发黏

发黏多见于冷却肉。原因是在冷却过程中胴体相互接触，通风不好，降温较慢，招致明串珠菌、微球菌、无色杆菌及假单胞菌等在接触处繁殖，并在肉表面形成黏液样物质，手触之有黏滑感，甚至起黏丝，同时还发出一种陈腐气味。这种肉如发现较早，尚无腐败现象时，在洗净、风吹散味后，或者修割后供食用。一旦有腐败迹象，则禁止食用。

2. 脂肪氧化

冻肉存放过久，脂肪变为淡黄色，有哈喇味者称为脂肪氧化。轻者氧化仅限于表层，可将表层削去作工业用，深层经煮沸试验无酸败味者，可供加工后食用。脂肪氧化严重的冻肉作工业用。

3. 干枯

冻肉存放过久，特别是反复冻融，肉中水分丧失，则发生干枯。轻者应尽快食用；严重者形如木渣，味同嚼蜡，营养价值低，可作工业用。

4. 发光

在冷库中冷藏的肉上常见有磷光，这是由一些发光杆菌引起的。肉上有发光现象时，一般没有腐败菌生长。有腐败菌生长时，磷光便消失。发光的冻肉应尽快经卫生处理后供食用。

5. 变色

冻肉色泽的变化，除自身由于氧化作用使肌肉由红色变成褐色外，常常是某些细菌（如假单胞杆菌、产碱杆菌、明串珠菌、微球菌、变形杆菌等）所分泌的水溶性或脂溶性的黄、红、紫、绿、蓝、褐、黑等色素的结果。变色的肉如无腐败现象，可进行卫生清除和修割后加工食用。一旦有腐败现象，禁止食用。

6. 发霉

霉菌在肉的表面生长时，常形成白点或黑点。小白点是由肉色侧孢霉（*Sporotrichium carnis*）所引起，直径 2~6mm，很像石灰水点。这种白点多在肉表面，抹去后不留痕迹，肉可供食用。小黑点是由蜡叶枝孢霉（*Cladosporium herbarum*）引起，直径 6~13mm，一般不易抹去，有时侵入深部。如黑点不多，可修去黑点部分后供食用。其他如青霉、曲霉、刺枝霉、毛霉等也可在肉表面生长，形成不同颜色的霉斑，应根据发霉轻重供加工后食用或作工业用。

7. 深层腐败

常见于冷却肉的股骨附近的肌肉，因冷却时散热不好，在缓慢散热过程中深部肌肉受大量繁殖的腐败菌作用而变质。这种变质肉也见于冷却肉存放过久。深层腐败不易被发现，检验时应注意用插扦法抽检深部肌肉。一旦发现深层腐败的肉，不能作为食用。

8. 氨水浸湿

冷库跑氨后，肉被氨水浸湿，在解冻后肉有松弛或酥软变化，则应作工业用或销毁。如程度较轻，经流水浸泡，用纳斯勒氏法测定，反应不明显的可供加工复制品。

五、冷库的卫生管理

冻肉的卫生检验与冻库的卫生管理是相辅相成、缺一不可的两部分工作，而冷库卫生管理具有更为广泛的意义。冷库卫生管理好，不仅能保证冷冻肉品的卫生质量，还能降低干耗，减少霉变、鼠害，同时能延长冷库的使用期。冷库的卫生管理包括冷库建筑设备的卫生、冷冻加工和冷藏的卫生，以及冷库的消毒、除霉、灭鼠等工作。至于冷库工作人员的卫生和环境卫生，可参照屠宰加工厂的一般卫生要求进行卫生管理。

（一）冷库建筑设备的卫生

冷库是进行肉品冷冻加工和贮存冻肉的场所，其建筑设备的卫生状况与肉品卫生质量有着密切关系。冷库的地址应远离污染源。修建冷库时应当考虑防霉、防鼠、设备卫生及安全问题。

1. 防鼠

要求冷库的地基要打深，用石头和混凝土铸成，库内墙里应有 1m 高的护墙铁丝网，每个冷冻间的门口要准备好挡板防鼠。

2. 防霉

冷却肉冷藏库的内墙最好用防霉涂料涂布。

3. 设备卫生

库内照明应加保护罩。吊轨要防止生锈落屑，滑轮加油要适量，以免油污滴在肉上。冷库内的架子、钩子、冷冻盘、小车等用具和设备应用不锈钢制成或镀锌防锈。库内垫板要清洁，定期更换洗刷，晾晒灭菌。

4. 安全措施

冷库的安全措施要齐全，应有防火、防走电、防跑氨和报警等设施。

（二）冷冻加工和冷藏的卫生

除鲜肉冷冻加工和冷藏时的卫生要求外，还应注意以下卫生工作。

（1）操作中要防止胴体落地，如果落地，则需进行卫生处理。

（2）堆码或出库搬动时不得用鞋踩踏冻肉。

（3）库房每次出完肉后要彻底打扫卫生，清除冰霜，工具、车辆用热碱水清洗消毒，库房每年应消毒1~2次。冷库走道要经常清扫。

（4）库房内有霉菌生长或有鼠害时，应立即采取措施，除霉、灭鼠。

（5）不符合卫生要求的肉，一律禁止入库或出库。

任务二 熟肉制品的卫生检验

熟肉制品是指以猪、牛、羊、鸡、兔、犬等畜、禽肉为主要原料，经酱、卤、熏、烤、腌、蒸、煮等任何一种或多种加工方法而制成的直接可食的肉类加工制品。熟肉制品既是一种加工方法，又是一种用加热处理来防止肉品腐败变质以延长保存期的手段。熟肉制品具有直接进食的特点，能使无法保存而又不适宜鲜销的原料肉作合理的应用，所以对其加工的卫生监督和卫生管理要求更为严格，否则将成为食物中毒的原因。

一、熟肉制品的加工卫生

1. 原料的卫生要求

加工熟肉制品的原料肉必须来自健康的畜禽，并经兽医卫生检验合格。加工熟肉制品的作料，必须符合《GB 2760—2011 食品安全国家标准 食品添加剂使用标准》。凡有霉变或质量达不到卫生要求的辅料，都不能用来生产熟肉制品。熟肉制品加工厂或肉联厂中的熟制品加工车间的生产用水，必须符合我国生活饮用水卫生标准。

2. 加工过程的卫生要求

熟肉制品加工车间的地面和墙壁，都应以不渗水的材料建成，并且要有良好的防鼠、防蝇、防虫措施。原料整理与熟制过程的设备和用具必须严格分开，并有专用冷藏间。原料肉整理间应有热水消毒池，水温保持在82℃以上，并有冷、热水洗手装置。一切生产用具均应用不生锈的合金制成，台板用不生锈的合金板包面。所有生产用具要求清洁卫生。生产过程中原料肉和作料要求用清洁的容器盛放，不得堆放在地板上。若加工过程中落地的原料肉须经彻底清洗后才能继续加工，在整理原料肉时如发现不适合加工的肉，应及时报告卫检人员，以便按规定处理。在熟制过程中，应严格遵守操作规程，按产品规格要求，必须做到烧熟煮透。

3. 工作人员的卫生要求

所有加工熟制品的操作人员，按卫生制度保持个人卫生，定期进行健康检查，凡肠道传染病患者及带菌者都不得参加熟肉制品的生产与销售工作。

4. 产品保存、发送和接收时的卫生要求

熟肉制品在发送或提取时，要求有专人对车辆、容器及包装用具等进行检查，运输过程中要防止污染。熟肉制品的运输工具必须是专用。较长距离的运输要采用带有制冷设备的专用车辆。销售单位在接收时应严格检验，对不符合卫生质量的熟肉制品应拒绝接收。销售时注意用具及销售人员的卫生，减少熟肉制品受到污染。除肉干等脱水熟肉制品外，要以销定产，随产随销，做到当天生产当天销售。

除真空包装的产品和熏制品外，其他熟制品隔夜回锅加热，夏季存放不超过12h。若生产量大必须贮藏时，应在0℃左右存放，销售前尽量进行卫生指标检验。

二、熟肉制品的卫生检验

熟肉制品是直接进食的肉制品，其卫生质量直接关系到广大消费者的身体健康。因此，对这类产品必须进行严格的卫生检查。其卫生检验，主要以感官为主，并定期或必要时进行化学检验和细菌学检验。

1. 感官检验

主要检查肉制品外表和切面的色泽、组织状态、气味、有无黏液、霉斑等，以判定有无变质、发霉等。夏秋季节，还应注意有无苍蝇停留的痕迹及蝇蛆，这对于整只鸡、鸭非常重要，因为苍蝇常产卵于它们的肛门、口、腿、耳等部位，蝇卵孵化后进入体腔，此时气味和色泽往往正常，但内部已污染，故要特别注意检查。

2. 实验室检查

应定期进行理化检验和微生物检验。理化检验主要检测亚硝酸盐的残留量和水分含量。微生物检验的项目则主要包括细菌菌落总数的测定、大肠菌群的测定和致病菌的检验。

3. 熟肉制品国家卫生标准（GB 2726—2005）

（1）感官指标　无异味、无酸败味、无异物，熟肉干制品无焦斑和霉斑。

（2）理化指标　见表3-4。

表 3-4　熟肉制品理化指标

项目	指标
水分/（g/100g）	
肉干、肉松、其他熟肉干制品	<20.0
肉脯、肉糜脯	≤16.0
油酥肉松、肉粉松	≤4.0
复合磷酸盐[a]（以 PO_4^{3-} 计）含量/（g/kg）	
熏煮火腿	≤8.0
其他熟肉制品	≤5.0
铅（Pb）含量/（mg/kg）	≤0.5
无机砷含量/（mg/kg）	≤0.05
镉（Cd）含量/（mg/kg）	≤0.1
总汞（以 Hg 计）含量/（mg/kg）	≤0.05
苯并（a）芘[b]含量/（μg/kg）	≤5.0
亚硝酸盐含量/（g/kg）	按 GB 2760 执行
肉制品	≤0.03
肉类罐头	≤0.05

注：a 复合磷酸盐残留量包括肉类本身所含磷及加入的磷酸盐，不包括干制品。
　　b 限于烧烤和烟熏肉制品。

（3）微生物指标　见表 3-5。

表 3-5　熟肉制品微生物指标

项目	指标
菌落总数/（cfu/g）	
烧烤肉、肴肉、肉灌肠	<50000
酱卤肉	<80000
熏煮火腿、其他熟肉制品	<30000
肉松、油酥肉松、肉粉松	≤30000
肉干、肉脯、肉糜脯、其他熟肉干制品	≤10000
大肠菌群/（MPN/100g）	
肉灌肠	≤30
烧烤肉、熏煮火腿、其他熟肉制品	≤90
肴肉、酱卤肉	≤150
肉松、油酥肉松、肉粉松	≤40
肉干、肉脯、肉糜脯、其他熟肉干制品	≤30
致病菌（沙门菌、金黄色葡萄球菌、志贺菌）	不得检出

注：进行微生物学检查时熟肉制品样品的采取和送检家禽：用灭菌棉拭采胸腹部各 10cm²，背部 20cm²，头肛各 5cm²，共 50cm²。
　　烧烤肉制品：用灭菌棉拭采正面（表面）20cm²，里面（背面）10cm²，边各 5cm²，共 50cm²。

棉拭采样方法：用板孔 5cm² 的金属制规板压在检样上，将灭菌棉拭稍蘸湿，在板孔 5cm² 的范围内揩抹 10 次，然后另换一个揩抹点，每个规格板揩一个点，每支棉拭揩抹 2 个点（即 10cm²），一个捡样用 5 支棉拭，每支揩后立即剪断（或烧断），均投入盛有 50mL，灭菌水的三角瓶或大试管中立即送检。

其他熟肉制品（酱卤肉、肴肉）、灌肠、香肚及肉松等：一般可采取 200g。做重量法检验（整根灌肠可根据检验需要，采取一定数量的剪样）。

任务三　腌腊肉制品的卫生检验

腌腊肉制品都是畜禽肉通过加盐（或盐卤）和香料进行腌制，再经风晒加工而成。这既是肉类保藏手段，也是改善肉制品风味的一种加工方法，这种加工方法在我国有悠久的历史，形成了许多名产品，如金华火腿、广式腊肉、南京板鸭等。

腌腊制品加入一定量的盐对微生物有一定的抑制作用，但有些耐盐菌和嗜盐菌在高浓度甚至饱和盐水中也能繁殖，因此必须加强对腌腊肉品加工和保存中的卫生监督和卫生管理。

一、腌腊肉制品的加工卫生

1. 原料符合卫生要求

原料肉必须来自健康的畜禽，并经卫生检验人员检验合格。患有传染病及放血不良的畜禽肉，不能加工腌腊肉品。腌制前原料肉必须充分风凉，以免在产生盐渍作用前就发生自溶或变质。在加工过程中必须割净伤痕和淤血部分。腌腊肉品所用的各种辅料（如食盐、香料、酱油、酱色等）都必须符合卫生质量标准。

2. 保持腌制室和制品保藏室的适宜温度和清洁卫生

腌制室的温度应保持在 0～5℃。室内要求清洁、干燥、通风，并采取有效的防蝇、防鼠、防虫等措施。所有用于腌制的设备和工具等，都必须保持清洁卫生。用过的腌缸要及时用热水清洗、消毒后才能再次使用。成品验收质量检验人员要对成品进行品质规格和卫生质量的检验，合格者加盖检印。各种腌腊肉品有不同的规格要求和分级。

3. 注意个人卫生

所有加工腌制品的人员应定期检查身体，有传染病、肠道类疾病和化脓性外科疾病者，不准参加制造腌腊制品的加工。注意个人卫生，工作服和手套应经常保持清洁。

二、腌腊肉制品的卫生检验

腌腊肉品的卫生检验，一般以感官检验为主，根据外观、组织状态、气味、煮沸后肉汤等几方面判定其新鲜度。实验室检验主要是测定食盐、亚硝酸盐、水分含量和酸价。

（一）感官检验

腌腊肉制品进行感官检验，一般采用简便易行、效果确实的看、扦、斩 3 步检验法。

1. 看

看是从表面和切面观察其色泽和硬度以判断其质量好坏，方法从腌肉桶（池）内取出上、中、下 3 层有代表性的肉，察看其表面和切面的色泽和组织状况，是否符合卫生质量。

2. 扦

这是检测腌腊肉制品深部的气味，方法是在肉制品的骨骼、关节附近将特制竹签刺入深部，拔出后立即嗅察气味，评定是否有异味和臭味。在第 2 次扦签前，须擦去签上前一次沾染的气味或另行换签。当连续多次嗅检后，嗅觉可能对气味变得不敏感。故经一定操作后要有适当的间隙，以免误判。

整片腌肉常用 6 签法，打签部位是：第 1 签在肘关节附近插向肘部肉层，第 2 签在髋关节附近偏腰椎骨一端插向髋骨下深肉层，第 3 签在腰椎骨与髋骨之间插向腰椎骨以下肉层，第 4 签在第 3 和第 4 胸椎骨上缘插向背部深肉层，第 5 签在第 1 和第 2 根肋骨之间插向肩胛部深肉层，第 6 签在膝关节附近插向深肉层。

火腿和腌猪后腿打签部位插签的部位是：第 1 签在腰椎骨与髋骨之间插向腰椎骨以下肉层，第 2 签在髋关节附近偏腰椎骨一端插向髋骨下深肉层，第 3 签在膝关节附近插向深肉层。

当扦签发现某处有腐败气味时，应立即换签。插签后的孔眼用油脂封闭，以利于保藏。使用过的竹签用碱水煮沸消毒。

3. 斩

斩是在看和扦的基础上，对内部质量发生可疑时所采用的辅助方法。它是用刀切开肉来进一步检查内部情况，或选肉最厚的部位切开，检查断面肌肉与肥膘的状况。必要时还可进行煮制，品评熟腌腊肉的气味和滋味。

4. 查

查是对腌腊制品进行生产场地和状况的追踪检查。

（1）腌制卤水的检查　良好的腌肉，其卤水应当透明带红色，无泡沫，不含絮状物，无不良气味，pH 为 5.0～5.2。已腐败的腌肉，其卤水呈血红色或污秽的褐红色，浑浊不清，有异味，pH 多在 6.8 以上。卤水的测定先加热到 70℃使卤水中蛋白质凝结，待沉淀后用滤纸滤过，然后进行测定。

（2）制品虫害检查　各种腌腊肉制品，特别是较干的或回潮而容易出现各种虫害。常见虫害有酪蝇、火腿甲虫、红带皮蠹、白腹皮蠹、火腿螨和齿蠊螨等。

为了发现上述害虫，可于黎明时在腌腊制品堆放处静听和观察，有虫存在时常发出沙沙声，若发现成虫则有可能有幼虫存在。对于蝇蛆的检查，主要利用白天有无飞蝇逐臭的现象，若有则表示有蛆的存在，此时可进一步查明。

（二）实验室检验

腌腊肉品中的微生物不易生存和繁殖，在实践中，腌腊肉品可能出现的质量问题主要是食盐含量、亚硝酸盐的残留量、某些品种的含水量等超标，以及在保藏过程中发生的脂肪氧化酸败（即哈喇味）和霉变。所以，腌腊肉品的实验室测定项目主要有亚硝酸盐含量、食盐含量、水分含量及酸价、过氧化物、三甲胺氮等。

（三）腌腊肉品卫生标准 （GB 2730—2005）

1. 感官标准

无黏液、无霉点、无异味、无酸败味。

2. 理化指标

理化指标如表3-6所示。

表3-6 腌腊肉理化指标

项　　目	指　　标
过氧化值（以脂肪计）/（g/100g）	
火腿	≤0.25
腊肉、咸肉、灌肠制品	≤0.50
非烟熏、烟熏板鸭	≤2.50
酸价（以脂肪计）（KOH）/（mg/g）	
腊肉、咸肉、灌肠制品	≤4.0
非烟熏、烟熏板鸭	≤1.6
三甲胺氮含量/（mg/100g）	
火腿	≤2.5
铅（Pb）含量/（mg/kg）	≤0.2
无机砷含量/（mg/kg）	≤0.05
镉（Cd）含量/（mg/kg）	≤0.1
总汞（以Hg计）含量/（mg/kg）	≤0.05
苯并（a）芘*含量/（μg/kg）	≤5.0
亚硝酸盐残留量/（g/kg）	按GB 2760执行
肉制品	≤0.03

注：*仅适用于经烟熏的腌腊肉制品。

任务四　肉类罐头的卫生检验

罐藏是指各种符合标准要求的原料经预处理、分选、加热、装罐、密封、杀菌冷却而制成具有一定真空度的食品。它是一种特殊形式的肉品加工方法和保藏方法。由于罐头食品具有耐长期保存、容易运输、便于携带、食用方便、能够调节食品供应的季节性和地区性余缺等优点，而备受消费者喜欢。

一、肉类罐头的加工卫生

肉类罐头有不同的种类和规格，不同厂家的加工方法也不完全相同，但基本加工程序是：原料验收→原料预处理（冻肉解冻）→装罐（加调味料）→排气→密封→杀菌→冷却→保温→检验→包装→入库。

（一）原料的验收与处理的卫生要求

1. 原料的验收

原料肉必须来自非疫区的健康畜禽，并经卫生人员检验合格后才能用于生产罐头。凡是病畜禽肉、急宰畜禽肉、放血不良畜禽肉及复冻的畜禽肉，都不能用来生产罐头。

生产肉类罐头的所有辅料，都必须符合国家卫生标准。任何发霉、生虫及腐败变质的辅料，都不能用来制作罐头食品。

生产用水必须符合国家生活饮用水卫生标准的要求。

2. 原料的预处理

原料肉应保持清洁卫生，不得随意乱放及接触地面，不同的原料肉应分别处理，如刚屠宰的热鲜肉应及时进行充分的冷却，以免在加工前已发生自溶或腐败变质。冷冻肉用于生产罐头最好是采用缓慢解冻法解冻。原料加工前必须用流水彻底清洗干净。经处理后的禽肉不得带有小毛、外伤、淤血、奶脯、淋巴结等。原料肉经预煮漂烫处理后，须迅速冷却至要求温度，并快速投入下一道工序，防止堆积，以免造成微生物的生长繁殖。

（二）防止交叉污染

（1）在加工过程中，原料、半成品、成品等处理工序必须分开，防止互相污染。

（2）工作人员调换工作岗位有污染食品可能性时，必须更换工作服，洗手与消毒。

（三）罐头容器的检查、处理及装罐、密封

1. 罐头容器

按材料的性质可分为金属罐、玻璃罐和软质材料3大类。其质量的好坏，直接影响着罐头产品的质量和耐藏性。因此，罐头容器要求有良好的机械强度、良好的抗腐蚀性和密封性，同时安全无害。

（1）金属罐　最常用的为马口铁，其次为铝罐和镀铬钢板罐。对马口铁罐的要求是凡有砂眼、密封不严、折损或锈蚀等缺陷的罐盒，均不能用于生产罐头食品；马口铁罐中的铅含量不得超过0.04%；罐盒内壁涂料膜必须完整，有损伤

者需补涂后方可选用，否则会和肉类食品发生反应在内壁产生硫化斑，从而影响产品外观。

（2）玻璃罐　玻璃的化学性质稳定，能较好保持产品的原有风味，便于观察内容物，可以多次重复使用，比较经济，被广泛使用。但缺点是机械性差，不能长期保持密封性。

（3）软罐头　复合膜由3层或4层薄膜复合而成。外层为聚酯薄膜，中层为不透气、不透湿、不透光的铝箔，内层是一层酸性聚乙烯或聚丙烯。也有在铝箔与聚乙烯层之间再加一层聚酯薄膜的。检查时注意复合膜有无缺陷和破损。

2. 罐头容器的处理

金属罐和玻璃罐可采用热水消毒或蒸汽消毒，倒置沥干后备用。软罐头复合膜须经紫外线杀菌处理。

3. 装罐

这是一个重要环节，必须严格遵守罐头加工卫生制度和有关规定，按要求将混入的杂物和不合格的肉块剔除，并严格控制干物质的重量和顶隙。在装罐过程中应注意避免原料受到微生物的污染。装罐包括装料（肉料及作料、汤汁）、称量和压紧3个步骤。

4. 密封

罐头食品之所以能够长期保存，主要是罐头经过杀菌后，靠罐头容器的密封性使内容物与外界隔绝，不再受到外界空气的作用及微生物的污染，从而不致引起罐头食品的腐败变质。罐头容器一般用真空封罐机进行密封，密封后必须进行密封度检验，要求罐内真空度一般达到3.3~4.0kPa。

（四）杀菌

杀菌是罐头食品生产中最重要的环节，其目的在于杀灭罐内存在的致病菌和腐败菌，破坏食物中的酶，在罐内形成一定的真空度或酸碱性等条件下，抑制残留的细菌和芽孢的繁殖，从而使罐头制品在保质期保藏中不变质。肉类罐头采用高温杀菌法。一般肉罐头的灭菌公式是：

$$\frac{15-60-20}{120}(min)/温度（℃）$$

即由常温逐渐升温，在15min后达到120℃，保持该温度60min，然后在20min内降至常温。为了保证灭菌公式的正确执行，灭菌锅应装置自动记录压力、温度和时间的仪表，并定期检查其性能。

（五）保温试验

罐头在杀菌、冷却后要进行外观检查，剔除密封不严和变形严重的罐头。密封不严的罐头是根据直接标志（裂口、裂隙）和间接标志（流痕、减重等）来判断的。若出现上述标志的罐头一定要剔除。

罐头在经第一次检选后,需进行保温试验。以排除由于微生物生长繁殖而造成内容物腐败变质的可能性,保证罐头食品在保质期限内保持其卫生质量。保温试验就是将罐头放置在适合于大多数微生物生长的温度[(37±2)℃]条件下保温5~7d,然后进行观察和逐个进行敲击,以剔除胖听、漏汁及有鼓音之罐头。

所谓的胖听一是罐头的体积增大,致使容器外形改变的一种现象。胖听一般是由微生物繁殖或是金属罐受到酸性食品的腐蚀,产生了大量的氨、二氧化碳、硫化氢、氮及其他物质所引起。密封度不好的罐头虽不发生胖听现象,但可在罐盒表面出现流痕。胖听并不一定都是微生物生长繁殖的结果。内容物装量过多或罐内真空度不够也会产生胖听。这种胖听称为假胖听或物理性胖听。因此,保温试验时需区别不同性质的胖听罐。

保温试验的不足之处是不能把所有因微生物生长繁殖而造成变质的罐头都检验出来。

二、肉类罐头的卫生检验

肉类罐头的检验项目主要有感官检验、理化检验和微生物检验。

(一) 感官检验

1. 外观检验

首先仔细检查商标纸和罐盖硬印是否符合规定,商标应该与内容物相一致。确认罐头的生产日期,以判断该罐头是否在保质期内。然后检查接缝和卷边是否正常,焊锡是否完整均匀;卷边处有无漏水透气、汤汗流出以及罐体有锈斑及凹陷变形等。然后将罐头放置于桌面上,用木槌敲打盖面,良好的罐头,盖面凹陷,发出清脆的实音,不良罐头表面膨胀且发音不清脆,有鼓音或浊音,则可能为胖听;胖听的形成原因不同,可分为生物性胖听、化学性胖听和物理性胖听。其发生原因与鉴别处理方法见表3-7。

表3-7 罐头胖听的鉴别和处理

胖听类别	胖听的原因	鉴别					处理
		敲打检查	按压试验	膨胀试验	真空度检查	穿孔检查	
生物性胖听	由于罐内的细菌发育,产生气体而引起	有内容物空虚的感觉,发出鼓音	用手指强压罐盖不能压下或除压力后立即恢复	置37℃温箱内经5~7天夜,膨胀更显著	真空度为1~3atm	逸出气体,并有腐败气味	工业用或销毁

续表

胖听类别	胖听的原因	鉴别					处理
		敲打检查	按压试验	膨胀试验	真空度检查	穿孔检查	
化学性胖听	由于罐头酸性内容物与金属容器作用产生氧气而引起	自内容物空虚的感觉，发出鼓音	用手指强压罐盖不能压下或除压力后立即恢复	置37℃温箱内经5~7昼夜，无显著变化	真空度为1~3atm	有气体逸出，无腐败气味，但常有酸味或不快的金属气味	工业用或销毁
物理性胖听	1. 由于食品在装罐时温度过低，装入食品过多而引起	有内容物充实的感觉，发实音	用手指强压往往形成不能恢复原状的凹陷	置37℃温箱内经5~7昼夜，无显著变化	真空度不到1atm	无气体逸出	如内容物无变化，允许食用，但宜在食用前煮沸30min
	2. 由于内容物冻结时罐内水分膨胀的结果	有内容物充实的感觉，发实音	用手指强压往往形成不能恢复原状的凹陷	置37℃温箱内经5~7昼夜，无显著变化	真空度不到1atm	无气体逸出	如内容物无变化，允许食用，但宜在食用前煮沸30min

2. 密闭性检查

主要检查卷合槽及接缝处有无漏气的孔眼。一般肉眼看不见，应将商标除去，洗净擦干，然后把罐头浸没入水中，水量应是罐头体积的1倍，水面高于罐头5cm。放置5~7min，如此期间有一连串气泡在罐体上出现，则证明该罐头密封性不良；若仅有2个或3个气泡出现在卷边或接缝处，则可能是卷边处或折缝处原来含有空气，而不是漏气。

3. 真空度测定

罐头内的真空度是指罐内气压与罐外气压的差数。罐头在贮藏和销售过程中，若内部食品被细菌分解产生气体或罐内铁皮被酸腐蚀产生气体，则真空度降低，有时甚至出现胖听现象。因此，真空度的测定能够鉴定罐头的优劣，同时也能判断排气和密封工序的技术操作是否符合规定要求。

真空度测定常用真空表测定。方法是右手拇指和食指夹持真空表，使其下端对罐盖中央，用力下压空心针刺穿罐盖，按表盘指针读取真空度。注意针尖周围的橡胶垫一定紧扣罐盖，以杜绝空气进入罐内。正常情况下罐在室温下的真空度应为24~50.66kPa。

4. 内容物检查

（1）组织形态和色泽检查　先把罐头放在 80~90℃ 的热水中，加热至汤汁融化后打开罐盖，将内容物倒入清洁的搪瓷盘中，观察其形态结构，并用玻璃棒轻轻拨动，检查其组织是否完整、块形大小和数量。同时鉴定内容物中的固形物的色泽是否符合标准要求。收集刚做完组织形态鉴定的罐头的汤汁，注入 500mL 量筒中，静置 3min 后，观察其色泽和澄清程度，并称其重量。

（2）风味检查用勺盛取罐内容物，先闻其气味，然后品尝滋味，鉴定其是否具有应有的风味。

（3）杂质检查仔细观察罐内容物中有无小毛、碎骨、血管、血块、淋巴结、草木、沙石及其他杂质等存在。

5. 罐头常规卫生检验结果的评价与处理

良质罐头的标签应完整，硬印正确、清楚；检验时在保质期内，罐形正常，结构良好，无锈蚀，密闭性良好，真空度应符合规定标准；顶隙不得超过罐高的 1/10，否则认为是"假罐"；罐头滋味及气味应正常，且有该品种应有之良好风味，不得有其他异味；罐头在加温状态下，汤汁应透明，黄色或琥珀色或深褐色，不浑浊；罐头肉块应完整，不得含有明显的筋腱、血管及组织膜；罐内不得有夹杂物，如毛发、木屑、草秆、沙石、金属及其他异物；上述现象有一项不符合要求者按次品处理。

罐头内容物净重应符合商标规定重量，允许个别罐头有 ±5% 的净重公差，但平均净重不符合商标规定者，应作不合格处理；罐头的固体物重（肉和油）与净重的比例要符合规定的要求；上述现象一项不符合要求者作不合格处理。

有胖听现象的罐头，一般不准食用，如能确证胖听原因为物理性因素时，可允许食用。否则一律作工业用或销毁。

（二）理化检验

罐头食品加工过程之中，通过与各种金属加工机械、管道、容器和工具的接触，可能会被锡、铜、铅等金属污染。肉类罐头在生产过程中会添加各种食品添加剂，但在卫生方面需要控制其含量的主要有亚硝酸盐和复合磷酸盐类。因而肉类罐头可能的各类物质的残留也不相同，所以理化检验项目也不尽相同，一般包括净重、氯化钠含量、重金属含量、亚硝酸钠等检测项目。

（三）微生物检验

罐头食品的微生物检验按《GB 4789.26—2003 食品卫生微生物学检验罐头食品商业无菌的检验》进行操作。主要检验沙门菌属、志贺菌属、葡萄球菌及链球菌属、肉毒梭菌、魏氏梭菌等能引起食物中毒的病原菌。

（四）肉类罐头国家卫生标准（GB 13100—2005）

1. 感官指标

容器密封完好，无泄漏、胖听现象存在。容器内外表面无锈蚀、内壁涂料完整。无杂质。

2. 理化指标

理化指标见表 3-8 所示。

表 3-8 肉类罐头理化指标

项目	指标
无机砷含量/（mg/kg）	≤0.05
铅（Pb）含量/（mg/kg）	≤0.5
锡（Sn）含量/（mg/kg）	
镀锡罐头	≤250
总汞（以 Hg 计）含量/（mg/kg）	≤0.05
镉（Cd）含量/（mg/kg）	≤0.1
锌（Zn）含量/（mg/kg）	≤100
西式火腿罐头	≤70
其他腌制类罐头	≤50
苯并（a）芘含量/（μg/kg）	≤5.0

3. 微生物指标

微生物指标符合罐头商业无菌要求。

项目小结

GB 16869—2005 标准规定了鲜、冻禽产品的技术要求、检验方法、检验规则和标签、标志、包装、贮存的要求。GB/T 9959.2—2008 标准规定了分割鲜、冻猪瘦肉的相关术语和定义、技术要求、检验方法、检验规则、标识、贮存和运输。不符合卫生要求的肉，一律禁止入库或出库，禁止食用。

熟肉制品具有直接进食的特点，对其加工的卫生监督和卫生管理要求更为严格，其卫生检验，主要以感官为主，并定期或必要时进行化学检验和细菌学检验。理化检验主要检测亚硝酸盐的残留量和水分含量。微生物检验的项目则主要包括细菌菌落总数的测定、大肠菌群的测定和致病菌的检验。质量标准应符合熟肉制品国家卫生标准（GB 2726—2005）要求。

复习思考题

1. 肉在保藏时会发生哪些变化，变化的原因及不同阶段肉的主要性状是什么？
2. 肉冷冻的各个阶段变化及卫生要求是什么？冷藏不符合要求的肉如何处理？

3. 如何做好冻肉的食品卫生检验？
4. 熟肉制品的加工卫生检验的主要内容有哪些？

项目三 乳与乳制品的卫生检验

知识目标
1. 掌握鲜乳的检验方法；
2. 熟悉异常乳及乳制品的卫生检验方法。

技能目标
1. 能够对鲜乳收购进行卫生检验；
2. 会对不合格鲜乳和品质异常乳进行处理；
3. 熟练运用鲜乳和品质异常乳的检验方法对其进行检验。

任务一 鲜乳的卫生检验

为了确保乳与乳制品的卫生质量，有效地控制微生物的污染，应注意乳的生产卫生和初加工卫生。

一、乳的生产卫生

为了得到品质良好的乳，在原料的生产中除了改良乳畜的品种、加强饲养管理外，还应严格遵守卫生制度，最大限度地杜绝污染。奶牛场应制定生产卫生制度，加强卫生监督和管理。奶牛场的卫生应符合 GB 16568—2006《奶牛场卫生规范》的规定。

（一）环境与设施

1. 场址

奶牛场应建立在地势平坦、干燥、水质良好、水源充足、无有害污染源的地方，并且远离学校、公共场所、居民区、生活饮用水源保护区及国家、地方法律法规规定需特殊保护的区域。

2. 布局与设施

场内应分设管理区、生产区，并处在上风向。兽医室、病牛隔离房、粪污处理区应处在下风向。生产区净道和污道应分开，污道在下风向。场区内的道路应坚硬、平坦、无积水。牛舍、运动场、道路以外地带应绿化。场区牛舍应坐北朝南，坚固耐用，宽敞明亮，排水通畅，通风良好，能有效地排出潮湿和污浊的空气，夏季有防暑降温的设施，地面和墙壁应选用便于清洗消毒的材料。生产区门口地面设有长、宽、深分别不低于3.8m、3.0m、0.1m的消毒池，人员进入生产区应通过消毒通道，消毒通道应有地面消毒与紫外线消毒设施。场区内应设有牛粪尿处理设施，处理后应符合GB 7959—2012的规定，排放出场的污水必须符合GB 8978—1996的有关规定。场区内必须设有更衣室、厕所、淋浴室、休息室。更衣室内应按人数配备衣柜。厕所内应有冲水装置、非手动开关的洗手设施和洗手用的清洗剂。场内必须设有与生产能力相适应的微生物和产品质量检验室，并配备工作所需的仪器设备和经培训后由动物防疫监督机构考核认证的检验人员。场内需设置危险品专用库房、橱柜，存放有毒、有害物品，并贴有醒目的"有害"标记。在使用危险品时需经专门管理部门核准并在指定人员的严格监督下使用。

3. 场区的供、排水系统

场区内应有足够的生产用水，水压和水温均应满足生产要求，水质应符合NY 5027—2008的规定。若配备贮水设施的，应有防污染措施，并定期清洗、消毒。场区内应具有良好的排水系统，并不得污染供水系统。

（二）动物卫生条件

奶牛场必须在取得动物防疫监督机构核发的《动物防疫合格证》后方可从事奶牛的生产与经营活动。

（三）奶牛引进要求

应引进经法定检疫合格，并取得动物检疫合格证明的奶牛，并在引进前和到达后向当地动物防疫监督机构报告。引进的奶牛应隔离饲养45d，经观察无病后方可进入生产区。

（四）饲养卫生

饲料和饲料添加剂的使用应符合NY 5032—2006规定的要求，禁止饲喂反刍动物源性肉骨粉。各种饲草应干净、无杂质。严禁从疫区调运饲草。有条件的，应对饲草进行无公害的消毒。

兽药的使用应符合NY 5030—2006的要求。

饮水卫生应符合NY 5027—2008的规定。饮水池应定期清洗、换水。

（五）饲养管理

饲喂前饲草应铡短，扬弃泥土，清除异物，防止污染；块根、块茎类饲料需清洗、切碎，冬季防冷冻。

按饲养规范饲喂，不堆槽、不空槽，不喂发霉变质和冰冻饲草饲料。

每天应清洗牛舍槽道、地面、墙壁，除去褥草、污物、粪便。清洗工作结束后应及时将粪便及污物运送到贮粪场。运动场牛粪派专人每天清扫，集中到贮粪场。

奶牛场应按照 NY 5047—2001 的规定，加强奶牛饲养的兽医防疫管理。

场区内应定期灭蚊、灭蝇、灭鼠，清除杂草，定期消毒所用药液不得直接触及牛体和盛奶用具；每年应结合当地寄生虫病流行情况进行寄生虫病的检查和驱虫；应定期对母牛进行乳腺炎检验，对病牛进行有效的治疗。

发现可疑疫情时，依照《中华人民共和国动物防疫法》及有关规定处理并报告疫情。场内不得饲养其他家畜、家禽，并防止周围其他畜、禽进入场区。

奶牛场应定期按 GB 16549—1996 规定的技术要求，对牛群进行临床健康检查。

（六）工作人员的健康与卫生

场内工作人员每年进行健康检查，取得健康合格证后方可上岗工作。场内有关部门应建立职工健康档案。

（1）患有下列病症之一者不得从事饲草、饲料收购、加工、饲养、挤奶和防治工作。

①痢疾、伤寒、弯杆菌病、病毒性肝炎等消化道传染病（包括病原携带者）；

②活动性肺结核、布鲁菌病；

③化脓性或渗出性皮肤病；

④其他影响人畜健康的疾病。

（2）挤奶员手部受刀伤和其他开放性外伤，伤口未愈前不能挤奶。

（3）饲养员和挤奶员工作时必须穿戴工作服、工作帽和工作鞋（靴）。挤奶员工作时不得佩戴饰物和涂抹化妆品，并经常修剪指甲。

（4）饲养、挤奶人员的工作帽、工作服、工作鞋（靴）应经常清洗，使用前进行消毒；对更衣室、淋浴室、休息室、厕所等公共场所要经常清扫、清洗、消毒。

（七）挤奶卫生

手工挤奶应刨刷、冲洗牛体。清除牛床上粪便，固定牛尾。使用40~45℃温水清洗、并用干净毛巾擦干乳房，乳头严禁涂布润滑油脂。挤奶时，第一、第二把奶应弃去，应防止牛排尿或排粪污染牛奶。挤奶后应对奶牛乳头逐个进行药浴消毒。按先健康牛，后病牛的顺序挤奶。病牛的奶，尤其是患乳房炎病牛的奶或使用抗生素后未过休药期的奶，应单独存放，另行处理。盛奶用具使用前、后必须彻底清洗、消毒。

机器挤奶时，挤奶机在使用时应保持性能良好，贮奶罐及挤奶机使用前应消毒，使用后应及时清洗干净，按操作规定放置。挤奶前，应检查奶牛是否患病。

对病牛尤其是患乳房炎的牛或使用抗生素后未过休药期的牛，不得上机挤奶，应转入手工挤奶，并将挤出的奶单独存放，另行处理。挤奶前用温水清洗乳房和乳头，并用一次性纸巾擦干。挤奶后用消毒液喷淋乳头消毒。

（八）鲜奶盛装、储藏与运输卫生

鲜奶应设单间存放，与牛舍隔离，并且有防尘、防蝇、防鼠的设施。

鲜奶必须由过滤器或多层纱布进行过滤才能装入容器储藏，2h 内应冷却到 $0 \sim 4$℃。

装运鲜奶的奶槽车或桶的卫生应符合 GB 12693—2010 中的有关规定。

鲜奶从挤出至加工前防止污染，质量应符合国家关于奶牛用药的使用规定。

（九）免疫与消毒

应严格按国家规定对奶牛实施免疫。但不得免疫接种布氏杆菌疫苗。

奶牛场应建立健全消毒制度。消毒工作按照 NY/T 5049—2001 的规定执行。

（十）监测与净化

奶牛场每年应依法接受县级以上动物防疫监督机构的定期监测，对检出的结核病、布鲁菌病等疫病阳性奶牛及其产品应坚决予以销毁。

动物防疫监督机构对临床检查未见异常且监测合格的奶牛发放奶牛健康合格证。

奶牛场奶牛应逐头建立奶牛健康档案，如实记录奶牛健康情况、用药情况、免疫情况、监测情况等。

二、鲜乳的初步加工卫生

刚挤出的乳中含有微生物，如果贮存在较高的温度下，容易发生腐败变质，因此挤出的鲜乳必须尽快加工。虽然牛乳有巴氏杀菌乳、灭菌乳、强化乳、花色乳、还原乳等品种，各种产品的加工工艺不完全相同，但基本生产加工工艺是：过滤→冷却→原料验收→预处理（净化、冷却、贮藏）→杀菌→冷却→罐装→贮存→运输。

（一）乳的净化

原料乳在杀菌之前，应先经过净化，以便除去杂质，降低微生物的数量，有利于乳的消毒。

1. 过滤净化

乳容易被粪屑、饲料、垫草、牛毛、乳块、蚊蝇或其他异物污染。因此，刚挤出的乳，必须尽快过滤，以便除去机械性杂质。在奶牛场，常用纱布、滤袋或不锈钢滤器过滤。将每块纱布折成 3~4 层，其过滤量不得超过 50kg，同时应注意纱布和滤袋要扎牢，不能有漏洞；滤布和滤器使用后必须清洗和消毒，干燥后备用。

2. 离心净化

在乳品厂常用离心净乳机净化乳，以便除去不能被过滤的极小的杂质和附着在杂质上的微生物和乳中的体细胞，能显著提高净化效果，增强杀菌效果，有利于提高乳的质量。

（二）乳的冷却

刚挤出的乳，温度约为37℃左右，是微生物生长的最适温度。如果不及时冷却，乳中微生物大量增殖，乳会变质凝固，酸度增高（表3-9）。迅速冷却乳既可抑制微生物的繁殖，又可延长乳中抑菌酶的活性。

乳烃素、溶菌酶和乳过氧物氢酶等存在于乳中，具有抑菌和抗菌作用。但它所维持的抗菌时间与乳的温度和细菌污染程度有关。乳的温度越低，细菌含量越少，抑菌时间越长，反之则短。如果乳挤出后迅速冷却到0℃，抑菌作用可维持48h，5℃维持36h，10℃维持24h，25℃时维持6h，而在37℃则仅维持2h。

表3-9　乳冷却温度与乳的保存性的关系

乳的贮存时间	乳的酸度/°T		
	未冷却的乳	冷却到18℃的乳	冷却到13℃的乳
刚挤出的乳	17.5	17.5	17.5
挤出3h的乳	18.3	17.5	17.5
挤出6h的乳	20.9	18.5	17.5
挤出9h的乳	22.5	18.5	17.5
挤出12h的乳	变酸	19.0	17.5

乳冷却的越早、温度越低，乳越新鲜。所以，刚挤出的乳过滤后必须尽快冷却到4℃，并在此温度下保存，直至运送到乳品厂。此外，经杀菌后的乳也应尽快冷却至4℃。乳的冷却方法有水池冷却、表面冷却器冷却、蛇管式冷热器冷却和热交换器冷却等。

（三）乳的杀菌和灭菌

为了防止乳的腐败变质，杀死腐败菌和病原菌，生乳应尽早予以杀菌或灭菌。杀菌是利用物理和化学方法，使微生物失去生命力的操作。灭菌是杀死一切微生物的操作。乳品厂常用的杀菌和灭菌方法有以下几种：

1. 巴氏杀菌法

（1）低温长时间杀菌法（LTLT）将乳加热至62~65℃维持30min。

（2）高温短时间杀菌法（HTST）将乳加热到72~75℃维持15~20s或80~85℃维持10~15s，一般采用片式热交换器进行连续杀菌。其优点是能够最大限度地保持鲜乳原有的理化特性和营养,但仅能破坏、钝化或除去致病菌、有害微生物,仍有耐热菌残留。

2. 超巴氏杀菌法

将乳加热至 125~138℃维持 2~4s,然后在 7℃以下保存和销售。超巴氏杀菌产品并非绝对无菌,而且不能在常温下保存和分销。

3. 超高温瞬时杀菌法（UHT）

流动的乳液经 135℃以上灭菌数秒,在无菌状态下包装,以达到商业无菌的要求。

4. 保持灭菌（二次灭菌）法

将乳液预先杀菌或不杀菌,包装于密闭容器内,在不低于 110℃温度下灭菌 10min 以上。但可引起部分蛋白质分解或变性,色、香、味不如巴氏杀菌乳,脱脂乳的亮度、浊度、黏度受到影响。

由于采用不同的热处理方法,乳中细菌残存数和致死率不同,其质量和保质期也不同。杀菌乳一般只杀灭乳中致病菌,但残留一定量的乳酸菌、酵母菌和霉菌,这种产品不宜久存。灭菌乳的生产中可采用 UHT 或保持灭菌（二次灭菌）法,灭菌乳可在密闭容器内保存 3~6 个月,一般而言,为了达到灭菌效果,温度越高、时间越长越好,但可引起蛋白质分解、变性,营养物质损失。因此,乳品厂应根据企业的设备和产品的种类,选择适当的热处理方法。

（四）乳的包装

包装材料必须符合食品卫生要求,没有任何污染,并要避光、密封和耐压。灭菌乳的包装应采用无菌罐装系统,包装材料必须无菌。包装容器的灭菌方法有饱和蒸汽灭菌、双氧水灭菌、紫外线辐射灭菌、双氧水和紫外线联合灭菌等。产品标签按 GB 7718—2011 规定执行。

（五）乳的贮存和运输

乳应在低温条件下贮存和运输。

1. 贮存

为了保证产品的风味和质量,以免腐败变质,巴氏杀菌乳的贮存温度应为 2~6℃,灭菌乳应贮存在干燥、通风良好的场所。贮存成品的仓库必须卫生、干燥,产品不得与有害、有毒、有异味,或对产品产生不良影响的物品同库贮存。

2. 运输

成品运输时应用冷藏车,车辆应清洁卫生,专车专用,夏季运输产品时应在 6h 内分送给用户。在运输中应避免剧烈震荡和高温,要防尘、防蝇、避免日晒、雨淋,不得与有害、有毒、有异味的物品混装运输。

三、鲜乳的卫生检验

(一) 原料乳验收的依据

原料乳的控制属于 HACCP 体系中重要 CCP 点之一,企业在国家标准基础上,针对企业 HACCP 计划中要求,确定企业更高的生鲜牛乳的标准。根据《NY/T 1172—2006 生鲜牛乳质量管理规范》中的规定,生鲜牛乳的感官指标、理化指标、兽药残留、微生物指标应符合《GB 19301—2010 食品安全国家标准 生乳》。

(1) 感官要求 见表 3-10。

表 3-10 感官要求

项目	指标	检验方法
色泽	呈乳白色或稍带微黄色	取适量试样置于 50mL 烧杯中,在自然光下观察色泽和组织状态。闻其气味,用温开水漱口,品尝滋味
组织状态	呈均匀一致液体,无凝块、无沉淀无正常视力可见异物	
滋味与气味	具有乳固有的香味,无异味	

(2) 理化要求 见表 3-11。

表 3-11 理化要求

项目	指标	检验方法
冰点[a,b]/(℃)	-0.500 ~ -0.560	GB 5413.38—2010
相对密度/(20℃/4℃)	≥1.027	GB 5413.33—2010
蛋白质含量/(g/100g)	≥2.8	GB 5009.5—2010
脂肪含量/(g/100g)	≥3.1	GB 5413.3—2010
杂质度/(mg/kg)	≤4.0	GB 5413.30—2010
非脂乳固体含量/(g/100g)	≥8.1	GB 5413.39—2010
酸度/°T		
牛乳[b]	12 ~ 18	GB 5413.34—2010
羊乳	6 ~ 13	

注:a 挤出 3h 后检测。
b 仅适用于荷斯坦奶牛。

(3) 微生物要求 见表 3-12。

表 3-12 微生物要求

项目	限量/[cfu/g(mL)]	检验方法
菌落总数	≤2×10^6	GB 4789.2—2010

(4) 污染物限量　应符合 GB 2762—2005 的规定。
(5) 真菌毒素限量　应符合 GB 2761—2011 的规定。
(6) 农药残留限量和兽药残留限量　农药残留量应符合 GB 2763—2005 及国家有关规定和公告。兽药残留量应符合国家有关规定和公告。

（二）原料乳的检验规则

1. 组批规则

以同一天，装载在同一贮存或运输器具中的产品为一组批。

2. 抽样方法

在贮存容器内搅拌均匀后或在运输器具内搅拌均匀后从顶部、中部、底部等量随机抽取，或在运输器具出料时连续等量抽取，混合成 4L 样品供交收检验，或 8L 样品供型式检验。

3. 型式检验

型式检验是对产品进行全面考核，即检验技术要求中的全部项目。在下列情况之一时应进行型式检验：

(1) 新建牧场首次投产运行时。
(2) 正式生产后，牛乳发生质量问题时。
(3) 乳牛饲料的组成发生变更或用量调整时。
(4) 牧场长期停产后，恢复生产时。
(5) 交收检验与上次例行检验有较大差异时。
(6) 国家质量监督机构提出进行例行检验的要求时。

4. 交收检验

交收检验的项目包括感官、理化要求、微生物要求、掺假的全部项目，并作为交收双方的结算依据。

5. 判定规则

在型式检验中若卫生要求有一项指标检验不合格，则该牧场应进行整改，经整改复查合格，则判为合格产品，否则判为不合格产品。在交收检验项目中，若有一项掺假项目指标被检出，则该批产品判为不合格产品。

（三）原料乳检验的取样

由于乳品种类较多，形态差异大，数量上也有很大差别，且不同品种的乳品因其生产条件、加工及贮存条件的不同而发生变化，所以采样方法因乳品的形态、品种和检验项目的不同而异。

目前尚无普遍适用的统一的方法。需说明的是，在采样前应了解物料的来源、批次、数量和运输贮存条件，然后随机从全部批次的各部位按规定数量采取样品。采样的数量也应能够反映该乳品的卫生质量，一般应超过检验需要的 3 倍，供检验、复验与备查用。

产品应按生产班次分批,连续生产不能分别按班次者,则按生产日期或储存罐分批。产品应分批编号,按批号取样检验。取样量为1万个（或瓶或盒或桶）以下者至少取两个；1万~5万个每增加1万个增抽一个；5万个以上者每增加2万个增抽一个。所取样品贴上标签,标明下列各项：产品名称,生产日期,采样日期及时间,产品数量及批号。

所取样品应及时检验,不能及时检验者,需根据产品储藏要求或贮于温度为2~10℃的冷库或冰箱内,或置于阴凉干燥处。

1. 液体、半流体食品（如大桶装或大罐装的生鲜牛乳）

液体、半流体食品应先充分混匀后再采样。混匀时,可以旋转摇荡,充分搅拌或反复倾倒等。如生鲜牛乳采样时,用特制搅拌器在乳桶中自上至下和自下至上螺旋式转动20次。取样量一般为0.5~1L。

2. 散状均匀固体食品（如乳粉）

散状均匀固体食品应自每批食品的上、中、下三层各部分,分别抽取部分样品,混合后按四分法对角取样,再进行几次混合,最后取具有代表性的样品0.5~1kg。

四分法采样方法：将食品置于一大张方形纸或布上,然后提起一角使样品滚动流向对角,随机提起对角使样品流回,按此法将四角反复提起使食品反复滚动,将样品混匀后,堆成圆锥形,略为压平,通过中心平分成相等的四瓣（用缩分器）,除去任意对角两瓣,将剩下的两瓣按上法再进行混合缩分。重复操作直至剩余量达到规定的采样量为止。

3. 小包装样品（如瓶装炼乳、乳粉）

小包装样品（如瓶装炼乳、乳粉）应根据批号分批随机取样。同一批号取样件数一般为：250g以上的包装不得少于3件,250g以下的包装应为6件。若需测净含量,还应增加10件。

（四）原料乳的验收项目

常规检测指标见表3-13,包括感官、酒精度、热稳定、相对密度、酸度、理化性质、杂质度、细菌总数等,同时还必须检测抗生素、硝酸盐、亚硝酸盐、黄曲霉毒素、重金属和农药残留。进厂的牛乳,必须经过多项分析,只有全部合格,才可用于生产。

表3-13 原料乳的常规验收项目

检验地点	检验项目
现场检验	感官检验
	酒精阳性乳检验
	热稳定性检验

续表

检验地点	检验项目
理化检验	杂质度检验
	相对密度测定
	酸度测定
	脂肪测定
	非脂乳固体
	蛋白质测定
卫生检验	菌落总数

1. 感官检验

鲜乳的感官检验主要是进行嗅觉、味觉、外观、尘埃等的鉴定。正常鲜乳呈乳白色或微带黄色，不得含有肉眼可见的异物，不得有红、绿等异色，不能有苦、涩、咸的滋味和饲料、青贮、霉等异味。

2. 理化检验

（1）酒精检验　酒精检验是为观察鲜乳的抗热性而广泛使用的一种方法。通过酒精的脱水作用，确定酪蛋白的稳定性。新鲜牛乳对酒精的作用表现出相对稳定的状态；而不新鲜的牛乳，其中的蛋白质胶粒已呈不稳定状态，当受到酒精的脱水作用时，则加速其聚沉。此法可验出鲜乳的酸度，以及盐类平衡不良乳、初乳、末乳及细菌作用产生凝乳酶的乳和乳房炎乳等。

酒精检验与酒精浓度有关，其方法是：68%、70%或72%（体积分数）的中性酒精与原料乳等量相混合摇匀，以无凝块出现为标准。正常牛乳的滴定酸度不高于18°T，不会出现凝块。但是影响乳中蛋白质稳定性的因素较多，如当乳中钙盐增高时，在酒精试验中会由于酪蛋白胶粒脱水失去溶剂化层，使钙盐容易和酪蛋白结合，形成酪蛋白酸钙沉淀，新鲜牛乳的滴定酸度为16~18°T。为了合理利用原料乳和保证乳制品的质量，用于制造淡炼乳和超高温灭菌乳的原料乳，用75%酒精检验；用于制造乳粉的原料乳，用68%酒精检验（酸度不得超过20°T）。酸度不超过22°T的原料乳尚可用于制造乳油，但其风味较差。酸度超过22°T的原料乳只能用于生产供制造工业用的干酪素、乳糖等。酒精检验浓度与酸度关系见表3–14。

表3–14　不同浓度酒精检验的酸度

酒精浓度/%	不出现絮状物的酸度/°T
68	<20
70	<19
72	<18

(2) 热稳定性试验 热稳定性试验（煮沸试验）煮沸试验能有效地检出高酸度乳和混有高酸度乳的牛乳。将牛乳（取 5～10mL 乳于试管中）置于沸水中或酒精灯上加热 5min，如果加热煮沸时有絮状沉淀或凝固现象发生，则表示乳已不新鲜、酸度在 20°T 以上，或混有高酸度乳、初乳等。

(3) 滴定酸度测定 牛乳的酸度通常用吉尔涅尔度表示，正常乳为 16～18°T。其测定方法一般是用 0.1mol/L 氢氧化钠滴定 10mL 牛乳，用 0.5% 酚酞为指示剂，当被滴定样品呈微红色时所消耗的氢氧化钠的体积数乘以 10 即为牛乳的滴定酸度。

$$酸度 = \frac{(V_1 - V_0) \times c}{0.1} \times 10$$

式中　V_0——滴定初读数，mL；

　　　V_1——滴定终读数，mL；

　　　c——标定后的 0.1mol/L 氢氧化钠溶液的浓度。

(4) 相对密度的测定 牛乳的相对密度是使用密度计检测，根据读数经查表可得相对密度的结果。其检测方法依据《GB 5413.33—2010 食品安全国家标准 生乳相对密度的测定》，具体的分析步骤是：取混匀并调节温度为 10～25℃ 的试样，小心倒入玻璃圆筒内，勿使其产生泡沫并测量试样温度。小心将密度计放入试样中到相当刻度 30°处，然后让其自然浮动，但不能与筒内壁接触。静置 2～3min，眼睛平视生乳液面的高度，读取数值。根据试样的温度和密度计读数查表并换算成 20℃ 时的度数。"密度计读数变为温度 20℃ 时的度数换算表" 见 GB 5413.33—2010。

(5) 杂质度测定 利用过滤的方法，使乳粉中的机械杂质与乳分开，然后与杂质度标准板进行比较。具体方法是：液体乳样量取 500mL，乳粉样称取 62.5g（精确至 0.1g），用 8 倍水充分调和溶解，加热至 60℃；炼乳样称取 125g（精确至 0.1g），用 4 倍水溶解，加热至 60℃，于过滤板上过滤，为使过滤迅速，可用真空泵抽滤，用水冲洗过滤板，取下过滤板，置烘箱中烘干，将其上杂质与标准杂质板比较即得杂质度。

当过滤板上杂质的含量介于两个级别之间时，判定为杂质含量较多的级别。

杂质度过滤装置或杂质度过滤机如图 3-1 和图 3-2 所示。各标准杂质板的制备比例如表 3-15 所示。

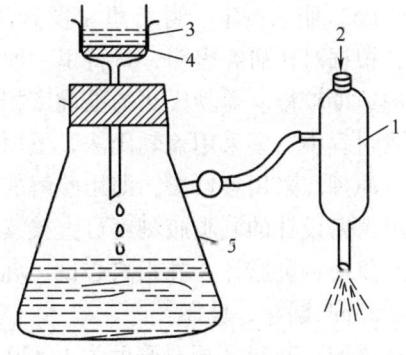

图 3-1　测定杂质度装置
1—水流泵　2—自来水
3—漏斗　4—过滤板　5—吸滤

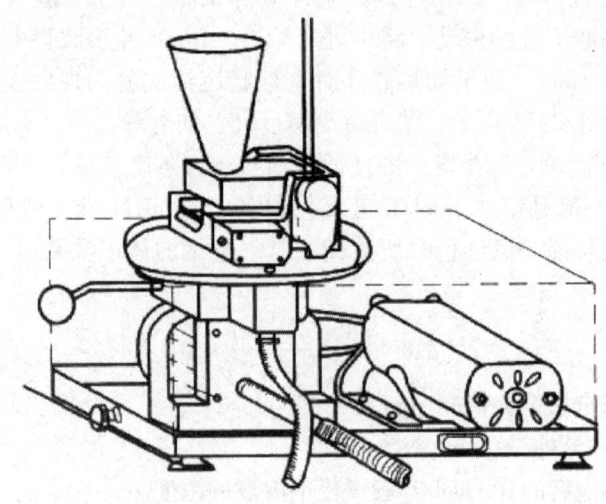

图3-2 杂质度过滤机示意图

表3-15 各标准杂质板的制备比例

标准板号	杂质度相对质量浓度		杂质绝对含量/mg
	牛乳（mg/L）；乳粉（mg/kg）		
	500mL 牛乳	62.5g 乳粉	
1	0.25	2	0.125
2	0.75	6	0.375
3	1.5	12	0.750
4	2.0	16	1.000

（6）脂肪测定　哥特里-罗紫法、盖勃氏法都是测定乳脂肪的标准分析方法，根据对比研究表明，哥特里-罗紫法准确度较高，但测定操作较麻烦，出结果的速度较慢。盖勃氏法的准确度相对低一些，但测定速度较快。一般在原料乳验收过程中，多采用盖勃氏法，下面简单介绍该法。

原理：采用容量法，即用酸解的方法使乳粉中脂肪分出成为一层，然后根据经过严密设计的乳脂瓶刻度可直接读出脂肪的百分率。

仪器：乳脂计、乳脂离心机、乳脂计架、11mL 硫酸自动吸管、25~50mL 烧杯、25mL 漏斗、玻棒。

试剂：硫酸（相对密度为 1.820~1.825），异戊醇（沸点 128~132℃，相对密度 0.8090~0.8115）。

操作方法：

①用硫酸自动吸管向牛乳乳脂计中加入硫酸 10mL；

②在 50mL 烧杯中称取 1.5g 样品，称量要准确至 10mg，用 10mL 70~75℃ 热水分数次（用玻璃棒搅拌）全部洗入乳脂计中；

③加异戊醇 1mL，再用少量热水调节液位，使其低于乳脂计颈口 4~6mm；

④将乳脂计塞好，小心振荡，再重复倒转数次，使内容物完全混合；

⑤将盖勃乳脂离心机预热到规定的温度（约 65℃），将乳脂计放入离心机中，转动开关按钮，调至规定的时间，离心 5min；

⑥待离心机停止转动后，取出乳脂计，转入或转出橡胶塞，使脂肪柱处于乳脂计刻度部分，然后读数。读数时，要将乳脂计中的脂肪柱下弯月面放在与眼同一水平面上，观察时，可移动橡胶塞使下弯月面与某一大格刻度相吻合，读取脂肪柱所占的格数；

⑦计算

$$脂肪含量（\%）= \frac{A \times 11}{m}$$

式中　A——脂肪柱读数；

　　　m——样品质量，g；

　　　11——换算系数。

两次平行测定误差不应超过 0.1%。

（7）牛乳成分分析仪　近年来随着分析仪器的发展，乳品检测方面出现了很多高效率的检验仪器。如采用光学法来测定乳脂肪、乳蛋白、乳糖及总干物质，并已开发出各种微波仪器；通过 2450MHz 的微波干燥牛乳，并自动称量、记录乳总干物质的质量，测定速度快，测定准确，便于指导生产；通过红外线分光光度计，自动测出牛乳中的脂肪、蛋白质、乳糖三种成分。红外线通过牛乳后，牛乳中的脂肪、蛋白质、乳糖减弱了红外线的波长，通过红外线波长的减弱率反映出三种成分的含量。该法测定速度快，但设备造价较高。

四、微生物检验

1. 美蓝还原试验

此试验是用来判断原料乳新鲜程度的一种色素还原试验。新鲜乳加入亚甲基蓝后染为蓝色，如污染大量微生物会产生还原酶使颜色逐渐变淡，直至无色，通过测定颜色变化速度，间接地推断出鲜乳中的细菌数。该法除可间接迅速地查明细菌数外，对白血球及其他细胞的还原作用也很敏感，还可检验异常乳（乳房炎乳及初乳或末乳）。

2. 国标法

原料乳的微生物检验主要是对其进行菌落总数的测定，测定方法依据 GB 4789.2—2010。该法测定原料乳中的菌落总数，测定时间较长，一般为 (48±2) h。

3. 直接镜检法（费里德氏法）

直接镜检法是利用显微镜直接观察确定鲜乳中微生物数量的一种方法。取一定量的乳样，在载玻片涂抹一定的面积，经过干燥、染色、镜检观察细菌数，根据显微镜视野面积，推断出鲜乳中的细菌总数，而非活菌数。直接镜检法比平板培养法能更迅速地判断出结果，通过观察细菌的形态，推断细菌数增多的原因。

五、体细胞检验

牛乳中的体细胞多数是白细胞，还有少量的上皮细胞。影响体细胞的因素有乳房炎、乳房外伤。有炎症时白细胞进入乳房以清除感染，从而导致乳房炎牛乳中体细胞浓度增高；乳牛的年龄增加时体细胞浓度一般增加；乳牛的品种不同体细胞浓度也不同；泌乳后期比泌乳前期高。正常乳中的体细胞，多数来源于上皮组织的单核细胞，如有明显的多核细胞（白细胞）出现，可判断为异常乳。

体细胞的检测，常用的方法有直接镜检法（同细菌检验）或加利福尼亚细胞数测定法（CMT法）。CMT法是根据细胞表面活性剂的表面张力，细胞在遇到表面活性剂时会收缩凝固的原理进行检验的。细胞越多，凝集状态越强，出现的凝集片越多。

检测乳罐车牛乳的体细胞，可以了解牛场乳腺炎的发生情况、牛场卫生状况，了解生乳的安全性，了解生乳的质量，预计成品的保质期。牛体未感染乳区的体细胞含量可低到1万/mL，感染乳区的体细胞含量可高达1000万/mL。5%的病牛牛乳来源的体细胞可占到牛场乳罐中所有体细胞的50%。

国外罐车或牛群体细胞标准为欧盟：40万/mL；美国：75万/mL；加拿大：50万/mL。牛群理想体细胞值：小于20万/mL。世界最低的瑞士的牛群已能低到10万/mL。

六、抗生素残留检验

抗生物质残留量检验是验收发酵乳制品原料乳的必检指标。常用的方法有以下两种：TTC试验和抑菌圈法。

1. TTC试验

如果鲜乳中有抗生素物质的残留，在被检乳样中，接种细菌进行培养，细菌不能增殖，此时加入的指示剂TTC保持原有的无色状态（未经过还原）；反之如果无抗生物质残留，试验菌就会增殖，使TTC还原，被检样变成红色。可见被检样保持鲜乳的颜色，即为阳性；如果变成红色，为阴性。

2. 抑菌圈法

将指示菌接种到琼脂培养基上，然后将浸过被检乳样的纸片放入培养基中，进行培养。如果被检乳样中有抗生物质残留，其会向纸片的四周扩散，阻止指示菌的生长，在纸片的周围形成透明的抑菌圈带，根据抑菌圈直径的大小，判断抗生物质的残留量。

任务二 品质异常乳的检验与卫生处理

一、异常乳产生的主要原因和性质

1. 低成分乳

由于遗传和饲养管理等因素的影响，使乳的成分发生异常变化而产生干物质含量过低的乳。如由于牛的品种、个体原因而造成的乳成分不同，属于遗传因素的影响，这可以通过加强育种改良解决。

饲养管理等环境因素对乳的成分具有重要的影响。以含脂率来说，一般是冬季高，夏季低。如限制粗饲料，过量给予浓厚饲料，会使含脂率降低。长期营养不良，不仅产乳量下降，而且无脂干物质和蛋白质含量也会减少。甚至连受饲料影响较少的乳糖和无机盐类，如果长期热量供给不足也会下降，并影响盐类平衡。最近试验证明，镁的含量不足，有造成原料乳对酒精试验不稳定的情况发生。如对乳牛施行合理的饲养管理，再在清洁卫生条件下挤乳和合理保存，可以获得成分含量高的优质原料乳。

2. 细菌污染乳

细菌污染乳是指原料乳被微生物严重污染产生异常变化，以致不能用作生产原料的乳。

（1）细菌污染乳的性状 原料乳被大量细菌污染后就发生种种异常情况，也就是成分异常乳。鲜乳在20～30℃长时间保存时，首先由乳酸菌产酸凝固，接着由大肠杆菌产生气体，最后由芽孢杆菌产生胨化和碱化，并产生异味。

（2）细菌污染乳的情况及预防措施 我国有些地区原料乳的细菌污染很严重，即使北方地区，在夏季也会有大量的细菌污染乳。主要原因是对原料乳卫生重视不够，牛体卫生管理差，挤乳卫生不严格，不及时冷却以及器具洗涤不彻底。原料乳冷却后忽视了嗜冷菌对其的污染，也是产生细菌污染乳的原因。

乳从挤奶到运往工厂加工，要经过许多过程，乳又是微生物的天然培养基。因此，必须注意防止挤乳前后的污染，减少或消除各种污染的机会，防止细菌污染乳的产生。

3. 酒精阳性乳

乳品厂检验原料乳时，一般用68%、70%或72%的中性酒精与等体积乳相混合。混合后出现凝块的称为酒精阳性乳，高酸度乳、乳房炎乳、冻结乳，酒精试验都呈阳性，为酒精阳性乳。还有一种低酸度酒精阳性乳，这种乳的酸度并不高（16°T以下），但酒精试验也呈阳性。

(1) 低酸度酒精阳性乳产生的原因

①环境的影响：除遗传因素外，还有饲养管理、产乳期和季节等的因素，难以明确说明。一般来说，春季发生较多，到采食青草时自然消失。开始舍饲的初冬（此时气温变化剧烈），或者在夏季盛暑期都易发生。年龄在6岁以上的奶牛产低酸度酒精阳性乳者居多数；卫生管理越差发生的情况越多。因此，采用日光浴、放牧、改进换气设施等使环境条件得以改善具有一定的效果。

②饲养管理的影响：由于喂给腐败饲料或者喂量不足，长期喂给单一饲料和过量喂给食盐而发生低酸度酒精阳性乳的情况很多。挤奶过度而热量供给不足时，容易发生耐热性低酸度酒精阳性乳的产生。产乳旺盛时，单靠供给饲料不够维持奶牛所需营养，所以分娩前必须给予充分的营养。因饲料骤变或维生素不足而引起低酸度酒精阳性乳产生时，可喂根菜类加以改善。

③生理机能的影响：乳腺的发育、乳汁的生成是受各种内分泌机能所支配。内分泌中特别是发情激素、甲状腺素、副肾皮质激素等与阳性乳的产生有密切关系。而这些情况一般与肝脏机能障碍、乳房炎、软骨症、酮体过剩等并发。

(2) 低酸度酒精阳性乳的性状　正常乳和低酸度阳性乳之间在成分方面的差别为：低酸度阳性乳在酸度、蛋白质（酪蛋白）、乳糖、无机磷酸盐、透析性磷酸盐等的数量方面较正常乳低；在乳清蛋白、钠、氮、钙离子、胶体磷酸钙等方面较正常乳高。另外分泌阳性乳的牛外观并无异样，但其血液中钙、无机磷和钾的含量降低，有机磷和钠含量增加，血液和乳汁中，镁的含量都低。总的看来，盐类含量不正常及其与蛋白质之间的平衡不均匀时，容易产生低酸度酒精阳性乳。

二、乳品掺杂的特点和分类

乳品生产和经营者在乳中加入各种物质，以假乱真、以杂当真或以伪当真，最终目的是获取非法利润。

（一）乳中掺假物的特点

乳中常见掺假物具有以下特点：

1. 掺假物是廉价的物质

最常见是加入水。

2. 掺假物和乳的物理性质非常相似

在乳中加入米汤、豆浆、广告白、白鞋粉等，因其色泽与乳的色泽相似，通过感官检查常难以辨别。

3. 掺假物起特殊作用

(1) 提高乳的密度　乳掺水后，密度降低，然后加入食盐、蔗糖或化肥等物质以提高乳的密度，想以假乱真。

(2) 降低乳的酸度　乳酸败后加入中和剂，以便中和过多的乳酸。

(3) 阻止酒精阳性试验结果出现　为了防止酒精阳性试验结果出现，乳中掺入洗衣粉。

(4) 防止乳的酸败　乳中加入甲醛、双氧水等，以抑菌和防腐。

（二）常见掺假物的分类

按掺假物的性质不同分为以下几类物质：

1. 水

是最常见的一种掺假物质，加入量一般为 5% ~ 20%，有时高达 30%。

2. 电解质

为增加乳的密度或掩盖乳的酸败，在乳中掺入电解质。

(1) 中性盐类　为了提高乳的密度，在牛乳中掺入食盐、土盐、芒硝(Na_2SO_4)、硝酸钠和亚硝酸钠等物质。

(2) 碱类物质　为了降低乳的酸度，掩盖乳的酸败，防止牛乳因酸败而发生凝结现象，常在乳中加入少量的碳酸钠、碳酸氢钠、明矾、石灰水、氨水等中和剂。

3. 非电解质物质

这类物质加入水中后不发生电离，如在乳中掺入尿素、蔗糖等，其目的是为了增加乳的相对密度。

4. 胶体物质

一般都是大分子物质，在水中以胶体溶液、乳浊液等形式存在，能增加乳的黏度，感官检验时没有稀薄感。如在乳中加入米汤、豆浆和明胶等，以增加重量。

5. 防腐物质

为了防止乳的酸败，在乳中加入具有抑菌或杀菌作用的物质，常见的有两类：

(1) 防腐剂　主要有甲醛、苯甲酸、水杨酸、硼酸及其盐类、过氧化氢、亚硝酸钠、重铬酸钾等。

(2) 抗生素　主要有青霉素、链霉素、红霉素等。

6. 其他物质

在乳中掺入三聚氰胺、明胶、牛尿、人尿、污水、白陶土、滑石粉、大白粉、白鞋粉等物质。

乳中掺入其他物质，不但降低乳的营养价值和风味，影响乳的加工性能和产品的品质，使消费者经济受到损失，而且许多掺假物质可损害食用者的健康，严重时造成食物中毒，甚至危及人的生命，导致死亡。因此，生产单位和检验部门应严格把关，加强原料乳和产品的掺假检验。

三、牛乳掺假检验

牛乳掺假情况极其复杂，掺假物种类繁多，五花八门，有时难以检出。据报道,我国牛乳掺假率高达36%~70%,掺假物有50余种,其中以掺水、碱、盐、糖、淀粉、豆浆、尿素等物质较为常见,并且以混合物掺假现象较为普遍。

检验人员应通过现场调查,获取资料,对可疑掺假物进行初步分析,确定检验方案。首先检验乳的色泽、气味、黏稠度等有无异常,再加热煮沸样品,检查有无咸味、苦味或其他异味。然后采用物理检验方法测定乳的密度、导电率、冰点等。同时,根据现场调查和感官检验结果,通过分析,确定化学检验项目,采用定量或定性分析方法检验乳中主要营养物质的含量、掺假物质的性质和含量。通过综合分析与检验,判定牛乳是否有掺假现象。常见的掺假检验方法有以下几种。

（一）感官检查

检查乳的色泽、气味和滋味、组织状态、有无杂质或沉淀。

1. 掺淀粉乳

乳汁变清白,有时有微细淀粉颗粒。

2. 掺豆浆乳

乳样呈淡黄色,奶香味差,并有豆腥味。

3. 掺食盐乳

乳液变稀,呈清白色,有咸味。

4. 掺碱乳

乳液变稀,用手搅拌时有润滑感,口感有碱的涩味。

（二）物理方法

检验乳的密度、电导率、冰点等。

1. 密度的测定

牛乳掺水后,密度下降,而且酸度、脂肪、蛋白质和乳糖等理化指标会相应降低。

2. 冰点的测定

乳中掺入电解质、非电解质、牛尿等物质后冰点下降。如牛乳掺入1%蔗糖,其冰点可达-0.64℃;掺尿素0.5%,冰点为-0.70℃;掺牛尿10%,其冰点约为-0.60℃。乳中掺入水后,冰点则上升。检验时用冰点测定器测定。

3. 电导的测定

乳的电导率与其中的离子浓度呈正相关,也与脂肪、乳糖及蛋白质有关。牛乳中掺水后,电导率降低;乳中掺入电解质时,电导明显增加。如乳中掺入食盐0.5%,电导上升为0.0077S;掺碳酸氢钠0.5%,电导为0.0064S。

4. 乳清密度的测定

乳中掺水、米汤、豆浆等物质后,乳清密度下降。在乳中加入酸,使酪蛋白沉淀。检验时分离乳清,测定其相对密度。

5. 折射率的测定

正常牛乳的折射率为 1.34199~1.34275，若乳中掺水后，折射率降低。用阿贝折射仪测定 20℃时乳的折射率。

（三）化学方法

测定乳的脂肪、蛋白质、非脂乳固体等营养物质含量和乳的酸度，并对可疑掺入物进行特殊离子敏感试验、有机化合物的官能团检验、有机化合物特性反应等，可采用滴定法、比色法、层析法和容量法。

1. 含脂率测定

正常全脂乳的脂肪含量 $\geqslant 3.1\%$，乳中掺入水、豆浆或米汤后，脂肪含量下降。

2. 掺水乳的检测

根据一般水（地下水、地表水）中含有一定量的硝酸盐（NO_3^-）和亚硝酸盐（NO_2^-），而牛乳中不含这两种物质的原理，用锌粉将 NO_3^- 还原为 NO_2^-，用格里斯（Griess）试剂与 NO_2^- 的呈色反应，便可检验出牛乳中是否掺水并估计掺水量。

3. 淀粉的检验

乳中掺有淀粉或米汤时，经煮沸、冷却后，加入碘液则有蓝色或青蓝色沉淀物出现。

4. 碱性物质的检验

（1）玫瑰红酸定性法　牛乳中加入等量玫瑰红酸溶液，如无碱性物质则呈黄色，有碱时则呈玫瑰红色。

（2）溴麝香草酚蓝法　乳中掺入碱液后，可使溴麝香草酚蓝指示剂由黄变为蓝色，由颜色的不同，判断加入碱性物质的含量。

5. 食盐的检验

乳中加入食盐后，与硝酸银生成氯化银白色沉淀，遇到铬酸钾指示剂后有橘红色沉淀出现。

综上所述，在牛乳掺假检验中，对不同掺假物质应采用不同方法检验。电解质类、非电解质类和胶体物质检验时应分别以导电率、冰点乳清和密度测定为主，再结合酸度、脂肪含量和密度测定结果综合分析，如确有掺假现象，应进一步定性分析。掺防腐物质，应先进行活性试验，对不合格者再进行定性试验。

（四）卫生处理

除单纯掺水乳可做乳粉等浓缩加工的乳制品原料外，其他的掺假掺杂乳一律不得作为食用。

四、乳房炎乳的检验

乳房炎乳中含有溶血性链球菌、金黄色葡萄球菌、绿脓杆菌和大肠杆菌等致病菌以及小球菌、芽孢菌等腐败菌，严重影响乳的卫生质量。此外，由于奶牛乳房发生炎症，上皮细胞坏死、脱落进入乳汁中，白细胞也会增加，甚至有血和脓。因此，收购生乳时应加强乳房炎乳的检验。

（一）氯糖数的测定

氯糖数是指乳中氯离子的百分含量与乳糖的百分含量之比。健康牛乳中氯糖数不超过4，而乳房炎乳的氯糖数增高。按现行相关规定分别测定乳中乳糖和氯离子含量，再计算氯糖数。

（二）隐血与脓的检出

乳房炎乳中含有隐血和脓，在二氨基联苯试剂中，加入4~5mL牛乳，20~30s后，如果有隐血和脓，液体呈深蓝色。

（三）氢氧化钠凝乳检验法

在碱性条件下，乳房炎乳出现沉淀。取乳样3mL于白色平皿中，加0.5mL氢氧化钠试液，立即回转混合，10s后观察，判定标准见表3-16。

表3-16 乳房炎乳的判定标准

现象	结果
无沉淀及絮片	-（阴性）
稍有沉淀发生	±（可疑）
有片条状沉淀	+（阳性）
发生黏稠性团块，并继之分为薄片	++（强阳性）
有持续性黏稠性团块（凝胶）	+++（强阳性）

（四）体细胞计数

乳中细胞含量的多少是衡量乳房健康状况及乳卫生质量的标志之一。正常牛乳中体细胞含量一般不超过50万个/mL，平均26万个/mL。当奶牛患有乳房炎时，乳中体细胞数超过50万个/mL。为了防止乳房炎乳混入原料乳中，我国和很多发达国家都采用体细胞计数的方法。

（五）电导率测定

正常牛乳的电导率为0.004~0.005S。奶牛患乳房疾病时，乳中盐类含量增加，电导率增高为0.0065~0.0130S。用电导率仪测定乳的导电率。

此外，还可采用溴麝香草酚蓝（B.T.B.）检验法、过氧化氢酶法（H_2O_2玻片法）、烃基（烷基）硫酸盐检验法（C.M.T.）等方法检验乳房炎乳。

（六）卫生处理

乳房炎乳不得食用，经消毒后可作为饲料。

任务三 乳制品的检验

一、乳制品的检验指标

乳制品的检验指标如表 3-17 所示。

表 3-17 乳制品的检验指标

产品名称	产品指标或检测项目
巴氏杀菌乳 （GB 19645—2010）	感官、脂肪、蛋白质、非脂乳固体、酸度、污染物限量、真菌毒素限量、菌落总数、大肠菌群、沙门菌、金黄色葡萄球菌、其他
灭菌乳 （GB 25190—2010）	感官、脂肪、蛋白质、非脂乳固体、酸度、污染物限量、真菌毒素限量、商业无菌、其他
调制乳 （GB 25191—2010）	感官、脂肪、蛋白质、污染物限量、真菌毒素限量、菌落总数、大肠菌群、沙门菌、金黄色葡萄球菌、食品添加剂和营养强化剂、其他
发酵乳 （GB 19302—2010）	感官、脂肪、非脂乳固体、蛋白质、酸度、污染物限量、真菌毒素限量、大肠菌群、霉菌、酵母、沙门菌、金黄色葡萄球菌、乳酸菌数、食品添加剂和营养强化剂、其他
干酪 （GB 5420—2010）	感官、污染物限量、真菌毒素限量、大肠菌群、沙门菌、金黄色葡萄球菌、单核细胞增生李斯特氏菌、霉菌、酵母、食品添加剂和营养强化剂
乳粉 （GB 19644—2010）	感官、脂肪、蛋白质、复原乳酸度、水分、杂质度、污染物限量、真菌毒素限量、菌落总数、大肠菌群、沙门菌、金黄色葡萄球菌、食品添加剂和营养强化剂
奶油、稀奶油、无水奶油 （GB 19646—2010）	感官、水分、脂肪、酸度、非脂乳同体、污染物限量、真菌毒素限量、菌落总数、大肠菌群、沙门菌、金黄色葡萄球菌、霉菌、食品添加剂和营养强化剂

二、乳制品的检验标准

乳制品检验相关标准如下：

（1）GB 5413.39—2010 食品安全国家标准 乳和乳制品中非脂乳固体的测定；

（2）GB 5413.34—2010 食品安全国家标准 乳和乳制品酸度的测定；

（3）GB 5413.30—2010 食品安全国家标准 乳和乳制品杂质度的测定；

（4）GB 21703—2010 食品安全国家标准 乳和乳制品中苯甲酸和山梨酸的测定；

（5）GB 5413.38—2010 食品安全国家标准 生乳冰点的测定；

（6）GB 22031—2010 食品安全国家标准 干酪及加工干酪制品中添加的柠檬酸盐的测定；

（7）GB 5413.37—2010 食品安全国家标准　乳和乳制品中黄曲霉毒素 M_1 的测定；

（8）GB/T 22388—2008 原料乳与乳制品中三聚氰胺检测方法；

（9）GB/T 4789.18—2010 食品安全国家标准　食品卫生微生物学检验乳和乳制品检验。

三、理化检验

（一）相对密度、酸度、杂质度、脂肪

同"本项目任务二鲜乳的卫生检验"。

（二）蛋白质的测定

蛋白质的定量测定方法主要分为两大类：一类是利用蛋白质的共性，即含氮，先测定含氮量后再计算出蛋白质的含量；另一类是利用蛋白质中有氨基酸残基、酸、碱性基团和芳香基团测定蛋白质含量。主要方法有凯氏定氮法、福林 - 酚试剂法、双缩脲法、紫外吸收法和考马斯亮蓝染色测定法等，其中凯氏定氮法测定蛋白质是《GB/T 5009.5—2010 食品安全国家标准　食品中蛋白质的测定》中的第一法。

（1）原理　食品中的蛋白质在催化加热条件下被分解，产生的氨与硫酸结合生成硫酸铵。碱化蒸馏使氨游离，用硼酸吸收后以硫酸或盐酸标准滴定溶液滴定，根据酸的消耗量乘以换算系数，即为蛋白质的含量。

（2）试剂　硫酸（密度为 1.84g/L）、硫酸钾、硫酸铜、硼酸溶液（20g/L）、氢氧化钠溶液（400g/L）、硫酸标准滴定溶液（0.0500mol/L）、甲基红指示剂、溴甲酚绿指示剂、亚甲基蓝指示剂。

（3）仪器　定氮蒸馏装置、自动凯氏定氮仪。

（4）操作

①试样处理：称取充分混匀的固体试样 0.2~2g、半固体试样 2~5g 或液体试样 10~25g（相当于 30~40mg 氮），精确至 0.001g，移入干燥的 100mL、250mL 或 500mL 定氮瓶中，加入 0.2g 硫酸铜、6g 硫酸钾及 20mL 硫酸，轻摇后于瓶口放一小漏斗，将瓶以 45°斜支于有小孔的石棉网上。小心加热，待内容物全部炭化，泡沫完全停止后，加强火力，并保持瓶内液体微沸，至液体呈蓝绿色并澄清透明后，再继续加热 0.5~1h。取下放冷，小心加入 20mL 水。放冷后，移入 100mL 容量瓶中，并用少量水洗定氮瓶，洗液并入容量瓶中，再加水至刻度，混匀备用。同时做试剂空白试验。

②测定：装好定氮蒸馏装置，向水蒸气发生器内装水至 2/3 处，加入数粒玻璃珠，加甲基红乙醇溶液数滴及数毫升硫酸，以保持水呈酸性，加热煮沸水蒸气发生器内的水并保持沸腾。向接收瓶内加入 10.0mL 硼酸溶液及 1~2 滴混合指示

液，并使冷凝管的下端插入液面下，根据试样中氮含量，准确吸取2.0~10.0mL试样处理液由小玻杯注入反应室，以10mL水洗涤小玻杯并使之流入反应室内，随后塞紧棒状玻塞。将10.0mL氢氧化钠溶液倒入小玻杯，提起玻塞使其缓缓流入反应室，立即将玻塞盖紧，并加水于小玻杯以防漏气。夹紧螺旋夹，开始蒸馏。蒸馏10min后移动蒸馏液接收瓶，液面离开冷凝管下端，再蒸馏1min，然后用少量水冲洗冷凝管下端外部，取下蒸馏液接收瓶。以硫酸或盐酸标准滴定溶液滴定至终点，其中2份甲基红乙醇溶液与1份亚甲基蓝乙醇溶液指示剂，颜色由紫红色变成灰色，pH5.4；1份甲基红乙醇溶液与5份溴甲酚绿乙醇溶液指示剂，颜色由酒红色变成绿色，pH5.1。同时作试剂空白。

③自动凯氏定氮仪法：称取固体试样0.2~2g、半固体试样2~5g或液体试样10~25g（相当于30~40mg氮），精确至0.001g。按照仪器说明书的要求进行检测。

$$X = \frac{(V_1 - V_2) \times c \times 0.0140}{m \times V_3/100} \times F \times 100$$

式中　X——试样中蛋白质的含量，g/100g；
　　　c——硫酸或盐酸标准滴定溶液浓度，mol/L；
　　　V_1——试液消耗硫酸或盐酸标准滴定液的体积，mL；
　　　V_2——样品滴定消耗硫酸标准溶液的体积，mL；
　　　V_3——吸取消化液的体积，mL；
　　0.0140——1.0mL硫酸［c（$1/2H_2SO_4$）=1.000mol/L］或盐酸［c（HCl）=1.000mol/L］标准滴定溶液相当的氮的质量，g；
　　　m——试样的质量，g；
　　　F——氮换算为蛋白质的系数。一般食物为6.25；纯乳与纯乳制品为6.38；面粉为5.70；玉米、高粱为6.24；花生为5.46；大米为5.95；大豆及其粗加工制品为5.71；大豆蛋白制品为6.25；肉与肉制品为6.25；大麦、小米、燕麦、裸麦为5.83；芝麻、向日葵为5.30；复合配方食品为6.25。

以重复性条件下获得的两次独立测定结果的算术平均值表示，蛋白质含量≥1g/100g时，结果保留三位有效数字；蛋白质含量<1g/100g时，结果保留两位有效数字。

（三）糖的测定

乳品中的单糖主要有葡萄糖，双糖有蔗糖和乳糖，多糖包括淀粉、纤维素等；按其化学性质可分为还原糖（乳糖、葡萄糖）和非还原糖（蔗糖、淀粉）。

乳糖是哺乳动物乳腺特有的产物，是一种碳水化合物。牛乳中的乳糖含量一般在4.7%左右，是牛乳中最稳定的一种成分，它以溶液状态存在于牛乳中。乳糖是一个分子葡萄糖和一个分子半乳糖结合的双糖，由于葡萄糖有自由的半缩醛羟基，能转变为游离的醛基，故具有还原性。乳糖含有的醛基与蛋白质的氨基在高温下易发生化学反应，使乳制品褐变，因而在乳制品的生产过程中要严格规定工艺条件来进行生产。

乳制品中的蔗糖一般是加工过程中添加的，蔗糖在酸或转化酶的作用下易被水解，生成等量的葡萄糖和果糖而具有还原能力。蔗糖转化后化学式量从342.2增加到360.2（葡萄糖和果糖），因此在进行结果计算时，要乘以系数0.95。

乳品中乳糖、蔗糖的测定方法有高效液色谱相法和滴定法，最常用的乳糖的测定是滴定法。

1. 乳糖滴定法

（1）原理 试样在除去蛋白质以后，在加热条件下，直接滴定已标定过的费林氏液，样液中的乳糖将费林氏液中的二价铜还原为氧化亚铜。以次甲基蓝为指示剂，在终点稍过量时乳糖将蓝色的氧化型次甲基蓝还原为无色的还原型次甲基蓝。根据样液消耗的体积，计算乳糖含量。

（2）试剂 200g/L 乙酸铅溶液、草酸钾－磷酸氢二钠溶液、10g/L 次甲基蓝溶液、200g/L 氢氧化钠溶液、1+1 盐酸溶液、2g/L 甲基红－乙醇溶液、费林甲液、费林乙液。

（3）仪器 250mL 容量瓶、50mL 滴定管、250mL 锥形瓶、电炉。

（4）操作

①准确称取 2.5~3g 样品，用 100mL 水分数次溶解并洗入 250mL。容量瓶中，徐徐加入 4mL 乙酸铅和 4mL 草酸钾－磷酸氢二钠溶液，并充分摇动容量瓶后，加水至刻度定容；

②静置数分钟后，用干燥滤纸过滤，并弃去最初的 25mL 滤液，剩下的过滤液为待滴定液；

③在滴定管中注入待滴定液 15mL，在锥形瓶中加入费林甲、乙液各 5mL，置于电炉上加热至沸腾，加入 3 滴次甲基蓝溶液，徐徐滴入待滴定液至蓝色完全褪色为止，读取消耗待滴定液的体积数。

计算：

$$w = \frac{250 m_1 f_1}{V_1 m} \times 100\%$$

式中 w——样品中乳糖的质量分数，%；

V_1——滴定消耗样液量，mL；

m——样品质量，mg；

m_1——由消耗样液体积查表所得乳糖质量，mg；

f_1——费林试剂乳糖校正值（通过乳糖标定费林试剂所得）。

2. 蔗糖测定

（1）原理 试样经除去蛋白质以后，用盐酸将其中的蔗糖水解转化为具有还原能力的葡萄糖和果糖,再按测定还原糖的方法进行测定。将水解前后的转化糖的差值乘以相应的系数即为蔗糖含量。

(2) 试剂　同"乳糖测定"。
(3) 仪器　同"乳糖测定"。
(4) 操作　准确称取2.5~3g样品,按乳糖滴定法进行处理。吸取处理后的滤液各50mL,分别置于100mL容量瓶中,其中一份加1+1盐酸溶液5mL,在68~70℃水浴中加热15min,取出后迅速冷却至室温,加2滴甲基红指示液,用200g/L氢氧化钠溶液滴定至中性,加水至刻度,摇匀。另一份直接用水定容至100mL,按滴定法分别测定还原糖。

计算:

$$蔗糖含量 = \frac{m_1\left(\frac{100}{V_2} - \frac{100}{V_1}\right)}{m \times \frac{50}{25} \times 1000} \times 100 \times 0.95\%$$

式中　m_1——10mL费林氏试液相当于转化糖的质量,mg;
　　　V_1——测定时消耗未经水解的样品稀释体积,mL;
　　　V_2——测定时消耗经过水解的样品稀释体积,mL;
　　　m——原测定还原糖时样品的质量,g;
　　　1000——将mL换算成g;
　　　0.95——分子的蔗糖经水解后成为2分子的还原糖(一分子的葡萄糖和一分子的果糖)蔗糖的相对分子质量为342,后来成为2×180,则342/360=0.95,所以转化糖换算到蔗糖应乘以0.95。

3. 总糖测定
(1) 原理　将所测得的乳糖和蔗糖相加即为总糖。
(2) 计算　总糖 = 蔗糖 + 乳糖。

（四）干酪的食盐含量测定

(1) 原理　用硝酸银标准溶液滴定试样中的氯化钠,生成氯化银沉淀后,滴加的硝酸银与铬酸钾指示剂作用生成铬酸银使溶液呈橘红色即为终点,由硝酸银标准溶液的消耗量计算出氯化钠的含量。
(2) 试剂　0.1mol/L硝酸银标准滴定溶液、50g/L铬酸钾指示液。
(3) 仪器　分液漏斗、250mL容量瓶、250mL锥形瓶、50mL滴定管。
(4) 操作　准确称取5g研碎的试样,置于125mL分液漏斗中,用热水充分洗涤试样内的盐分,反复洗涤5~8次,每次20~30mL,将洗涤液收集在250mL容量瓶中,加水至刻度,取洗涤液100mL于250mL锥形瓶中,加铬酸钾指示液1mL,用硝酸银标准滴定溶液(0.1mol/L)滴定至初显砖红色,记录消耗体积。

(5) 计算

$$X = \frac{(V_2 - V_1) \times c \times 0.0585}{m \times \frac{V_4}{V_3}} \times 100$$

式中　X——试样中食盐的含量，g/100g；

　　　c——硝酸银标准滴定溶液的实际浓度，mol/L；

　　　V_1——试剂空白消耗硝酸银标准滴定溶液的体积，mL；

　　　V_2——试样消耗硝酸银标准滴定溶液的体积，mL；

　　　V_3——洗涤液总体积，mL；

　　　V_4——滴定用洗涤液的体积，mL；

　　　m——取样质量，g；

　0.0585——与1.00mL硝酸银标准滴定溶液（1.000mol/L）相当的氯化钠的质量，g。

四、乳制品的微生物检验

（一）菌落总数检验（GB 4789.2—2010）

菌落总数是指食品检样经过处理，在一定条件下培养后（如培养基成分、培养温度和时间、pH、需氧性质等），所得1mL或1g检样中所含菌落的总数。本方法规定的培养条件下所得结果，只包括在平板计数琼脂上生长发育的嗜中温性需氧的菌落总数。

菌落总数主要作为判定乳品被污染程度的标志，也可以应用这一方法观察细菌在乳品中繁殖的动态，为被检样品的卫生学评价提供依据。

1. 设备和材料

（1）恒温培养箱：(36±1)℃。

（2）冰箱：0～4℃。

（3）恒温水浴锅：(46±1)℃。

（4）高压灭菌锅。

（5）天平：0～500g，精确至0.5g。

（6）电炉。

（7）灭菌吸管：1mL，10mL。

（8）灭菌三角瓶：500mL。

（9）玻璃珠：直径约5mm。

（10）灭菌平皿：直径90mm。

（11）灭菌试管：16mm×160mm。

（12）放大镜。

（13）菌落计数器。

（14）灭菌乳钵。

（15）试管架。

（16）灭菌刀、剪子、镊子等。

（17）灭菌镊子。

2. 培养基和试剂

（1）平板计数培养基

①成分：

胰蛋白胨	5g	琼脂	15g
酵母浸膏	2.5g	蒸馏水	1000mL
葡萄糖	1.0g	pH7.2	±0.2

②制法：将上述成分加于蒸馏水中，煮沸溶解，调节 pH，分装试管或锥形瓶，121℃高压灭菌 15min。

（2）试剂

①磷酸盐缓冲稀释液：

储存液：称取 34g 磷酸二氢钾溶解于 500mL 蒸馏水中，用 1mol/L 氢氧化钠溶液校正 pH 至 7.2 后，再用蒸馏水稀释至 1000mL。

稀释液：取以上储存液 1.25mL，用蒸馏水稀释至 1000mL，分装每瓶 100mL 或每管 10mL，121℃高压灭菌 15min。

②灭菌生理盐水。

③75%乙醇。

3. 检验程序

菌落总数的检验程序如图 3-3 所示。

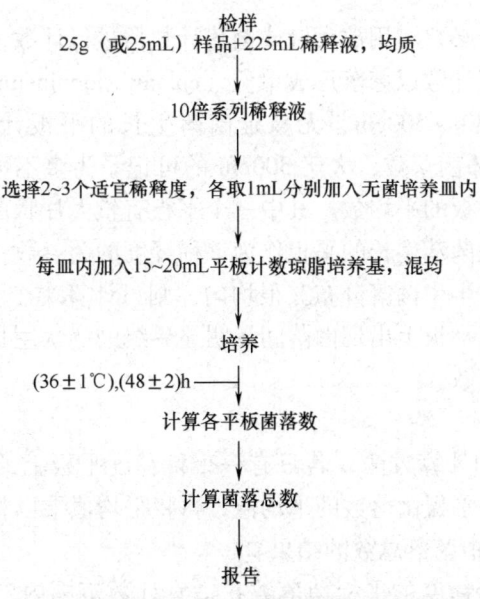

图 3-3 菌落总数的检验程序

4. 操作步骤

（1）检样稀释及培养　无菌操作，将25g或25mL检样置于含有225mL灭菌生理盐水或磷酸盐缓冲稀释液的灭菌玻璃瓶内（瓶内预置适当数量的玻璃珠）或灭菌乳钵内，经充分振摇或研磨做成1:10的均匀稀释液。

用1mL灭菌吸管吸取1:10稀释液1mL，沿管壁徐徐注入含有6mL灭菌生理盐水或磷酸盐缓冲稀释液的试管内（注意吸管尖端不要触及管内稀释液），用该吸管分3次，每次吸1mL灭菌生理盐水或磷酸盐缓冲稀释液徐徐注入该试管，以便洗出吸管内的残留样，然后振摇试管，混合均匀，做成1:100的稀释液。

另取1mL灭菌吸管，按上述操作顺序，做10倍递增稀释液。每递增稀释一次，换用1支1mL灭菌吸管。

根据乳品标准要求和检样中细菌污染情况的估计，选择2～3个适宜稀释度，以收取该稀释度的灭菌吸管移1mL稀释液于灭菌平皿内，每个稀释做两个灭菌平皿。

稀释液移入灭菌平皿后，应及时将凉至46℃［可放置于（46±1）℃水浴锅保温］约15mL平板计数琼脂培养基注入灭菌平皿内，并转动灭菌平皿使混合均匀。同时将平板计数琼脂培养基倾入加有1mL灭菌生理盐水或磷酸盐缓冲稀释液的灭菌平皿内作空白对照。

待琼脂凝固后，翻转平板，置（36±1）℃恒温培养箱内培养（48±2）h。

（2）菌落计数方法　做平板菌落计数时，可用肉眼观察，必要时用放大镜检查，以防遗漏。在记下各平板的菌落数后，求出同稀释度的各平板的平均菌落总数。

5. 菌落计数

可用肉眼观察，必要时用放大镜或菌落计数器进行计数，记录稀释倍数和相应的菌落数量。菌落计数以菌落形成单位（colony – forming units，cfu）表示。

选取菌落数在30～300cfu、无蔓延菌落生长的平板计数菌落总数。低于30cfu的平板记录具体菌落数，大于300cfu的可记录为多不可计。每个稀释度的菌落数应采用两个平板的平均数。其中一个平板有较大片状菌落生长时，则不宜采用，而应以无片状菌落生长的平板作为该稀释度的菌落数；若片状菌落不到平板的一半，而其余一半中菌落分布又很均匀，则可计算半个平板后乘以2，代表一个平板菌落数；当平板上出现菌落间无明显界线的链状生长时，则将每条单链作为一个菌落进行计数。

6. 结果与报告

（1）菌落总数的计算方法　若只有一个稀释度平板上的菌落数在适宜计数范围内，则计算两个平板菌落数的平均值，再将平均值乘以相应的稀释倍数，作为每1g（mL）样品中菌落总数的结果。

若有两个连续稀释度的平板菌落数在适宜计数范围内，则按下列公式进行计算：

$$N = \frac{\sum C}{n_1 + 0.1 \times n_2} \times d$$

式中　N——样品中菌落数；

$\sum C$——平板（含适宜范围菌落数的平板）菌落数之和；

n_1——第一稀释度（低稀释倍数）平板个数；

n_2——第二稀释度（高稀释倍数）平板个数；

d——稀释因子（第一稀释度）。

以表3-18为例说明计算方法。

表3-18　菌落总数计算示例

稀释度	1:100（第一稀释度）	1:1000（第二稀释度）
菌落数/cfu	232，244	33，35

$$N = \frac{\sum C}{(n_1 + 0.1 \times n_2) \times d}$$

$$= \frac{232 + 244 + 33 + 35}{[(2 + 0.1 \times 2)] \times 10^{-2}}$$

$$= \frac{544}{0.022}$$

$$= 24727$$

对该结果进行数字修约后，表示为25000或2.5×10^4。

若所有稀释度的平板上菌落数均大于300cfu，则对稀释度最高的平板进行计数，其他平板可记录为多不可计，结果按平均菌落数乘以最高稀释倍数计。

若所有稀释度的平板菌落数均小于30cfu，则应按稀释度最低的平均菌落数乘以稀释倍数进行计算。

若所有稀释度（包括液体样品原液）平板均无菌落生长，则以小于1乘以最低稀释倍数进行计算。

若所有稀释度的平板菌落数均不在30～300cfu，其中一部分小于30cfu或大于300cfu时，则以最接近30cfu或300cfu的平均菌落数乘以稀释倍数进行计算。

（2）菌落总数的报告　菌落数小于100cfu时，按"四舍五入"原则修约，以整数报告。

菌落数大于或等于100cfu时，第3位数字采用"四舍五入"原则修约后，取前2位数字，后面用0代替位数；也可用10的指数形式来表示，按"四舍五入"原则修约后，采用两位有效数字计数。

若所有平板上均为蔓延菌落而无法计数，则报告菌落蔓延。

若空白对照上有菌落生长，则此次检测结果无效。

称重取样以 cfu/g 为单位报告，体积取样以 cfu/mL 为单位报告。

（二） 大肠菌群检验 （GB/T 4789.3—2010）

大肠菌群系指能发酵乳糖、产酸产气、需氧和兼性厌氧的革兰阴性无芽孢杆菌。该菌主要来源于人畜粪便，大肠菌群的测定可推断乳品中肠道致病菌污染的可能情况。

1. 设备和材料

恒温培养箱：(36 ± 1)℃。

冰箱：0~4℃。

恒温水浴锅：(46 ± 0.5)℃。

高压灭菌锅。

天平：0~500g，精确至 0.5g。

显微镜：10~100×。

灭菌乳钵。

灭菌平皿：直径 90mm。

灭菌试管：16mm×160mm。

灭菌吸管：1mL，10mL。

灭菌三角瓶：容量 500mL。

灭菌玻璃珠：直径 5mm。

灭菌刀、剪子、镊子等。

2. 培养基和试剂

（1）月桂基硫酸盐胰蛋白胨（LST）肉汤管

①成分与 pH：胰蛋白胨或胰酪胨 20g，氯化钠 5g，乳糖 5g，磷酸氢二钾 2.75g，磷酸二氢钾 2.75g，月桂基磺酸钠 0.1g，蒸馏水 1000mL，pH6.8±0.2。

②制法：将上述成分溶解于蒸馏水中，调节 pH，分装到装有玻璃小导管的试管中，每管 10mL，121℃高压灭菌 15min。

（2）煌绿乳糖胆盐（BGLB）肉汤管

①成分与 pH：蛋白胨 10g，乳糖 10g，牛胆粉溶液 200mL，0.1%煌绿水溶液 13.3mL，蒸馏水 1000mL。pH7.2±0.1

②制法：将蛋白胨、乳糖溶于约 500mL 蒸馏水中，加入牛胆粉溶液 200mL（将 20g 脱水牛胆粉溶于 200mL 蒸馏水中，pH7.0~7.5），用蒸馏水稀释至 975mL，调节 pH 至 7.4，再加入 0.1%煌绿水溶液 13.3mL，用蒸馏水补足 1000mL，用棉花过滤后，分装到装有玻璃小导管的试管中，每管 10mL，121℃高压灭菌 15min。

（3）灭菌生理盐水。

（4）750%乙醇。

3. 检验程序

大肠菌群检验程序如图3-4所示。

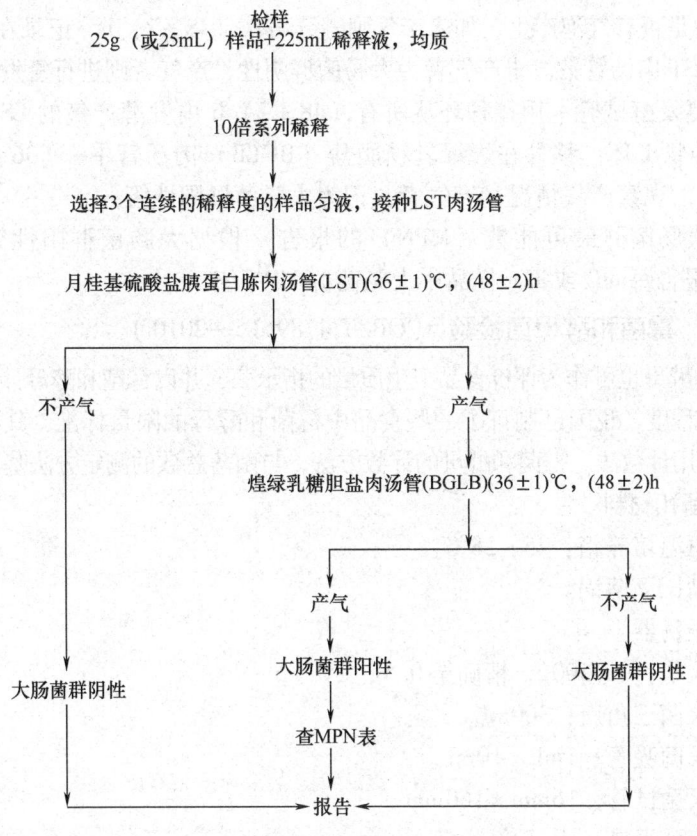

图3-4 大肠菌群检验程序

4. 操作步骤

（1）检样稀释 以无菌操作将检样25mL或25g放于含有225mL灭菌生理盐水或磷酸盐缓冲稀释液的灭菌玻璃瓶内（瓶内预置适当数量的玻璃珠）或灭菌乳钵内，经充分振摇或研磨做成1:10的均匀稀释液。

用1mL灭菌吸管吸取1:10稀释液1mL，沿管壁徐徐注入含有6mL灭菌生理盐水或磷酸盐缓冲稀释液的试管内（注意吸管尖端不要触及管内稀释液），用该吸管分3次，每次1mL灭菌生理盐水或磷酸盐缓冲稀释液徐徐注入该试管，以便洗出吸管内的残留样，然后振摇试管，混合均匀，做成1:100的稀释液。

另取1mL灭菌吸管，按上条操作依次做10倍递增梯度稀释液。每递增稀释一次，换用1支1mL灭菌吸管。

根据乳品标准要求和检样中细菌污染情况的估计，选择三个稀释度，每个稀释度接种3管。

（2）初发酵试验　每个样品，选择3个适宜的连续稀释度的样品均匀液（液体样品可以选择原液），每个稀释度接种3管月桂基硫酸盐胰蛋白胨（LST）肉汤，每管接种1mL（接种量超过1mL，用双料LST肉汤），（36±1）℃培养（24±2）h，观察导管中是否有气泡产生，如未产气则继续培养（48±2）h。记录在24h和48h内产气的LST肉汤管数。未产气者为大肠菌群阴性，产气者则进行复发酵试验。

（3）复发酵试验　用接种环从所有（48±2）h内发酵产气的LST肉汤管中分别取培养物1环，移种在煌绿乳糖胆盐（BGLB）肉汤管中，（36±1）℃培养（48±2）h，观察产气情况。产气者，记为大肠菌群阳性管。

（4）大肠菌群最可能数（MPN）的报告　根据大肠菌群阳性管数，检索MPN表，报告每mL或每g样品中大肠菌群MPN值。

（三）霉菌和酵母菌检验 （GB/T 4789.15—2010）

霉菌和酵母也可作为评价食品卫生质量的指示菌，并以霉菌和酵母计数来判定食品被污染的程度。我国已制订了一些食品中霉菌和酵母的限量标准，其检验方法很多，通常采用计数法。霉菌和酵母的计数方法，与菌落总数的测定方法基本相似。

1. 设备和材料

（1）恒温培养箱：25～28℃。

（2）高压灭菌锅。

（3）振荡器。

（4）天平：0～500g，精确至0.5g。

（5）灭菌三角瓶：300mL。

（6）灭菌吸管：1mL，10mL。

（7）灭菌试管：16mm×160mm。

（8）灭菌平皿：直径90mm。

（9）酒精灯。

（10）灭菌广口瓶：1000mL。

（11）菌落牛皮纸袋。

（12）放大镜。

（13）灭菌刀、剪子、镊子等。

（14）试管架。

2. 培养基和试剂

（1）马铃薯—葡萄糖—琼脂培养基（PDA）　霉菌和酵母在PDA培养基上生长良好。用PDA作平板计数时，必须加入抗生素以抑制细菌的生长。

（2）孟加拉红培养基　该培养基中的孟加拉红和抗菌素具有抑制细菌的作用。孟加拉红还可抑制霉菌菌落的蔓延生长。在菌落背面由孟加拉红产生的红色有助于霉菌和酵母菌落的计数。

（3）灭菌生理盐水。

(4) 75%乙醇。
3. 检验程序
检验程序如图3-5所示。

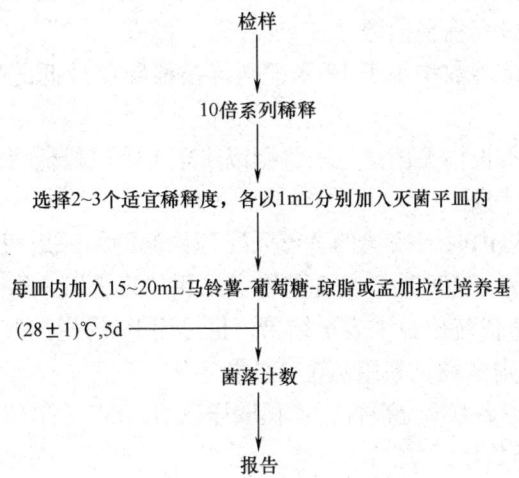

图3-5 霉菌和酵母菌检验程序

4. 操作步骤

(1) 检样稀释 固体和半固体样品称取25g样品至盛有225mL灭菌蒸馏水的锥形瓶中，充分振摇，即为1:10稀释液。或放入盛有225mL无菌蒸馏水的均质袋中，用拍击式均质器拍打2min，制成1:10的样品匀液。

液体样品以无菌吸管吸取25mL样品至盛有225mL无菌蒸馏水的锥形瓶（可在瓶内预置适当数量的无菌玻璃珠）中，充分混匀，制成1:10的样品匀液。

取1mL 1:10稀释液注入含有9mL无菌水的试管中，另换一支1mL无菌吸管反复吹吸，此液为1:100稀释液。

按上述操作程序，制备10倍系列稀释样品匀液。每递增稀释一次，换用1次1mL无菌吸管。

根据对样品污染状况的估计，选择2~3个适宜稀释度的样品匀液（液体样品可包括原液），在进行10倍递增稀释的同时，每个稀释度分别吸取1mL样品匀液于两个无菌平皿内。同时分别取1mL样品稀释液加入到两个无菌平皿中作空白对照。

及时将15~20mL冷却至46℃的马铃薯-葡萄糖-琼脂或孟加拉红培养基［可放置于（46±1）℃恒温水浴箱中保温］倾注平皿，并转动平皿使其混合均匀。

(2) 培养 待琼脂凝固后，将平板倒置，（28±1）℃培养5d，观察并记录。

(3) 菌落计数 肉眼观察，必要时可用放大镜，记录各稀释倍数和相应的霉菌及酵母数。计数单位以菌落形成单位（cfu）表示。选取菌落数在10~150cfu的平板，根据菌落形态分别计数霉菌和酵母菌。霉菌蔓延生长覆盖整个平板的可记录为多不可计。菌落数应采用两个平板的平均数。

（4）结果与报告　计算两个平板菌落数的平均值，再将平均值乘以相应稀释倍数计算。

若所有平板上菌落数均大于150cfu，则对稀释度最高的平板进行计数，结果按平均菌落数乘以最高稀释倍数计。

若所有平板上菌落数均小于10cfu，则应按稀释度最低的平均菌落数乘以稀释倍数进行计算。

若所有稀释度平板均无菌落生长，则以小于1乘以最低稀释倍数计算；如为原液，则以小于1计数。

菌落数在100以内时，按"四舍五入"原则修约，采用两位有效数字报告。

菌落数大于或等于100时，前3位数字采用"四舍五入"原则修约后，取前2位数字，后面用0代替位数来表示结果；也可用10的指数形式来表示，此时也按"四舍五入"原则修约，采用两位有效数字。

称重取样以cfu/g为单位报告，体积取样以cfu/mL为单位报告，报告或分别报告霉菌和/或酵母数。

项目小结

根据乳的化学成分与物理性质是否正常，可将乳分为正常乳和异常乳。常乳的化学成分和物理性质基本趋于稳定，是加工乳制品的主要原料。乳是多种物质组成的混合物，含有上百种成分，主要由水、脂肪、蛋白质、乳糖、矿物质、维生素及酶类等物质组成。正常情况下，乳中各种成分的含量比较稳定。乳的物理性质与乳制品的加工有极大的关系，同时也是检测乳及乳制品卫生质量的重要依据。为了确保乳与乳制品的卫生质量，有效地控制微生物的污染，应注意乳的生产卫生和初加工卫生。奶牛场的卫生应符合《16568—2006 奶牛场卫生规范》的规定。生鲜牛乳的感官指标、理化指标、兽药残留、微生物指标应符合《GB 19301—2010食品安全国家标准　生乳》。牛乳掺假情况极其复杂，掺假物种类繁多，五花八门，有时难以检出。检验人员应通过现场调查，获取资料，对可疑掺假物进行初步分析，确定检验方案。通过综合分析与检验，判定牛乳是否有掺假现象。乳制品的检验项目主要包括感官、脂肪、蛋白质、污染物限量、真菌毒素限量、菌落总数、大肠菌群、沙门菌、金黄色葡萄球菌、食品添加剂和营养强化剂等。

复习思考题

1. 简述乳的化学成分及理化特性。
2. 简述原料乳的掺假物质有哪些？

3. 原料乳与乳制品的卫生指标有哪些？
4. 试述鲜乳及乳制品的卫生检验方法及卫生评价的主要内容。

项目四 蛋与蛋制品的卫生检验

知识目标
1. 了解蛋在保藏时的变化；
2. 掌握蛋的新鲜度的检验方法；
3. 熟悉蛋制品的卫生检验方法。

技能目标
能够熟练进行蛋及蛋制品的感官和理化检验。

任务一 蛋保藏时的变化及新鲜度的检验

禽蛋（鸡蛋、鸭蛋、鹅蛋等）含有人体所需要的优质蛋白质、脂肪酸、碳水化合物、矿物质和维生素等营养物质，特别是蛋白质的含量比较高，还含有人类大脑和神经系统发育所不可缺少的卵磷脂、脑磷脂和神经磷脂等。蛋的内容物不仅富含营养物质，且消化吸收率很高，达95％以上，几乎完全能为人体所利用。因此，禽蛋作为食品具有很高的营养价值，与肉类、乳类一样，是人类重要的营养食品之一。

一、蛋的化学组成

禽蛋的化学组成主要是水、蛋白质、脂肪、矿物质和维生素等。这些成分的含量因家禽种类、品种、年龄、饲养条件、产蛋期及其他因素不同而有较大差异。几种禽蛋的主要化学组成见表3-19。

表3-19 蛋的主要化学组成 单位：%

禽蛋种类	水分	蛋白质	脂肪	碳水化合物	灰分
鸡蛋（白皮）	75.8	12.7	9.0	1.5	1.0
鸡蛋（红皮）	73.8	12.8	11.1	1.3	1.0

续表

禽蛋种类	水分	蛋白质	脂肪	碳水化合物	灰分
鸭蛋	70.3	12.6	13.0	3.1	1.0
鹅蛋	69.3	11.1	15.6	2.8	1.2
鹌鹑蛋	73.0	12.8	11.1	2.1	1.0

（一）蛋壳的化学组成

硬蛋壳的化学组成主要为碳酸钙，还有少量碳酸镁、磷酸钙、磷酸镁、有机化合物及色素等。现将硬蛋壳的化学组成列于表3-20。

表3-20　硬蛋壳的化学组成　　　　　　　　　　　　单位:%

禽蛋种类	碳酸钙	碳酸镁	磷酸钙和磷酸镁	有机物质
鸡蛋	93.0	1.0	2.8	3.2
鸭蛋	94.4	0.5	0.8	4.3
鹅蛋	95.3	0.7	0.5	3.5

（二）蛋白（蛋清）的化学组成

蛋白（蛋清）是禽蛋的主要组成部分，蛋白约占鸡蛋内容物的64%，鸭蛋内容物的57%，鹅蛋内容物的62%。例如鸡蛋白的化学成分主要是水（84.4%）、蛋白质（11.6%）、碳水化合物（3.1%）、矿物质（0.8%）、脂肪（0.1%）、维生素、酶等。

1. 蛋白中的水分

蛋白中的水分含量约为85%~88%，鸡蛋蛋白中的水分含量稍高于鸭蛋和鹅蛋。同一种类的蛋或同一枚蛋中，各层蛋白的含水量亦有所不同，例如新鲜蛋外层稀薄蛋白的水分含量为89.10%，中层浓厚蛋白的水分含量为87.75%，内层稀薄蛋白的水分含量为88.35%。随着蛋储存时间的延长，稀薄蛋白所占的比例逐渐增加，浓厚蛋白逐渐减少，因而蛋白的水分含量也逐渐增高，蛋白则变得稀薄。

2. 蛋白中的蛋白质

蛋白中的蛋白质含量为总量的11%~13%，其中又可分为卵白蛋白、伴白蛋白、卵球蛋白、卵黏蛋白和卵类黏蛋白等。这些蛋白质又可分为两类，一类为简单蛋白，如卵白蛋白、伴白蛋白和卵球蛋白；另一类为糖蛋白类，如黏蛋白和类黏蛋白。

（1）卵白蛋白　也称清蛋白，占蛋白总量的69.7%，可溶于水及稀薄盐溶液中，为结晶性蛋白。凝固温度为60~67℃，等电点为pH4.6~4.9。

（2）伴白蛋白　与卵白蛋白基本相同，但属于非结晶性蛋白，占蛋白量总的 9%，凝固温度为 58~67℃。

（3）卵球蛋白　占蛋白总量的 6.7%，不溶于水而溶于盐溶液（5%）中，凝固温度为 58~67℃。

（4）卵黏蛋白　属于糖蛋白质的一种，为复合蛋白质，占蛋白总量的 1.9%。

蛋白中的浓厚蛋白层，就是由卵黏蛋白包围的卵白蛋白。所以浓厚蛋白层中含卵黏蛋白达 80%，而稀薄蛋白中仅含 0.9%。

（5）类黏蛋白　类黏蛋白的含量仅次于卵白蛋白，约占 12.7%。与蛋白中的其他蛋白质比较，溶解度很大。酸和热都不能使其凝固，但能在酒精中凝固。

3. 蛋白中的碳水化合物

蛋白中的碳水化合物含量为 1% 左右，分两种状态存在。一种与蛋白质结合形成糖蛋白，呈结合状态存在；另一种呈游离状态存在，如葡萄糖。几种主要禽蛋的蛋白中葡萄糖的含量为：鸡蛋白为 0.41%，鸭蛋白为 0.55%，鹅蛋白为 0.51%。

蛋白中碳水化合物的含量虽少，但与蛋白片、蛋白粉等产品的色泽有密切关系。

4. 蛋白中的矿物质

蛋白中的矿物质以灰分计约为 0.60%（鸡蛋）。主要有钾（0.121%）、钠（0.126%）、钙（0.044%）、镁（0.011%）、磷（0.182%）等。还含有少量和微量的碘、溴、硼等。

5. 蛋白中的维生素

蛋白中所含维生素种类和含量都较蛋黄中为少，主要有维生素 B_2（0.32mg/100g）、烟酸（0.2mg/100g）及维生素 B_1（0.13mg/100g）。

6. 蛋白中的酶

蛋白中含有蛋白分解酶、淀粉酶、溶菌酶等。其中蛋白分解酶在蛋的储存过程中对蛋白有分解作用，因而使蛋白逐渐变稀，蛋白质含量逐渐减少。溶菌酶在初生蛋中含量最高，随着蛋储存时间的延长而减少，直至消失。因此，溶菌酶只在一定时间内和一定条件下有杀菌作用，在 37~40℃ 及 pH7.2 时活力最强。此外，受精蛋的胚胎发育一开始，酶就开始起作用，故酶与雏的形成有密切的关系。

（三）蛋黄的化学组成

蛋黄也是禽蛋的主要组成部分，蛋黄约占鸡蛋内容物的 36%，鸭蛋内容物的 43%，鹅蛋内容物的 38%。例如，鸡蛋黄的化学成分主要是水（51.5%）、蛋白质（15.2%）、脂肪（38.2%）、碳水化合物（3.4%）、矿物质（以灰分计占 1.7%）、维生素、色素等。

蛋黄有黄色蛋黄与白色蛋黄之分，白色蛋黄仅占整个蛋黄的5%，其余为黄色蛋黄，两者之间的化学组成有较大差别（见表3-21）。

表3-21　黄色蛋黄与白色蛋黄的化学组成　　　　　　　　　　单位:%

蛋黄类别	水分	蛋白质	脂肪	磷脂	浸出物	灰分
黄色蛋黄	45.50	15.04	25.20	11.15	0.36	0.44
白色蛋黄	89.70	4.60	2.39	1.13	0.40	0.62

1. 蛋黄中的蛋白质

蛋黄中的蛋白质占14%~16%，主要有卵黄磷蛋白、卵黄球蛋白及少量的白蛋白和糖蛋白。

（1）卵黄磷蛋白　卵黄磷蛋白占蛋黄蛋白质总量的75%~80%，与磷脂结合存在。与卵黄磷蛋白结合的磷脂占15%~30%，即使将磷脂除去，游离的卵黄磷蛋白中仍含磷1%左右，故为代表性的含磷蛋白。其性质与球蛋白近似，不溶于水而溶于中性盐及酸、碱的稀溶液中。凝固温度为60~70℃。

（2）卵黄球蛋白　卵黄球蛋白约占蛋黄中蛋白质总量的21.6%，含磷量0.1%，仅次于卵黄磷蛋白，而含硫量高于卵黄磷蛋白。等电点为pH4.8~5.0。

2. 蛋黄中的脂肪

蛋黄中含30%~33%的脂肪，其中属于甘油三酯的真正脂肪约占20%，磷脂约占10%，胆固醇约占0.7%。

真脂系多种高度不饱和脂肪酸的甘油三酯，为橙色和黄色的半黏稠乳浊状，其相对密度为0.918，融点为16~18℃，凝固点为-5~-7℃。

磷脂中大部分为卵磷脂，其次为脑磷脂，以及少量的神经磷脂。磷脂有很强的乳化作用，能使蛋黄保持很稳定的乳化状态。

3. 蛋黄中的矿物质

蛋黄中的矿物质以灰分计占1.5%~1.7%。例如，鸡蛋黄中的主要矿物质含量（mg/100g）为：钾95、钠54.9、钙112、镁41、磷240，其次还含有少量的铁（6.5mg/100g）及微量的锌、铜、锰、碘等。

4. 蛋黄中的维生素

蛋黄中含有丰富的维生素，其中以维生素A（438μg/100g）、维生素B_1（0.05mg/100g）、维生素B_2（0.40mg/100g）等含量较多，还含有一定量的泛酸及维生素D、维生素E、维生素K等。

5. 蛋黄中的色素

蛋黄中含有多种色素，从而使蛋黄呈黄色至橙黄色。其中主要为叶黄素，其次为玉米黄质，还有一定量的胡萝卜素、核黄素（维生素B_2）等。蛋黄中的色素与饲料有关。

蛋黄中除含有上述多种成分外，还含有多种酶类，如淀粉酶、蛋白酶、脂解酶、过氧化氢酶等。

二、蛋的理化性质

（一）蛋的相对密度

新鲜全蛋的相对密度为1.078～1.094，其中鸡蛋蛋壳的相对密度为1.740～2.134，蛋白的相对密度为1.039～1.052，蛋黄的相对密度为1.0288～1.0299。随着蛋贮存时间的延长，蛋的相对密度逐渐降低，故可通过测定蛋的相对密度来鉴定蛋的新鲜程度。

（二）蛋的表面张力和黏度

新鲜鸡蛋蛋白的表面张力为55～65N/m，蛋黄的表面张力为45～55N/m，蛋白与蛋黄混合后的表面张力为50～55N/m。

禽蛋各部分的黏度相差甚大。新鲜鸡蛋蛋白的黏度为3.5～10.5Pa·s，蛋黄的黏度为110.0～250.0Pa·s。在蛋的保藏过程中，随着蛋白质的分解及表面张力的降低，蛋白和蛋黄的黏度均逐渐降低。

（三）蛋的pH

新鲜鸡蛋蛋白的pH一般为7.2～7.6，蛋黄为5.8～6.0。在蛋的贮存过程中，随着CO_2向外逸出和氨类的产生，使蛋的pH向碱性方向变化。因此，可通过测定蛋的pH来鉴定蛋的新鲜度。

（四）禽蛋的热变性和冰点

新鲜鸡蛋蛋白的热凝固温度为62～64℃，平均63℃；蛋黄凝固温度为68～71.5℃，平均69.5℃。热凝固温度与其中所含的蛋白质种类和比例有关。

新鲜禽蛋蛋白的冰点为-0.42～-0.45℃，蛋黄为-0.57～-0.59℃。随着蛋贮藏时间的延长，因蛋白变稀而冰点增高。

三、蛋在保藏时的变化

（一）蛋的污染

来自健康家禽的新鲜蛋，可以认为是无菌的。而事实上经常从新鲜蛋中检出多种细菌和霉菌，其中包括致病菌和引起食物中毒的病原菌。蛋被微生物污染，可通过两个途径：一是产前污染，即患病家禽生殖器官中的病原微生物或健康家禽生殖器官中的寄生菌，在蛋液形成过程中进入蛋内，此外某些寄生虫如绦虫、线虫、吸虫，也可以产前进入蛋内；二是产后污染，即当蛋产出后，外界微生物通过气孔进入蛋内。蛋中常见的微生物有变形杆菌、沙门菌、假单胞杆菌、大肠杆菌、枯草杆菌、禽分支杆菌、葡萄球菌、腐败厌氧菌及青霉菌、毛霉菌、曲霉菌等。其中以沙门菌的卫生学意义最大。

（二）蛋的菌相变化及其卫生学意义

食品被细菌污染后共存于食品中的细菌种类及其相对数量的构成，通称为食品的细菌菌相，其中相对数量较大的细菌称为优势菌种（属、株）。食品在细菌作用下所发生的变化程度和特征，主要决定于菌相，特别是优势菌种。蛋被微生物污染后，在适宜的条件下，微生物迅速生长繁殖，使蛋发生腐败变质。因蛋内的菌相不同，蛋的腐败变质一般分为以下几类：

1. 霉变

主要由霉菌侵染引起的一种变质。常见的霉菌主要有芽枝霉、分枝孢霉、毛霉、葡萄孢霉和青霉等。在这些霉菌的作用下，蛋白发生溶解、黄白混合，蛋壳膜形成霉斑，蛋白颜色变黑，并具有霉味。

2. 腐败

蛋的腐败一般分为三种类型：

（1）白色腐败　主要由假单胞菌属、无色杆菌属、埃希氏菌属、枯草杆菌属等引起蛋白液化、蛋黄破裂、黄白掺混等变化。

（2）黑色腐败　主要是在荧光杆菌、变形杆菌的作用下，使蛋白质分解，产生硫化氢，致使蛋白变为绿色甚至黑绿色，蛋黄也由橘黄色变为黑绿色或黑色的液状物，并发出浓厚的臭蛋气味。

（3）混合腐败　是白色腐败和黑色腐败的混合变化。

除此之外，禽蛋带染沙门菌现象较多，蛋中检出率较高的鸡伤寒沙门菌、汤卜逊沙门菌、鼠伤寒沙门菌、塞夫顿堡沙门菌、婴儿沙门菌等，都是食物中毒的常见病原菌，在食品卫生学上具有重要意义。

（三）蛋保藏过程中的变化

蛋在保藏过程中，由于外界温度、湿度、包装材料的状态、收购时的蛋的品质和保存时间等因素的影响，都会使蛋发生生理的、物理的或化学的变化。

1. 生理变化

蛋在贮存期间，若是贮存的温度较高，将引起胚胎的生理变化。若是受精蛋，则使受精卵的胚胎周围形成血丝，以至发育形成雏禽；若是未受精蛋，则使未受精的胚珠出现膨大现象（热伤蛋）。这种变化易降低蛋的质量，而且大大影响蛋的贮藏期。防止这种变化的有效措施是降低贮存温度。

2. 物理变化

包括重量、气室、蛋白和蛋黄的变化。随着时间的推移，壳外膜逐渐消失，气孔暴露，蛋内水分蒸发，使蛋的重量减轻，气室扩大。蛋白层的比例发生显著变化，浓厚蛋白逐渐减少，稀蛋白逐渐增加，随着浓厚蛋白的减少，溶菌酶的杀菌作用降低，蛋的耐存性也大为降低。由于蛋黄膜的弹性下降，使蛋黄的高度明显降低，蛋黄指数减少，正常鲜蛋的蛋黄指数在 3.5 以上，当蛋黄指数下降到 2.5 以下时，蛋黄膜就会破裂。

3. 化学变化

包括 pH、含氨量、可溶性磷酸、脂肪酸等的变化。蛋在贮存期间，pH 不断发生变化，尤其是蛋白 pH 变化较大。一般情况下，鲜蛋白的 pH 为 7.8～8.0。在贮存初期，由于 CO_2 的快速蒸发，可使 pH 上升到 8.5 左右，但随着贮存时间的延长，蛋白质被蛋白酶分解，产生小分子的酸性物质，反而使 pH 下降，可降到 7 左右。蛋黄的 pH 也发生缓慢变化，鲜蛋黄的 pH 为 6 左右，由于 CO_2 的逸出，pH 逐渐缓慢升高，可达 7 左右。当蛋黄蛋白的 pH 均接近 7 时，说明蛋的新鲜度已下降，但尚可食用。当蛋腐败后，CO_2 难以排出，加上腐败后蛋内有机物分解产生酸类，pH 下降到 7 以下，这种蛋不能食用。由于酶和微生物的作用，使蛋中蛋白质发生分解，而使蛋内含氨量增加。贮存期间，蛋黄中的脂类逐渐氧化，使游离脂肪酸增加。由于蛋黄中含有卵黄磷蛋白、磷脂类及甘油磷酸等，蛋在贮存期间，随贮存时间延长，这些物质分解出可溶性无机态磷酸，尤其是腐败的蛋，可溶性磷酸增加更多。

当微生物侵入蛋内以后，在适宜温度下，就会生长繁殖，并释出蛋白水解酶，使蛋白逐渐水解，导致蛋白黏度消失，蛋黄的位置改变。蛋黄膜失去韧性而破裂，形成散黄蛋。而后蛋白质先被分解为氨基酸，继而形成酰胺、氨和硫化氢等，使蛋产生强烈的臭气，并形成某些有毒的活性物质。由于氨和 H_2S 不断积聚，最终引起蛋壳的爆裂。

为防止蛋的腐败变质，应采取包括保持蛋禽的健康，改善贮蛋的卫生条件，杀灭蛋壳表面及环境中的微生物，控制蛋的贮存环境的温度和湿度等综合性措施。

四、蛋的卫生检验

（一）蛋样品的采取

蛋的检验，由于经营鲜蛋的环节多，数量大，往往来不及一一进行检验，故可采取抽样的方法进行检验。对长期冷藏的鲜蛋、化学方法贮藏鲜蛋，在贮存过程中也应经常进行抽检，以便发现问题及时处理。

采样数量，在 50 件以内者，抽检 2 件；50 件至 100 件者，抽检 4 件；101 件至 500 件者，每增加 50 件增抽 1 件（所增不足 50 件者，按 50 件计）；500 件以上者，每增加 100 件增抽 1 件（所增不足 100 件者，按 100 件计算）。

（二）感官检验

凭借检验人员的感官器官鉴别蛋的质量，主要靠眼看、手摸、耳听、鼻嗅等方法进行综合判定。外观检查虽简便，但对蛋的鲜陈、好坏只能有个大概的鉴别。

1. **检验方法**

逐个拿出待检蛋，先仔细观察其形态、大小、色泽、蛋壳的完整性和清洁度等情况；然后仔细观察蛋壳表面有无裂痕和破损等；利用手指摸蛋的表面和掂蛋，必要时可把蛋握在手中使其互相碰撞以听其响声；最后嗅检蛋壳表面有无异常气味。

2. **蛋新鲜度的判定**

（1）新鲜蛋　蛋壳表面常有一层粉状物，蛋壳完整而清洁，无粪污、无斑点；蛋壳无凹凸而平滑，壳壁坚实，相碰时发清脆音而不发哑声；手感发沉。

（2）破蛋类

①裂纹蛋（哑子蛋）：鲜蛋受压或震动使蛋壳破裂成缝而壳内膜未破，将蛋握在手中相碰发出哑声。

②格窝蛋：鲜蛋受挤压或震动使鲜蛋蛋壳局部破裂凹下而壳内膜未破。

③流清蛋：鲜蛋受挤压、碰撞而破损，蛋壳和壳内膜破裂而蛋白液外流。

（3）劣质蛋　外观往往在形态、色泽、清洁度、完整性等方面有一定的缺陷。如腐败蛋外壳常呈乌灰色；受潮发霉蛋外壳多污秽不洁，常有大理石样斑纹；经孵化或漂洗的蛋，外壳异常光滑，气孔较显露。腐败变质的蛋甚至可嗅到腐败气味。

（三）灯光透视检验

利用照蛋器的灯光来透视检样蛋，可见到气室的大小、内容物的透光程度、蛋黄移动的阴影及蛋内有无污斑、黑点和异物等。灯光照蛋法简便易行，对鲜蛋的质量有决定性把握，是检验蛋新鲜度常用的方法之一。

1. **检验方法**

（1）照蛋　检验是在暗室里或弱光的环境中进行，方法是将蛋的大头紧贴照蛋器的洞口上，使蛋的纵轴与照蛋器约成30°倾斜，先观察气室大小和内容物的透光程度，然后上下左右轻轻转动，根据蛋内容物移动情况来判断气室的稳定状态和蛋黄、胚盘的稳定程度，以及蛋内有无污斑、黑点和游动物等。

（2）气室测量　蛋在贮存过程中，由于蛋内水分不断蒸发，致使气室空间日益增大。因此，测定气室的高度，有助于判定蛋的新鲜程度。

气室是用特制的气室测量规尺测量的。气室测量规尺是一个刻有平行刻线的半圆形切口的透明塑料板。测量时，先将气室测量规尺固定在照蛋孔上缘，将蛋的大头端向上正直地嵌入半圆形的切口内，在照蛋的同时即可测出气室的高度。读取气室左右两端落在规尺刻线上的数值（即气室左、右边的高度），按下式计算：

$$气室高度 = \frac{气室左边的高度 + 气室右边的高度}{2}$$

2. 蛋新鲜度的判定及卫生处理

（1）最新鲜蛋　透视全蛋呈橘红色，蛋黄不显现，内容物不流动，气室高度 4mm 以内。

（2）新鲜蛋　透视全蛋呈红黄色，蛋黄所在处颜色稍深，蛋黄稍有转动，气室高度 5~7mm。此系产后约 2 周以内的蛋，可供冷冻贮存。

（3）普通蛋　内容物呈红黄色，蛋黄阴影清楚，能够转动，且位置上移，不再居于中央。气室高度 10mm 以内，且能移动。系产后 2~3 个月左右的蛋，应速销售，不宜贮存。

（4）可食蛋　因浓厚蛋白完全水解，卵黄显见，易摇动，且上浮而接近蛋壳（靠黄蛋）。气室移动，高度达 10mm 以上。这种蛋应速销售，只作普通食用蛋，不宜作蛋制品加工原料。

（5）次品蛋（结合将蛋打开检查）

①热伤蛋：鲜蛋因受热时间较长，胚珠变大，但胚胎不发育（胚胎死亡或未受精）。照蛋时可见胚珠增大，但无血管。

②早期胚胎发育蛋：受精蛋因受热或孵化而使胚胎发育。照蛋时，轻者呈现鲜红色小血圈（血圈蛋），稍重者血圈扩大，并有明显的血丝（血丝蛋）。

③红贴壳蛋：蛋在贮存时未翻动或受潮所致。蛋白变稀，系带松弛。因蛋黄相对密度小于蛋白，故蛋黄上浮，且靠边贴于蛋壳上。照蛋时见气室增大，贴壳处呈红色，称红贴壳蛋。打开后蛋壳内壁可见蛋黄粘连痕迹，蛋黄与蛋白界限分明，无异味。

④轻度黑贴壳蛋：红贴壳蛋形成日久，贴壳处霉菌侵入，生长繁殖使之变黑，照蛋时蛋黄贴壳部分呈黑色阴影，其余部分蛋黄仍呈深红色。打开后可见贴壳处有黄中带黑的粘连痕迹，蛋黄与蛋白界限分明，无异味。

⑤散黄蛋：蛋受剧烈震动或蛋贮存时空气不流通，受热受潮，在酶的作用下，蛋白变稀，水分渗入蛋黄而膨胀，蛋黄膜破裂。照蛋时蛋黄不完整或呈不规则云雾状。打开后黄白相混，但无异味。

⑥轻度霉蛋：蛋壳外表稍有霉迹。照蛋时见壳膜内壁有霉点，打开后蛋液内无霉点，蛋黄蛋白分明，无异味。

以上次品蛋不得鲜销，必须经过高温处理（中心温度达 85℃ 以上）后才能食用。

（6）变质蛋和孵化蛋

①重度黑贴壳蛋：由轻度黑贴壳蛋发展而成。其粘贴着的黑色部分超过蛋黄面积 1/2 以上，蛋液有异味。

②重度霉蛋：外表霉迹明显。照蛋时见内部有较大黑点或黑斑。打开后蛋膜及蛋液内均有霉斑，蛋白液呈胶冻样霉变，并带有严重霉气味。

③泻黄蛋：蛋贮存条件不良，微生物进入蛋内并大量生长繁殖，在蛋内微生

物作用下，引起蛋黄膜破裂而使蛋黄与蛋白相混。照蛋时黄白混杂不清，呈灰黄色。打开后蛋液呈灰黄色，变稀，混浊，有不愉快气味。

④黑腐蛋：又称老黑蛋、臭蛋。是由上述各种劣质蛋和变质蛋继续变质而成。蛋壳呈乌灰色，甚至因蛋内产生的大量硫化氢气体而膨胀破裂。照蛋时全蛋不透光，呈灰黑色。打开后蛋黄蛋白分不清，呈暗黄色、灰绿色或黑色水样弥漫状，并有恶臭味或严重霉味。

⑤晚期胚胎发育蛋（孵化蛋）：照蛋时，在较大的胚胎周围有树枝状血丝、血点，或者已能观察到小雏体的眼睛，或者已有成形的死雏。

以上变质蛋和孵化蛋禁止食用，绝不允许加工成蛋制品。

（四）蛋相对密度的测定

1. 原理

鲜鸡蛋的平均相对密度为1.0845。蛋在贮存过程中，由于蛋内水分不断蒸发和CO_2的逸出，使蛋的气室逐渐增大，因而相对密度降低。所以，通过测定蛋的相对密度，可推知蛋的新鲜程度。利用不同相对密度的盐水，观察蛋在其中沉浮情况，便知蛋的相对密度。本法不适宜于检查用于贮藏的蛋、种蛋等。

2. 操作方法

先把蛋放在相对密度1.073（约含食盐10%）的食盐水中，观察其沉浮情况。若沉入食盐水中，再移入相对密度1.080（约含食盐11%）的食盐水中，观察其沉浮情况；若在相对密度1.073的食盐水中漂浮，则移入相对密度1.060（约含食盐8%）的食盐水中，观察沉浮情况。

3. 蛋新鲜度的判定

（1）在相对密度1.073的食盐水中下沉的蛋，为新鲜蛋。

（2）当移入相对密度1.080的食盐水中仍下沉的蛋，为最新鲜蛋。

（3）在相对密度1.073和1.080的食盐水中都悬浮不沉，而只在相对密度1.060食盐水中下沉的蛋，表明该蛋介于新陈之间，为次鲜蛋。

（4）如在上述3种食盐水中都悬浮不沉，则为过陈蛋或腐败蛋。

（五）荧光检验法

1. 原理

用紫外光照射，观察蛋壳光谱的变化，来鉴别蛋的鲜陈。这种荧光灯发射的紫外线照在蛋上，由于鲜蛋内容物的变化（腐败、产生氨类物质等），将会引起光谱的变化。鲜蛋的内容物吸收紫外光后发射出红光；不新鲜蛋的内容物吸收紫外光，发出比紫外光波长稍长的紫光。由于蛋的新鲜度不同，其发射光就在红光与紫光之间变化。

2. 方法

将荧光灯置暗室中，鲜蛋放于灯下，观察其颜色。

3. 蛋新鲜度的判定
（1）鲜蛋　深红色。
（2）次鲜蛋　橘红色或淡红色。
（3）变质蛋　紫青色或淡紫色。

（六）哈夫单位的测定

1. 原理
哈夫单位（Haughunit）系蛋白高度对蛋重的比例指数，即蛋白品质和蛋白高度的对数有直接的关系，以此来衡量蛋品质的好坏。哈夫单位越高，表示蛋白黏稠度越大，蛋的品质越好。

2. 哈夫单位计算公式

$$Hu = 100\log\left[H - \frac{G(30m^{0.37} - 100)}{100} + 1.9\right]$$

式中　Hu——（Haughunit）哈夫单位；
　　　H——蛋白高度，mm；
　　　m——蛋的质量，g；
　　　G——32.6（常数）。

3. 哈夫单位表
根据蛋重和浓蛋白高度，计算并制定了哈夫单位检索表或哈夫单位计算尺。应用时只须测得蛋重和浓蛋白高度，查检索表或使用计算尺，对准其蛋重和浓蛋白高度，查表3-22即可得出蛋的哈夫单位。

表3-22　哈夫单位与蛋白高度的相互关系

蛋重/g	49.6	53.2	56.7	60.2	63.8
蛋白高度/mm			哈　夫　单　位		
10	102	101	100	99	98
9	97	96	95	95	94
8	92	91	90	89	88
7	87	86	84	83	82
6	80	79	78	77	75
5	73	71	70	68	67
4	64	62	60	58	56
3	53	50	48	45	42
2	37	34	30	26	22
哈夫单位			蛋　白　高　度/mm		
100	9.6	9.8	10.0	10.2	10.3

续表

蛋重/g	49.6	53.2	56.7	60.2	63.8
哈夫单位			蛋白高度/mm		
90	7.6	7.8	7.9	8.1	8.3
80	5.9	6.1	6.5	6.5	6.7
70	4.6	4.8	5.0	5.2	5.4
60	3.6	3.8	4.0	4.2	4.2
50	2.8	3.0	3.2	3.3	4.3
40	2.2	2.3	2.5	2.7	2.8
30	1.6	1.8	2.0	2.2	2.3
20	1.2	1.4	1.6	1.8	1.9

4. 操作方法

蛋白高度用特殊的仪器——垂直测微器测量。把蛋打开，倒在水平的玻璃板上，测定浓蛋白最宽部分的高度（这个部位大约离蛋黄 1cm），优质蛋的蛋黄周围几乎紧贴着浓蛋白。测微器的轴慢慢地下降到和蛋白表面接触，量出刻度数，精确到 0.1mm。称蛋重有专门蛋秤或用天平代之。

5. 判定标准

以 100 最好，30 以下最劣。

特级（AA）　　哈夫单位 72 以上。

甲级（A）　　　哈夫单位 60~72。

乙级（B）　　　哈夫单位 30~59。

丙级（C）　　　哈夫单位 29 以下。

（七）蛋黄指数的测定

1. 原理

蛋黄指数（又称蛋黄系数）是蛋黄高度除以蛋黄横径所得的商。蛋越新鲜，蛋黄膜包得越紧，蛋黄指数就越高；反之，蛋黄指数就越低。因此，蛋黄指数可表明蛋的新鲜程度。

2. 操作方法

把鸡蛋打在一洁净、干燥的平底白瓷盘内，用蛋黄指数测定仪量取蛋黄最高点的高度和最宽处的宽度。测量时注意不要弄破蛋黄膜。

3. 计算

4. 判定标准

新鲜蛋的蛋黄指数一般为 0.36~0.44。

（八）蛋 pH 的测定

1. 原理

蛋在贮存过程中，由于蛋内 CO_2 向外逸出，加之蛋白质在微生物和自溶酶的作用下不断分解，产生氨及氨态化合物，使蛋内 pH 向碱性方向变化。因此，测定蛋白或全蛋的 pH，有助于蛋新鲜度的鉴定。

2. 操作方法

将蛋打开，取 1 份蛋白（全蛋或蛋黄）与 9 份蒸馏水混匀，用酸度计测定其 pH。

3. 判定标准

新鲜鸡蛋的 pH 为：蛋白 7.2~7.6，蛋黄 5.8~6.0，全蛋 6.5~6.8。

五、鲜蛋卫生标准

内销鲜蛋应符合《GB 2748—2003 鲜蛋卫生标准》，本标准规定了鲜蛋的定义、指标要求、标识、运输、贮存和检验方法，适用于各种禽类生产的鲜蛋类。

感官指标应符合表 3-23 的规定。

表 3-23 鲜蛋感官指标

项 目	指 标
色泽	具有禽蛋固有的色泽
组织形态	蛋壳清洁、无破裂，打开后蛋黄凸起、完整、有韧性，蛋白澄清透明、稀稠分明
气味	具有产品固有的气味，无异味
杂质	无杂质，内容物不得有血块及其他鸡组织异物

理化指标应符合表 3-24 的规定。

表 3-24 鲜蛋理化指标

项 目	指 标
无机砷含量/（mg/kg）	≤0.05
铅（Pb）含量/（mg/kg）	≤0.2
镉（Cd）含量/（mg/kg）	≤0.05
总汞（以 Hg 计）含量/（mg/kg）	≤0.05
六六六、滴滴涕	按 GB 2763 规定执行

任务二　蛋制品的加工卫生与检验

以鸡蛋、鸭蛋和鹅蛋等禽蛋为原料制成的产品，主要包括再制蛋、冰蛋品和干蛋品，它们能较长期贮存，调节市场供应，便于运输，且能增加风味，易于消化吸收，因而蛋制品在动物性食品加工业中占有重要的地位。除冰蛋品和咸蛋在食用前需加热烹调外，其他蛋制品一般为直接食用的食品，其卫生质量直接关系着广大消费者的健康。因此，对蛋制品加工过程中的卫生监督和产品的卫生检验，具有重要的卫生学意义。

一、冰蛋品的加工卫生与检验

冰蛋品分为冰鸡全蛋、冰鸡蛋黄和冰鸡蛋白 3 种，其区别仅所用原料不同，但加工方法完全相同。

（一）冰蛋品的加工卫生

1. 半成品加工的卫生监督

半成品即对原料蛋进行检验、清洗、消毒、晾干，然后去壳所得的蛋液。半成品质量的好坏直接影响着成品的质量，因此必须加强半成品加工的卫生监督。

（1）原料蛋的检验　先进行感官检验，剔除感官上不合格的劣质蛋。然后进行照蛋检验，剔除所有次劣蛋和腐败变质蛋。

（2）原料蛋的清洗和消毒　经检验挑选出来的新鲜蛋，在流水槽中洗净蛋壳，然后放在含 1%~2% 有效氯的漂白粉液（或 0.04%~0.1% 过氧乙酸液）中浸泡 5min，再于 45~50℃ 并加有 0.5% 硫代硫酸钠的温水中浸洗除氯。

（3）晾蛋　将消毒后的蛋送至晾蛋室晾干。晾蛋室的所有工具均应清洁无菌。

（4）去蛋壳　去蛋壳有手工打蛋和机械去蛋壳两种方法。手工打蛋时，操作人员应严格遵守卫生制度，防止蛋液人为的污染。

去蛋壳后所得的全蛋液或蛋白液、蛋黄液即为半成品，可分别加工为冰全蛋、冰蛋白、冰蛋黄。

2. 成品加工的卫生监督

（1）搅拌过滤　对半成品蛋液，工厂均采用搅拌器搅拌均匀，再通过 0.1~0.5cm^2 的筛网，滤净蛋液内的蛋壳碎片、壳内膜等杂质。

（2）预冷　及时预冷可以阻止细菌繁殖，保证产品质量，并缩短速冻时间。预冷在冷却罐内进行，罐内装有蛇形管，蛇形管内通以 -8℃ 的冷盐水不停地循环，使罐内的蛋液很快就降温至 4℃ 左右。

（3）装听（桶）　蛋液冷却至 4℃ 时即可装听（桶），一般有 5、10、20kg 装 3 种，装听（桶）后即可送入速冻间冷冻。

(4) 速冻 将装有蛋液的听或桶送至速冻间冷冻排管上，听（桶）之间要留有一定的间隙，以利冷气流通。速冻间温度要保持在 -20℃ 以下，冷冻 36h 后，将听（桶）倒置，使其四角冻结充实，防止膨胀，并可缩短冷冻时间。冷冻时间不超过 72h，听（桶）内中心温度达 -15 ~ -18℃ 时，速冻即可完成。

(5) 冷藏 将速冻后的听（桶）用纸箱包装，然后送到冷藏库冷藏。冷藏库的温度需保持在 -15℃ 以下。

（二）冰蛋品的卫生检验

冰蛋品的卫生检验包括感官检验、理化检验和微生物检验。具体检验方法参照 GB/T 5009.47—2003 要求进行。

二、干蛋品的加工卫生与检验

干蛋品是将蛋液中大部分水分蒸发干燥而成的蛋制品。包括干蛋粉（全蛋粉、蛋白粉、蛋黄粉）和干蛋白（蛋白片）。

（一）干蛋品的加工卫生

干蛋品的加工工艺包括半成品和成品的加工。其中半成品加工方法与冰蛋品相同，不再赘述。现将干蛋品加工工艺中成品加工的卫生监督介绍如下。

1. 干蛋粉加工的卫生监督

干蛋粉（包括全蛋粉、蛋白粉、蛋黄粉）的加工可采用压力喷雾或离心喷雾法进行喷雾干燥，即先将蛋液经过搅拌过滤，除去蛋壳及杂质，并使蛋液均匀，然后喷入干燥塔内，形成微粒与热空气相遇，瞬时即可除去水分，落入底部形成蛋粉，最后经晾粉、过筛即为成品。但生产蛋白粉时，需将蛋白液进行发酵，以除去其中的碳水化合物及其他杂质，发酵方法可参照下述干蛋白的加工方法。

2. 干蛋白（蛋白片）加工的卫生监督

(1) 发酵 加工干蛋白时，对半成品需进行发酵。发酵的目的是除去混入蛋白中的蛋黄、胚盘、黏液质、碳水化合物及其他杂质，使干燥时便于脱水，增加成品的溶解度，提高打擦度，防止成品色泽变深等。

(2) 中和 蛋白液经发酵后呈酸性，在烘制干燥过程中会产生气泡，酸度高也不耐贮藏，因此需用氨水中和到 pH 达 7.0 ~ 7.2。

(3) 烘干 用浅盘水浴干燥（也称流水烘架）。将经过发酵、中和后的蛋白液注入烘盘（35cm×35cm）中，每盘约 2kg。为了使水分迅速蒸发，在蛋白不凝固的情况下尽量提高温度。

水流的前后温度差不应超过 1℃，盘内温度从 51℃ 开始，逐渐提高，要求在 4 ~ 6h 内达 53 ~ 54℃，直至第一次揭片。

在烘干过程中，必须将液面上的泡沫和油层杂质刮去，即在浇盘后 2h 刮去泡沫，9h 后刮去油层和杂质。

蛋白液经 12~24h 的蒸发后，逐渐凝结成一层薄片，再经 2~3h 薄片变厚，至其中心厚度达 1.5~2mm 时，即可揭第 1 次蛋白片；再经 1~2h，揭第 2 次，依次类推，直至清盘为止。

(4) 热晾和拣选　烘干后的蛋白片，还有很多水分（24%左右），必须平铺在布盘上，放在温度为 40~45℃ 的温室内热晾 4~5h，至蛋白片发碎裂声，水分降至 15% 左右时，进行拣选。拣选是将大片捏成约 1cm 长的小块，并将碎屑、厚块、潮块等拣出，分别处理。

(5) 焙藏和包装　拣选后的大片，称重后倒入木箱，上盖白布或木盖，放置 48~72h，使水分均匀，这个过程就称为焙藏。最后检验水分和打擦度，合格后即可包装。

(二) 干蛋品的卫生检验

干蛋品的卫生检验包括感官检验、理化检验和微生物学检验。具体检验方法参照 GB/T 5009.47—2003 要求进行。

三、再制蛋的加工卫生与检验

再制蛋主要有皮蛋、咸蛋和糟蛋 3 种，都是我国传统的禽蛋制品，不仅在国内有很大的消费市场，而且在国际市场上的销路也很广，是我国蛋制品出口的拳头产品。

(一) 皮蛋的加工卫生与检验

1. 皮蛋的加工卫生

皮蛋（basified eggs）是我国首创的蛋制品，是我国的特产，虽然国外也有制作，但品质和风味均不如我国加工的皮蛋好。皮蛋不但是我国人民喜爱的食品之一，而且出口远销日本、东南亚、欧美等国家和地区。皮蛋的蛋白表面产生美观的花纹，状似松花，故又称为松花蛋；当用刀切开后，蛋内色泽变化多端，故又称为彩蛋；有些地方也将其称为变蛋。

皮蛋因加工用料及条件不同，其产品有不同的种类。按蛋黄部分的软硬来分，有硬心皮蛋（俗称湖彩蛋）和溏心皮蛋（俗称京彩蛋）；按加工用禽蛋种类不同，可分为鸭皮蛋、鸡皮蛋和鹅皮蛋；按加工用辅料的不同，可分为有铅皮蛋、无铅皮蛋、烧碱皮蛋、五香皮蛋、糖皮蛋及清凉解毒皮蛋等。

皮蛋的制作方法大致有三种工艺。一是生包法，就是把调制好的料泥直接包在蛋壳上，硬心皮蛋加工采用此法，溏心皮蛋加工也有采用此法的；二是浸泡法，就是把辅料调制成料液，将鲜蛋浸渍在料液中加工而成，溏心皮蛋大多采用此法；三是涂抹法，即先制成皮蛋粉料，然后将皮蛋粉料经调制后均匀地涂抹在蛋壳上来制作皮蛋，快速无铅皮蛋采用此方法的较多。

（1）原料蛋的挑选　加工皮蛋的原料蛋一般选用鸭蛋，也有用鸡蛋和鹅蛋的。原料蛋质量的好坏直接关系着成品皮蛋的质量，因此在加工皮蛋前必须对原料蛋进行认真地挑选。挑选的方法一般采用感官检验、照蛋检验和大小分级。

（2）皮蛋的加工辅料　鲜蛋在辅料的作用下，通过一系列的化学反应后而成为皮蛋。加工皮蛋的辅料主要有纯碱（或生石灰，或烧碱）、食盐、红茶末、植物灰（或干黄泥）、谷壳。加工含铅皮蛋时，还有氧化铅（黄丹粉）作为重要辅料。所有辅料都必须保持清洁、卫生。氧化铅的加入量要按有关规定执行，以免皮蛋中铅超出国家卫生标准，危害人体健康。

2. 皮蛋的卫生检验

（1）皮蛋的感官检验　先仔细观察皮蛋外观（包泥，形态）有无发霉，敲摇检验时注意颤动感及响水声。皮蛋刮泥后，观察蛋壳的完整性（注意裂纹），然后剥开蛋壳，要注意蛋体的完整性，检查有无铅斑、霉斑、异物和松花花纹。剖开后，检查蛋白的透明度、色泽、弹性、气味、滋味，检查蛋黄的形态、色泽、气味、滋味。

（2）皮蛋的理化检验　皮蛋的理化检验项目有 pH、游离碱度、挥发性盐基氮、总碱度、铅、砷等的测定，按 GB/T 5009.47—2003 操作。

（3）皮蛋的微生物检验　皮蛋的微生物检验项目有菌落总数、大肠菌群和致病菌（系指沙门菌）的检验。按 GB 4789.2—2010、GB/T 4789.3—2003 和 GB/T 4789.31—2003 要求操作。

3. 皮蛋感官质量的评定

（1）良质皮蛋：蛋外包泥或涂料均匀洁净，蛋壳完整无霉变，敲摇时不得有响水声。剖检时，蛋体完整，蛋白呈青褐、棕褐或棕黄色半透明体，有弹性，蛋黄呈深浅不同的绿色或黄色略带溏心或凝心。具有皮蛋应有的滋味和气味，无异味。

（2）次劣皮蛋

①损壳皮蛋：皮蛋的蛋壳出现裂纹、凹壳、破壳、脱壳等现象，食用时碱味很浓，有涩味。当只见有裂纹、凹壳、蛋壳破裂而蛋体完整时，应及时食用。一旦发现蛋壳破裂，且蛋体部分脱落者，需经烧煮后方可食用。

②烂头皮蛋（又称碱伤蛋）：蛋白不坚韧，甚至有黑水，蛋黄结成黄色蜡丸样。这种碱伤皮蛋，轻微的可食用。生包蛋中有部分蛋壳完整，蛋白呈液状，蛋黄硬结，摇晃时有拍水声的碱伤蛋不能食用。

③回气皮蛋：蛋壳多数完整，但弹性差，气室大，色泽呈青黄色，无光泽，蛋白发黏。切开后见蛋黄有黑色液体流出，有异味。严重的回气皮蛋，稍加震动就会爆裂。回气皮蛋一般不能食用。

④响水皮蛋：在摇晃时有水响的声音，灯光透视时，蛋白不凝固或凝固不好，色浅，有的蛋黄随蛋体的转动而转动，有的黄白混杂。严重者蛋内呈黑色。轻度的响水皮蛋与其他菜烹调后可食用，严重的响水皮蛋禁止食用。

⑤黄次皮蛋：这种蛋多发于冬天，其蛋白与蛋黄凝结正常，但是整个蛋体呈黄色，色、香、味较差。这种蛋对食用无害。

⑥呆白、寡绿皮蛋：蛋白呈呆白状态的称呆白皮蛋，蛋白色泽绿而不鲜的称寡绿皮蛋。这种蛋一般蛋壳完整，离壳不好，不宜作较长时期的存放。

⑦变质皮蛋：气室大，剖检时可见蛋黄有黑色液体流出，甚至只残留少部分蛋白和蛋黄，散发刺鼻的臭味。严重变质蛋因产硫化氢较多，稍加震动就会有爆裂声。变质皮蛋不允许食用。

（二）咸蛋的加工卫生与检验

1. 咸蛋的加工卫生

咸蛋也称盐蛋、腌蛋、味蛋，制做简便，费用低廉，耐贮藏，四季均可食用，尤其是夏令佳肴。煮熟后的咸蛋，蛋白细嫩，蛋黄鲜红，油润松沙，清爽可口，咸度适中，深受消费者的喜爱。江苏省高邮的咸蛋，全国闻名，也远销国外。咸蛋的加工遍及全国各地，加工方法也很多，主要有稻草灰腌制法、盐泥涂包法、盐水浸渍法。

（1）原料蛋的挑选　加工咸蛋的原料应选择蛋壳完整的新鲜蛋，只有用新鲜的原料蛋才能加工出品质优良的咸蛋。因此，加工咸蛋用的鲜蛋应经过严格检验，具体检验方法与皮蛋加工的原料蛋挑选方法相同。

（2）咸蛋加工辅料的卫生要求　咸蛋加工的主要辅料是食盐。食盐的作用是增加蛋的耐藏性，并使其具有一定的风味，因而咸蛋便由贮蛋方法变成了加工再制蛋的方法。黄泥和草木灰能使食盐在较长的时间内均匀地向蛋内渗透，并可阻止微生物向蛋内进入，也有助于防止咸蛋在贮存、运输、销售过程中的破损。

加工咸蛋的食盐要求纯净，氯化钠含量高（96％以上），必须是食用盐，不能用工业盐加工咸蛋。草木灰和黄泥要求干燥，无杂质，受潮霉变和杂质多的不能使用。加工用水达到生活饮用水水质标准。

2. 咸蛋的卫生检验

（1）大样感官检验　就是对成批的咸蛋进行感官检查，看包着的灰泥是否过于干燥，有无脱落现象，有否破损。检验咸蛋的成熟程度，也就是咸味是否适中，以决定是否还要继续腌制。

（2）光照透视检验　一般抽咸蛋样品5％左右，除去包着的灰、泥后灯光透视。正常的蛋可见透亮鲜明，蛋黄红色带黄，随蛋的转动而转动，蛋白清晰。

（3）摇晃检验　将咸蛋拿在手中，轻轻摇动，听到有拍水声的是成熟的蛋（因盐分渗入，蛋白呈水样所致），无振荡拍水声的是混蛋。

（4）去壳检验　抽取几枚蛋，打开蛋壳，见蛋白、蛋黄分明，蛋白水样透明，蛋黄坚实，色红或橙黄者为好蛋；略有腥气味，蛋黄不坚实的为未成熟蛋；蛋黄、蛋白不清，蛋黄发黑，有臭气的是变质咸蛋。

（5）煮熟后检验　取几枚样品蛋洗净后煮熟，良质咸蛋蛋壳完整，烧煮的水洁净透明，切开后蛋白鲜嫩洁白，蛋黄坚实，色红或橙黄，周围有油珠；裂纹蛋有蛋白外溢凝固，烧煮水浑浊；变质蛋烧煮时炸裂，内容物全黑或黑黄，煮蛋的水浑浊而有臭气。

3. 咸蛋感官质量的评定

（1）良质咸蛋　蛋壳完整，无裂纹，无发霉现象；轻摇时因蛋白稀薄流动而有轻度水荡声；灯光透视时蛋白透明而无斑点，气室小，蛋黄缩小；打开后，见蛋白稀薄，浓蛋白层消失、透明，蛋黄呈红色或淡红色，浓缩，黏度增加，但不硬固。煮熟后有香味，蛋黄呈朱砂色，富有油脂，食时有沙感。咸淡适中而无异味。

（2）次劣变质咸蛋

①泡花蛋：在灯光透视时，可见蛋内容物似水泡花，将蛋转动时水泡亦随着转动；煮熟后蛋内容物呈蜂窝状。这种蛋仍可食用。

②混黄蛋：灯光透视时，可见蛋内容物模糊不清，色暗浑浊，蛋转动时蛋黄蛋白分辨不清。打开蛋壳后，见蛋白呈淡黄色和白色相混呈粥状。蛋黄缩小或变形，外部呈乳白色，质地稀薄，带有恶臭。混黄蛋原则上禁止食用，初期如无腥味时，可煮熟后食用。

③黑黄蛋：轻度黑黄蛋，灯光透视时见蛋黄发黑，蛋白尚清晰透明，打开蛋后见蛋黄黑而硬，蛋白较清晰、透明，有腐败味。这种黑黄蛋称为"清水黑黄蛋"，应充分煮熟后食用。重度黑黄蛋，蛋黄与蛋白皆成水样，呈黄黑或黑绿色，有强烈的臭味。这种黑黄蛋称"混水黑黄蛋"，严禁食用。

此外，还有损壳咸蛋、红贴壳咸蛋、黑贴壳咸蛋等。与鲜蛋检查时的特征和处理方法相同。

（三）糟蛋的加工卫生与检验

1. 糟蛋的加工卫生

糟蛋（pickled eggs）是选用新鲜鸭蛋经裂壳后，用优质糯米制成的酒糟腌渍慢泡而成的一种再制蛋，是我国具有独特风味的产品。它具有蛋壳柔软、蛋质细嫩、醇香可口、回味悠长的特点。我国浙江平湖的软壳糟蛋和四川宜宾的叙府糟蛋最为有名。

（1）原料蛋的卫生要求　通过照蛋检验，剔除各种次劣蛋和变质蛋，选用新鲜、大小均匀的鸭蛋为原料，一般要求每1000枚鸭蛋重65~75kg，并且按重量分级，以便成熟时间一致。将挑选的新鲜鸭蛋用清水刷洗净，蛋壳不得留有泥沙、禽粪、杂质和其他污物。洗净后单层放置，晾干水分。

（2）加工糟蛋辅料的卫生要求　加工糟蛋的辅料主要有糯米及其酒糟、食盐、红砂糖。糯米是制作酒糟的原料，应选用优质糯米，以当年新米最好，要求色白、颗粒饱满，气味好，无杂米粒。这样的糯米制成的酒糟，能产生较多的酸、醇、糖。糯米制成酒糟需用酒药，制糟蛋用的酒药有绍药和甜药2种。食盐质量应符合卫生标准。红砂糖总糖分不应低于89%。

2. 糟蛋的卫生检验

（1）良质平湖糟蛋的感官质量　蛋形态完整，蛋膜不破，蛋壳脱落或基本脱落；蛋白呈乳白色、淡黄色，色泽均匀一致，呈糊状或凝固状；蛋黄完整，呈黄色或橘红色，呈半凝固状；具有糟蛋正常的醇香味，无异味。

（2）次劣糟蛋

①矾蛋：就是糟与蛋及蛋壳粘结在一起，如烧过的矾一样。这种糟蛋是因酒糟含醇量低或蛋坛有漏缝所致，不可食用。

②水晶蛋：蛋内全部或者大部分都是水。色由白转红，蛋黄硬实，有异味，不宜食用。

③空头蛋：蛋内只有萎缩了的蛋黄，没有蛋白。这种糟蛋不宜食用。

四、蛋制品国家卫生标准

我国现行的蛋制品卫生标准为 GB 2749—2003，其主要内容如下。

（一）适用范围

本标准规定了蛋制品的定义、指标要求、食品添加剂、生产加工过程的卫生要求、包装、标识、运输、贮存和检验方法。适用于以鲜蛋为原料，添加或不添加辅料，经相应工艺加工制成的蛋制品。

（二）卫生要求

1. 感官指标

蛋制品的感官指标应符合表 3 – 25。

表 3 – 25　蛋制品的感官指标

品　种	指　标
巴氏杀菌冰全蛋	坚洁均匀，呈黄色或淡黄色，具有冰全蛋的正常气味，无异味，无杂质
冰蛋黄	坚洁均匀，呈黄色，具有冰蛋黄的正常气味，无异味，无杂质
冰蛋白	坚洁均匀，白色或乳白色，具有冰蛋白正常的气味，无异味，无杂质
巴氏杀菌全蛋粉	呈粉末状或极易松散之块状，均匀淡黄色，具有全蛋粉的正常气味，无异味，无杂质
蛋黄粉	呈粉末状或极易松散块状，均匀黄色，具有蛋黄粉的正常气味，无异味，无杂质
蛋白片	呈晶片状，均匀浅黄色，具有鸡蛋白片的正常气味，无异味，无杂质
皮蛋	外包泥或涂料均匀洁净，蛋壳完整，无霉变，敲摇时无水响声，剖检时蛋体完整，蛋白呈青褐、棕褐或棕黄色，呈半透明状，有弹性，一般有松花花纹。蛋黄呈深浅不同的墨绿色或黄色，略带溏心或凝心。具有皮蛋应有的滋味和气味，无异味

续表

品种	指标
咸蛋	外壳包泥（灰）等涂料洁净均匀，去泥后蛋壳完整，无霉斑，灯光透视时可见蛋黄阴影，剖检时蛋白液化，澄清，蛋黄呈橘红色或黄色环状凝胶体。具有咸蛋正常气味，无异味
糟蛋	蛋形完整，蛋膜无破裂，蛋壳脱落或不脱落。蛋白呈乳白色、浅黄色，色泽均匀一致，呈糊状或凝固状。蛋黄完整，呈黄色或橘红色，呈半凝固状，具有糟蛋正常的醇香味，无异味

2. 理化指标

蛋制品的理化指标应符合表3-26规定。

表3-26 蛋制品的理化指标

项目	指标	项目	指标
水分/（g/100g）		挥发性盐基氮含量/（mg/100g）	
巴氏杀菌冰全蛋	≤76.0	咸蛋	≤10
冰蛋黄	≤55.0		
冰蛋白	≤88.5	酸度（以乳酸计）/（g/100g）	
巴氏杀菌全蛋粉	≤4.5	蛋白片	≤12
蛋黄粉	≤4.0		
蛋白片	≤16.0	铅（Pb）含量/（mg/kg）	
脂肪含量/（g/100g）		皮蛋	≤2.0
巴氏杀菌冰全蛋	≥10	糟蛋	≤1.0
冰蛋黄	≥26	其他蛋制品	≤0.2
巴氏杀菌全蛋粉	≥42	锌（Zn）含量/（mg/kg）	≤50
蛋黄粉	≥60	无机砷含量/（mg/kg）	≤0.05
游离脂肪酸含量/（g/100g）		总汞（以Hg计）含量/（mg/kg）	≤0.05
巴氏杀菌冰全蛋	≤4.0		
冰蛋黄	≤4.0	六六六、滴滴涕	按GB 2763规定执行
巴氏杀菌全蛋粉	≤4.5		
蛋黄粉	≤4.5		

3. 微生物指标

蛋制品的微生物指标应符合表3-27要求。

表 3-27　蛋制品的微生物指标

项　目	指　标	项　目	指　标
菌落总数/（cfu/g）		大肠菌群/（MPN/100g）	
巴氏杀菌冰全蛋	≤5000	巴氏杀菌冰全蛋	≤1000
冰蛋黄、冰蛋白	≤1000000	冰蛋黄、冰蛋白	≤1000000
巴氏杀菌全蛋粉	≤10000	巴氏杀菌全蛋粉	≤90
蛋黄粉	≤50000	蛋黄粉	≤40
糟蛋	≤100	糟蛋	≤30
皮蛋	≤500	皮蛋	≤30
		致病菌（沙门菌、志贺菌）	不得检出

项目小结

禽蛋作为食品具有很高的营养价值，化学组成主要是水、蛋白质、脂肪、矿物质和维生素等。随着蛋贮存时间的延长，蛋的相对密度逐渐降低，故可通过测定蛋的相对密度来鉴定蛋的新鲜程度。蛋中常见的微生物有变形杆菌、沙门菌、假单胞杆菌、大肠杆菌、枯草杆菌、禽分支杆菌、葡萄球菌、腐败厌氧菌及青霉菌、毛霉菌、曲霉菌等。其中以沙门菌的卫生学意义最大。凭借检验人员的感官器官鉴别蛋的质量，主要靠眼看、手摸、耳听、鼻嗅等方法进行综合判定。内销鲜蛋应符合 GB 2748—2003 鲜蛋卫生标准，对蛋制品加工过程中的卫生监督和产品的卫生检验，我国现行的蛋制品卫生标准为 GB 2749—2003。

复习思考题

1. 蛋保藏过程中的变化有哪些？
2. 鲜蛋卫生标准的要求有哪些？
3. 蛋制品的感官指标的主要内容有哪些？

项目五　水产品的卫生检验

知识目标
1. 了解鱼在保藏时的变化；
2. 掌握鱼与鱼制品的卫生检验方法；
3. 熟悉甲贝类的卫生检验方法。

技能目标
能够熟练进行鱼类的感官和理化检验。

任务一　鱼在保藏过程中的变化

一、鲜鱼在保藏时的变化

鱼类在被捕获之后，除少数淡水鱼尚可存活短时间外，绝大多数很快死亡。活鱼在垂死时，从皮肤腺中分泌出较多的黏液，覆盖在整个体表。新鲜鱼的黏液透明，随着污染微生物对黏液分解作用的加强，而渐变浑浊并有臭味。而后鱼体相继发生僵硬、自溶和腐败等变化过程。

1. 僵硬

鱼体死后不久，由于肌肉组织中产生了比较复杂的生物化学变化，使其呈现僵硬状态。鱼体僵硬一般发生在死后十几分钟至 4~5h。僵硬先由背部肌肉开始，逐渐遍及整个鱼体，处于僵硬状态的鱼，用手握鱼头时，鱼尾一般不会下弯，指压肌肉时不显现压迹，口紧闭，鳃盖紧合。僵硬持续时间短的几分钟，长的可维持数天之久。僵硬进行的速度，因种类、鱼体大小、捕捞方法、放置温度及处理方式等条件而异。因为畜肉较鱼肉含糖原多，故两者僵硬程度不同。鱼体的温度越低，死后僵硬发生越慢，僵硬保持的时间也越长，振动、翻弄、挤压等不小心处理渔获物，容易引起僵硬过早消失。处于僵硬阶段的鱼体，鲜度是良好的。

2. 成熟

鱼体僵硬持续过后，又逐渐变软，而且肌肉具有弹性，此时便进入了成熟阶段。鱼体的成熟期很短，因为鱼类是冷血动物，体内组织蛋白酶在较低的温度下仍保持较强的活性，使肌肉组织开始自体分解而过渡到自溶阶段。所以，很多资料中都没有将鱼肉的成熟单列一个变化阶段。

3. 自溶

经过僵硬的鱼体，由于组织中蛋白酶的作用，使蛋白质逐渐分解，这便是自溶过程。引起自溶作用的酶类很多，但在鱼体以蛋白酶为主。鱼体进入自溶阶段后，肌肉组织变软，失去弹性。自溶作用不同于腐败分解，此时蛋白分解产物主要是蛋白胨、多肽和氨基酸，而不是最低产物。但由于鱼体组织中氨基酸、氨态氮等增多，为腐败微生物的繁殖提供了条件，从而加速了腐败的过程，降低了耐藏性，尤其是因鱼富含水分，故处在自溶过程中的鱼类鲜度质量已下降，不宜保存，应立即消费。

决定自溶过程的主要因素是保存场所的温度、鱼的种类、鱼肉中所含无机盐类及使用的防腐剂等。温度越高，自溶作用进行得越快。低温保存，不但可使自溶作用延缓，甚至停止自溶过程。一般红肉鱼类（如鲣鱼、鲭鱼等）较白肉鱼类（如鲷、鲈、鲽鱼等）自溶作用强。腌制亦能阻止自溶作用的进行。鱼肉在85℃加热10min左右，自溶酶即遭破坏。

4. 腐败变质

鱼体腐败变质是腐败细菌在鱼体内生长繁殖，将鱼体组织分解的结果。由于分解产物氨、胺类、酚类及吲哚等的存在，不仅降低了鱼肉的品质，而且也影响消费者的健康。

细菌的繁殖、分解过程，几乎是与僵硬、自溶过程同时发生和进行的，但在僵硬和自溶初期，细菌的繁殖和蛋白质的分解比较缓慢，到自溶后期，细菌繁殖与分解作用加快、增强。当细菌繁殖到一定数量，低级分解产物增加到一定程度时，鱼体即产生明显的腐败臭味。

由于鱼肉具有含水量多，肌肉组织的结构比哺乳动物的疏松，天然免疫力低，死后一般呈碱性反应，而且附染在鱼体上的细菌在室温下很容易生长繁殖，所以鱼肉较畜禽肉更容易腐败变质。鱼体微生物有两个来源，一是鱼在水中生活时就黏附在体表的微生物，二是来自捕获后环境的污染。微生物的生长繁殖多从鳃和眼窝开始，其次是皮肤与内脏。因为鱼多数死于窒息，鳃部充血是常有现象，加之鳃盖上黏液分泌物，不仅沾染细菌的机会多，也为细菌的繁殖提供了有利条件，故鱼鳃细菌的繁殖常较鱼体其他部位更早、更快，是腐败初期的标志之一。随着腐败变质的进行，鱼鳃由鲜红色变成褐色以至土灰色。眼窝的情况和鳃相似，由于眼球是由富含血管的结缔组织与结膜固着于眼眶，也是细菌最易繁殖的环境之一，当眼球周围的组织被细菌分解时，眼球便下陷，且变得浑浊无光泽，有时虹膜及眼眶被血色素红染。鱼鳞的松弛易脱也是鱼体腐败的象征，这是由于体表的细菌在分解体表黏液之后，沿鳞片入侵皮肤，使皮肤与鳞片相联的结缔组织分解的结果。当肠内细菌大量繁殖并产生气体时，腹部便膨胀起来，肛门向外突出，此时如将鱼体置于水中则自动上浮。当脊椎旁大血管组织被分解破坏时，因血液成分外渗而使周围组织变红。由于体表与腹腔的细菌进一步向鱼体深部入侵，肌肉组织最后也被分解，而变得松弛并与鱼骨分离，至此鱼体已达严重腐败阶段。

影响鱼体死后变化和鲜度质量的因素是复杂的，但主要是鱼的种类、捕获时的气温以及捕获后的保鲜条件。只有十分重视保鲜工作，捕获后立即在低温下保藏，才能防止鱼的腐败变质，保证鲜鱼的质量。

二、冰冻鱼的变化

鱼体死后腐败的原因主要是由于细菌和自体蛋白酶类的分解作用，而鱼体本身具有含水量多、富有蛋白质等特点，为细菌和酶类活动提供了有利条件，如果再有适宜的温度、湿度，就将大大增强细菌和酶类的活性，从而导致鱼体迅速腐败。冻结、冷藏既可抑制细菌的生长繁殖，也能减弱酶类的活性，所以将鲜鱼在低于 $-25℃$ 的条件下冻结，再置于 $-18℃$ 以下的库内冷藏，可基本上抑制腐败菌的生长繁殖和酶类的活性，是一种鱼类保鲜的良好方法。但是，即使将冻鱼保藏在 $-18℃$ 的条件下，其变质的变化也并不完全停止，仅仅是变化速度缓慢而已，天长日久冷冻鱼品的质量还会有所下降。

鱼体在冰冻过程中变化非常复杂，其中最明显的是体内水分形成结晶，从而使鱼体硬固。冻结得越充分，冻品的硬度越好。冻结速度越快，形成的冰晶越小，冻制品的质量也就越好（据认为结冰线的前进速度在 $0.6 \sim 4cm/h$ 范围是最常使用的正常冻结速度）。冻结时形成的冰晶体，在冷藏过程中可发生变化，特别是当库温发生波动时，库温升高会使原有的冰晶部分融化，库温降低时，融化的水再冻结，使原来遗留下来的晶体不断增大。此时，大小不同晶体周围的水气压力不同，往往促使小晶体向大晶体转移，大晶体越来越大，小晶体越来越小，从而使冻鱼组织受到损伤，当解冻时，组织水分流失就增多。

在鱼的冻藏过程中，所发生的最明显的变化为失水干缩和脂肪氧化。

1. 失水干缩

由于水分升华而使鱼体干缩和重量减轻，这在含水分高而个体小的鱼类特别显著。此外，冻结方法和冷藏温度，相对湿度和空气流速等都对其有较大影响。水分散失严重时，可导致冻鱼的外形和风味发生不良变化，从而冻鱼的质量降低。西德的研究者指出，把鳕鱼放在 $-36℃$ 下冻结，在 $-18℃$ 或 $-30℃$ 冷藏，其质量可保持 $1.5 \sim 2$ 个月；若用 $-70℃$ 超低温冷藏，经数月其质量几乎无变化。

2. 脂肪氧化

冷冻鱼在长期存放中，脂肪还会受嗜冷菌和霉菌产生的脂肪酶的作用分解出脂肪酸。当脂肪酸不断增多并进行分解时，丁酸、乙酸、辛酸等低级脂肪酸就会产生特殊的气味和滋味，形成水解型的酸败变质。如肪酸中碳链被裂解而产生一些碳链较短的酮酸、甲基酮等，形成酮化型酸败变质。另一种情况就是鱼体脂肪会因氧化作用使不饱和脂肪酸的双键处构成氧化物，然后再分解成醛和醛酸及低级脂肪酸，这就形成氧化型酸败变质，特别是多脂鱼类（如鲐鱼、鲱鱼等），这种现象尤为突出，酸败产物除影响口味外，还有一定毒性。

为了使上述几种变化所造成的影响尽可能降低，除了要求原料新鲜、冻前处理恰当、设计合理的冷库与设施装置，以及保证快速冻结和低温冷藏外，还必须创造最适宜的冷藏条件，如尽量避免库温波动，要求空气流速为 0.04~0.08m/s，包冰冷藏和冷藏期间定期包冰，都是有效的措施。这种包冰的做法，既可减少干缩、防止氧化，同时还可减缓小晶体向大晶体转移。根据鱼类特点建造专用冷库，以适应该类食品的特殊要求，已为一些工业发达国家采用。如日本为了保持金枪鱼的新鲜度和色泽，防止脂肪氧化，已建成专用的 -50~-45℃超低温冷藏库。

三、咸鱼的变化

咸鱼是用食盐作为加工和保藏手段的制成品。食盐是一种吸水性很强的物质，进入鱼体后，一方面使鱼体脱水，使细菌和酶的活动受到限制，另一方面当鱼体和卤水中的食盐浓度增大到一定数值时，也使菌体脱水、质壁分离而难以生长繁殖。食盐的脱水作用有一定的限度，经盐腌的鱼制品，组织内仍有一定量的水分，加之食盐杀菌作用较弱，因此在气温高、卫生条件差、原料新鲜度或原料处理不当，食盐品质差以及用盐量和用盐方法不当等情况下，都容易造成咸鱼在加工贮藏中发生腐败变质。这种情况常发生在鱼体肌肉深处，食盐不容易渗透或用盐不均匀的部位；或因卫生条件不好，鱼体血污未洗净以及鱼体可溶性含氮物渗出到卤水里，结果使卤水发生腐败。这就要求严格掌握原料鲜度，不同的原料分别腌制，原料剖割适当，去净内脏、洗净血污，用盐均匀、确实、合理，腌渍用具干净，注意防晒、防雨，加强管理，定期检查，才能保证咸鱼的卫生质量。咸鱼常见的异常变化为：

1. 发红

嗜盐菌类如黏质沙雷氏菌等在腌制的咸鱼上生长繁殖时，会产生一种红色色素——灵杆菌素，使鱼体表呈现红色，俗称发红。我国江南一带，每到梅雨季节，咸鱼常有此变化。最初只发现于体表，继而侵入肌肉深部。

2. 脂肪氧化

即油酵。其特征是在皮肤表面、切断面和口腔内形成一层褐色薄膜。咸鱼的脂肪氧化比蛋白质分解出现早，食盐不能延缓脂肪氧化的速度。

3. 变质

咸鱼贮存不当而又污染严重时，通常会由于耐盐菌类的生长繁殖而使肌肉组织分解腐败，咸鱼表现皮肤污秽，组织弹性丧失，肉质发红或变暗，有的在头部（鳃附近）等部位出现淡蔷薇色，且可深入到肌肉深层，并散发不良气味。

四、干鱼的变化

干鱼是利用天然或人工热源加温以及真空冷冻升华，除去鱼体中的部分水分以延长保藏期的制品。其水分含量比咸鱼要少得多，依品种而异。一般盐干品由于水分中的食盐增加了水分蒸发的困难，大部在40%左右。淡干品的水分含量为20%左右，故淡干品比盐干品容易保藏。

鱼类干燥过程，是通过热源的辐射或空气作为介质的传导，将热量传递到鱼体，促使水分从鱼体表面蒸发，从而使鱼体内部的水分向表面扩散移动，逐渐失去水分至规定的要求。为此，干燥时的温度、空气的湿度、流速、压力以及鱼体表面积的大小等因素，都能直接影响到干制效果。如在干制过程中遇到阴雨天气而不能及时干燥时，可能引起某些干制品的腐败变质，这种情况在气温高的季节容易发生。干鱼在保藏中可能发生的变化，主要是霉变、发红、脂肪氧化及虫害。

1. 霉变

霉变的发生，多与最初干度不足或者吸水回潮有关。特别是一些小型鱼干制品，因其体型小，表面积大，在潮湿空气中吸湿很快。含盐的制品，更易回潮。干度不足或回潮后的干鱼，按其水分含量，少者霉变，多者腐败变质，严重地影响到产品的质量而不能食用。

2. 发红

干鱼发红是由产生红色素的嗜盐菌引起的，主要见于盐干品。

3. 脂肪氧化

俗称哈喇，鱼体脂肪因含不饱和脂肪酸多，较一般动物脂肪更易氧化，这在多脂鱼类的制品尤其严重，外观和风味都受到影响。因此，在加工保藏时，注意减少或避免光和热的影响。

4. 虫害

干鱼在贮藏中还常出现虫害，常见的害虫有鲣节虫、红带皮蠹（即火腿鲣节虫）、脯虫并及鲞蠢。

任务二　鱼与鱼制品的加工卫生与检验

为了提高鱼及鱼制品的卫生质量，必须保证原料新鲜度，注意加工卫生，并在足够低的温度条件下尽快地加以处理。鱼类食品中的微生物污染，除了来自原料、辅佐料和生产用水外，也可由空气、器具、机械和操作人员的接触污染，因此必须加强鱼与鱼制品加工的卫生管理与监督。

一、鱼与鱼制品的加工卫生

1. 原料卫生

用于加工鱼制品的鱼要新鲜,其运输工具、存放容器都必须保持洁净、卫生。腐败变质和被有毒、有害、异味物质污染的鱼,不得用于加工鱼制品。

2. 用水卫生

鱼制品加工的生产用水,应符合我国《生活饮用水卫生标准》的规定。

3. 用冰卫生

鱼类保鲜使用的人造冰,必须用符合生活饮用水水质标准的自来水或井水制取。天然冰由于含杂质多,不符合食品卫生要求,不得用于鱼的冷藏保鲜。

4. 用盐卫生

腌鱼制品加工所用的食盐,应符合食用盐的卫生标准。罐头生产用的食盐,应为精盐,要求洁白干燥,含氯化钠在 98.5% 以上。

5. 食品添加剂卫生

鱼制品加工所用的食品添加剂必须符合 GB 2760—2011 的要求,并在限量使用范围内使用。

6. 其他要求

加工河豚鱼时,必须鲜活宰杀,立即去净内脏(肝、卵等)和贴骨血,彻底冲洗干净血污,并及时剥去皮肤和除去其他有毒部分。

二、鱼与鱼制品的卫生检验

鱼及鱼制品的检查以感官检查为主。必要时辅以理化检验和细菌检验。感官检验在生产上应用最广,无需仪器与设备,只要了解鱼体的固有特征及其死后的变化规律,再结合实际经验,就能得出比较可靠的判断。

(一)感官检验

1. 鲜鱼的检验

首先观察鱼眼角膜清晰光亮程度和眼球饱满程度,眼球是否下陷及周围有无发红现象。再揭开鳃盖观察鳃丝色泽及黏液性状,并嗅测其气味。然后检查鳞的色泽与完整性及附着是否牢固,同时用手测定体表黏液的性状,必要时可用一块吸水纸印渍鱼体黏液进行嗅测。再以手指按压或将鱼置于手掌,确定肌肉坚实度和弹性。如有必要也可进行剖检,去除一侧体壁观察内脏状况,确定有无印胆及脊柱两旁红染现象。

不同新鲜度鱼的感官特征见表 3-28。

表 3-28　不同新鲜度鱼类的感官特征

项目	新鲜鱼	次鲜鱼	不新鲜鱼
体表	具有鲜鱼固有的体色与光泽，嘴鳍末端鲜红，黏液透明	体色较暗淡，光泽差，黏液透明度较差	体色暗淡无光，黏液浑浊或污秽并有腥臭味。
鳞片	鳞片完整，紧贴鱼体不易剥落	鳞片不完整，较易剥落，光泽较差	鳞片不完整，松弛，极易剥落
鳃部	鳃盖紧闭，鳃丝鲜红或紫红色，结构清晰，黏液透明，无异味	鳃盖较松，鳃丝呈紫红、淡红或暗红色，黏液有酸味或较重的腥味	鳃盖松弛，鳃丝粘连，呈淡红、暗红或灰红色，黏液混浊并有显著腥臭味
眼睛	眼睛饱满，角膜光亮透明，有弹性	眼球平坦或稍凹陷，角膜起皱、暗淡或微混浊，或有溢血	眼球凹陷，角膜浑浊或发黏
坚挺度	死后坚挺，竹签抬起鱼身中部两端稍弯或呈直弧形	坚挺度较差，竹签抬起，头尾端垂下	坚挺度极差，从中间提起，几乎呈弯弓状
肌肉	肌肉坚实，富有弹性，手指压后凹陷立即消失，无异味，肌纤维清晰有光泽	肌肉组织结构紧密、有弹性，压陷能较快恢复，但肌纤维光泽较差，稍有腥味	肌肉松弛，弹性差，压陷恢复较慢。肌纤维无光泽。有霉味和酸臭味，撕裂时骨肉易分离
腹部	正常不膨胀，肛门凹陷	膨胀不明显，肛门稍突出	膨胀或变软，表面有暗色或淡绿色斑点，肛门突出
气味	有固有的鱼腥味	有较重的腥味	浓腥味为腐败鱼，大蒜味为有机磷中毒鱼，六六六味为有机氯致死鱼，污泥水味为污水毒死鱼
腹部肛门	正常不膨胀，肛门紧缩凹陷不外突（雌鱼产卵期除外）不红肿	膨胀不明显，肛门稍突出	膨胀或变软，表面有暗色或淡绿色斑点，肛门突出
肌肉	肌肉坚实，富有弹性，手指压后凹陷立即消失，无异味，肌纤维清晰有光泽	肌肉组织结构紧密、有弹性，压陷能较快恢复，但肌纤维光弹较差，稍有腥味	肌肉松弛，弹性差，压陷恢复较慢。肌纤维无光泽。有霉味和酸臭味
内脏	气鳔充满，胆囊完整，肠管稍硬，走向清晰可辨	气鳔固定不实，胆汁稍有外溢，肠管色暗	胆汁外溢，内脏呈黄色，肠管腐烂，相互脱离
骨肉联合	鱼肉和鱼骨联系紧密，肌肉鲜嫩	腹底骨肉联系不密，剖腹后骨骼末端突出	明显的肉骨脱离，剖腹有污水流出，有腥腐臭味
脊柱	无脊柱旁红染现象	脊柱旁红染现象不明显	脊柱旁红染现象明显

以上只是大多数鱼类新鲜度发生变化时表现出的一般感官特征，但在实践中还应结合品种特点考虑，例如鲐鱼、鲱鱼等由于肉嫩、腹壁薄、油脂多，有极易产生腹肉离骨和肌肉碎裂现象的特点，因此在综合评定时，对于这些变化就不能与其他鱼类一样要求或过于强调，而应当按某些鱼的特点来客观地评价。

2. 冰冻鱼的感官检验

（1）活鱼冰冻后的特征　活鱼冰冻后眼睛明亮，角膜透明，眼球隆起填满眼眶甚至略微外突，鳍展平张开，鳞片上覆有冻结的透明黏液层，皮肤天然色泽明显。

（2）死鱼冷冻后的特征　死后冰冻的鱼，鱼鳍紧贴鱼体，眼不突出。中毒和窒息死后冰冻的鱼，口及鳃张开，皮肤颜色较暗。

（3）腐败状态发生后冷冻鱼的特征　腐败状态发生后冰冻的鱼，完全没有活鱼冰冻后的特征。在可疑情况下，可用小刀或竹签穿刺鱼肉嗅池气味，或者切取鱼鳃一块，浸于热水后嗅测之。

此外，对冰冻较久的鱼，应检查头部和体表有无哈喇味，有无黄色或褐色锈斑。因长期存放的鱼，脂肪有可能被氧化。

3. 咸鱼的感官检验

观察鱼体外观是否正常，条形是否完整，外表有无脂肪氧化引起的泛油发黄，即所谓油醭及嗜盐细菌大量繁殖引起的发红现象。注意鱼鳃及肌肉等处有无酪蝇的幼虫（俗称跳虫）和红带皮蠹（即火腿鲣节虫）等害虫活动的残迹。用手触摸鱼体有无黏糊、腐烂现象。为了检查其深层肌肉的色泽以及肌肉与骨骼结合状况，可用刀切鱼体，观察鱼肉断面，鉴定肉的坚实度及气味。最后可试煮以测定其气味和滋味。此外，注意有无回潮、析盐或发霉、虫蛀等现象。

不同新鲜度咸鱼的感官指标见表3-29。

表3-29　不同新鲜度咸鱼的感官指标

项目	良质咸鱼	次质咸鱼	劣质咸鱼
色泽	色泽新鲜，具有光泽	色泽不鲜明或暗淡	体表发黄或变红
体表	体表完整，无破肚及骨肉分离现象，体形平展，无残鳞、无污物	鱼体基本完整，但可有少部分变成红色或轻度变质，有少量残鳞或污物	体表不完整，骨肉分离，残鳞及污物较多，有霉变现象
肌肉	肉质致密结实，有弹性	肉质稍软，弹性差	肉质疏松易散
气味	具有咸鱼所特有的风味，咸度适中	可有轻度腥臭味	具有明显的腐败臭味

4. 干鱼的检验

观察鱼体是否完整，体表色泽是否正常，有无霉变、发红、脂肪氧化、虫蛀及异味。内脏是否除尽，腹腔是否干燥，肌纤维是否清晰，有无干鱼固有滋味。

不同新鲜度干鱼的感官指标见表 3-30。

表 3-30 不同新鲜度干鱼的感官指标

项目	良质干鱼	次质干鱼	劣质干鱼
色泽	外表洁净有光泽，表面无盐霜，鱼体呈白色或色淡	外表光泽度差，色泽稍暗	体表暗淡色污，无光泽，发红或呈灰白，黄褐、浑黄色
气味	具有干鱼的正常风味	可有轻微的异味	有酸味、脂肪酸败或腐败臭味
组织状态	鱼体完整、干度足，肉质韧性好，切割刀口处平滑无裂纹、破碎和残缺现象	鱼体外观基本完善，但肉质韧性较差	肉质疏松，有裂纹、破碎或残缺，水分含量高

（二）理化检验

鱼肉蛋白质经细菌分离后，能积累大量分解产物，测定这些产物就能反映鱼肉的鲜度质量。目前已经有了一系列的测定方法，如挥发性盐基氮、pH 测定、硫化氢试验、球蛋白沉淀反应、吲哚含量的测定等。多年的实践证明，上述这些方法中大多数往往有一定的局限性，只有挥发性盐基氮的含量能较好地反映鲜度变化的客观规律，而且与感官指标比较一致。

国外用核苷磷酸化酶、次黄嘌呤氧化酶，测定鱼肉均浆中肌苷及次黄嘌呤的积累浓度来确定其新鲜度，近年来还开展了酶色条快速目测试验。这类新的方法，国内虽也开始试用，但因捕捞鱼的实际保鲜条件较差，在生产中使用这些指标，目前还很困难。

理化检验指标还有重金属毒物、农药及组胺含量等的检测。

（三）微生物检验

鱼类所污染的微生物，由于受环境条件的影响而差异较大，微生物检验也很费时，因此一般只在需要微生物指标时才进行检验，通常情况下并不作为生产上检验鲜度的依据。

（四）寄生虫检验

鱼类常见的寄生虫病有 50 多种，是鱼类疾病中的一个大类。按病原的种类可将其分为原虫病、蠕虫病、甲壳动物病等。病原常寄生于鳃、体表、肌肉和内脏，有些寄生虫终生寄生于鱼体，有些寄生虫则仅以鱼类作为中间宿主或终末宿主。有些寄生虫只有在大量寄生时才会引起鱼类发病，甚至死亡，有些寄生虫则危害不很明显。在所有鱼类寄生虫病中，华支睾吸虫病、猫后睾吸虫病、阔节裂头蚴病、异形吸虫病和横川后殖吸虫病可感染人,在公共卫生方面有重要意义。

上述各种鱼体寄生虫的检查,一般用肉眼观察判别,必要时可取其蚴虫所在的组织,滴入适量的0.85%食盐水,直接压片镜检(此法对鳃不适宜)。必要时可加滴少许甘油(1∶3浓度)以提高其透明度。也可用含1%稀盐酸和1%胃蛋白酶生理盐水,在37℃下消化病鱼组织24h左右,过筛离心后,将其沉淀镜检,发现圆形或卵圆形带吸盘或吸沟的小囊状体即可确诊。

任务三　贝甲类的检验

贝甲类的检验,一般只作感官检验,必要时才做理化检验或微生物检验。贝甲类的理化检验首先是除去外壳,以下的操作方法与鱼相同。

一、虾及虾制品的检验

虾的感官检验方法:观察虾体头胸节与腹节连接的紧密程度,以测知虾体的肌肉组织和结缔组织是否完好。在头胸节末端有胃和肝脏,容易腐败分解,并影响节间连接处的组织;观察虾体腹节背沿内的黑色肠管是否明显可辨,以测知虾体是否自溶或变质;观察虾体体表色泽、是否干燥、有无发黏变色,以测知体表组织是否完好;观察虾体是否能保持死亡时的姿态,是否可加外力使其改变伸曲状态,以测知肌肉组织是否完好。

1. 生虾

不同新鲜度虾的感官特征见表3-31。

表3-31　不同新鲜度虾的感官特征

项目	新鲜生虾	不新鲜或变质生虾
外壳	体形完整,外壳透明、光亮	外壳暗淡无光泽
体表	体表呈青白色或青绿色 清洁无污秽黏性物质,触之有干燥感	体色变红,体质柔软 甲壳下颗粒细胞崩解,大量黏液渗到体表,触之有滑腻感
肢节	头、胸、腹处连接紧密	头胸节和腹节连接处松弛易脱落,甲壳与虾体分离
伸屈力	须足无损,刚死亡虾保持伸张或蜷曲的固有状态,外力拉动松手后可恢复原有姿态	死亡时间长且气温高,虾体发生自溶,组织变软,失去伸屈力
肌肉	肉体硬实,紧密而有韧性,断面半透明	肉质松软、黏腐,切面呈暗白色或淡红色
内脏	内脏完整,胃脏及肝脏没有腐败	内脏溶解
气味	有固有的清淡腥味,无异常气味	有浓腥臭味,严重腐败时有氨臭味

2. 冻虾仁

不同新鲜度冻虾仁的感官特征见表 3-32。

表 3-32　不同新鲜度冻虾仁的感官特征

项目	良质虾仁	劣质虾仁
色泽	呈淡青色或乳白色	色变红
气味	无异味	有酸臭气味
组织形态	肉质清洁完整，无脱落之虾头、虾尾、虾壳及杂质。虾仁冻块中心温度在 -12℃ 以下，冰衣外表整洁	肉体不整洁，肌肉组织松

3. 虾米

不同新鲜度虾米的感官特征见表 3-33。

表 3-33　不同新鲜度虾米的感官特征

项目	良质虾米	变质虾米
色泽	外观整洁，呈淡黄色而有光泽	暗淡无光，呈灰白至灰褐色
组织形态	无搭壳现象，虾尾向下蜷曲，肉质紧密坚硬	碎末多，表面潮润，搭壳严重，肉质酥软或如石灰状
滋味及气味	无异味	有霉味

4. 虾皮

不同新鲜度虾皮的感官特征见表 3-34。

表 3-34　不同新鲜度虾皮的感官特征

项目	良质虾皮	变质虾皮
色泽	淡黄色有光泽	呈苍白或淡红色，暗淡无光
组织形态	外壳清洁，体形完整。尾弯如钩状，虾眼齐全，头部和躯干紧连。以手紧握一把放松后能自动散开，无杂质	外表污秽，体形不完整，碎末较多。以手紧握后，黏结而不易散开
滋味及气味	具有虾皮固有的鲜香味，无异味	有严重霉味

二、蟹及蟹制品的检验

蟹的感官检验方法：观察蟹体腹面脐部上方是否呈现黑印，以测知蟹胃是否腐败；观察步足与躯体连接的紧密程度，以测知肌肉组织和结缔组织是否完好；持蟹体加以侧动，观察内部有无流动状，以测知内脏（蟹黄）是否自溶或变质；检视体表是否保持固有色泽，以测知外壳所含色素是否已分解变化；必要时可剥开蟹壳，直接观察蟹黄是否液化，鳃丝是否发生变化和浑浊现象。

1. 鲜蟹

不同新鲜度蟹的感官特征见表 3-35。

表 3-35　不同新鲜度蟹的感官特征

项目	活鲜蟹	垂死蟹
灵敏度	蟹只灵活，好爬行，善于翻身	蟹只精神委顿，不愿爬行，如将其仰卧时，不能翻身
组织状态	腹面甲壳较硬，肉多黄足，腹盖与蟹壳之间突起明显	肉少黄不足，体重轻

2. 梭子蟹（死鲜蟹）

不同新鲜度梭子蟹的感官特征见表 3-36。

表 3-36　不同新鲜度梭子蟹的感官特征

项目	良质死鲜蟹	变质死蟹
体表色泽	外表纹理清晰有光泽，背壳青褐色或紫色，脐上部无胃印，腹部和螯足内侧呈白色	外表纹理模糊光泽暗淡，背壳褐色，脐上部透现出褐色或微绿色的胃印。螯足内壁灰白色或褐色
蟹黄性状	蟹黄凝固不流动	蟹黄发黑或呈液状，能流动
鳃	眼光亮，鳃丝清晰，白色或稍带褐色	鳃丝暗浊，灰褐色或深褐色
肢体连接程度	肉质致密，有韧性，色泽洁白，步足和躯体连接紧密，提起蟹体时，步足不松弛下垂	肉质黏糊。步足和躯干连接松弛，提起时，步足下垂甚至脱落
气味	有一种新鲜气味，无异味	有腐败臭味

3. 醉蟹和腌蟹

不同新鲜度醉蟹和腌蟹的感官特征见表 3-37。

表 3-37　不同新鲜度醉蟹和腌蟹的感官特征

项目	良质醉蟹和腌蟹	变质醉蟹和腌蟹
外壳	外表清亮，甲壳坚硬	壳纹浑浊
鳃	鳃丝清晰呈米色	鳃不清洁呈褐色或黑色
组织状态	蟹黄凝结，深黄或淡黄色。螯足和步足僵硬。肉质致密，有韧性	蟹黄流动或呈液状。螯足和步足松弛下垂，甚至经常脱落。肉质发糊，有霉味或臭味。严重者，壳内肉质空虚，重量明显减轻或壳内流出大量发臭卤水，卤水不洁净，甚至飘浮油滴
滋味与气味	咸度均匀适中并有醉蟹或腌蟹特有的香味和滋味	有异味

三、贝蛤类的检验

(一) 贝蛤

贝蛤类的感官检验方法：贝类以死活作为可否食用的标准。活的贝蛤，贝壳紧闭，不易揭开。当两壳张开时，稍加触动就立刻闭合，并有清亮的水自壳内流出。如果触动后不闭合，则表示已经死亡。检查文蛤、蚶子时，还可随便取数枚在手掌上探重、抖动或互相撞击，活贝在相互敲击时发出笃笃的实音；死贝一般都较轻（排除内部泥沙），在相互敲击时发出咯咯的空音。

对大批贝蛤类进行检验，可以用脚触动包件，如包件内活贝多，即发出贝壳合闭的嗤嗤声；反之其声微弱或完全没有。后一情况应进一步抽取一定数量的贝体做探重和敲击试验，逐一检查死活。如死亡率较高，则整个包件逐只检查或改作饲料用。剖检时，死贝蛤两壳一揭就开，水汁浑浊而稍带微黄色，肉体干瘪，色变黑或红，有腐败臭味，必要时可以煮熟后进行感官评定。

(二) 牡蛎、蚶、蛏

牡蛎、蚶、蛏等都可采用上述方法检查。

(三) 咸泥螺

1. 田螺

田螺可抽样检查。将样品放在一定容器内，加水至适量，搅动多次，放置15min后，检出浮水螺和死螺。

2. 成泥螺

良质的贝壳清晰，色泽光亮，呈乌绿色或灰色，并沉于卤水中，卤水浓厚洁净，有黏性，无泡沫，深黄色或淡黄色，无异味；变质的则贝壳暗淡，肉与壳稍有脱离而使壳略显白色，螺体上浮。卤液浑浊产气，或呈褐色，有酸败刺鼻的气味。

任务四　水产品的卫生评价

一、鲜、冻动物性水产品卫生标准 (GB 2733—2005)

1. 感官指标

泥螺、河蟹、螃蜞、河虾、淡水贝类必须鲜活。

2. 理化指标

理化指标如表3-38所示。

表 3-38 鲜、冻动物性水产品卫生理化指标

项目	指标	项目	指标
挥发性盐基氮含量[a]/（mg/100g）		无机砷含量/（mg/kg）	
海水鱼、虾、头足类	≤30	鱼类	≤0.1
海蟹	≤25	其他动物性水产品	≤0.5
淡水鱼、虾	≤20	甲基汞含量/（mg/kg）	
海水贝类	≤15	食肉鱼（鲨鱼、旗鱼、金枪鱼、梭子鱼等）	≤1.0
鳇鱼、牡蛎	≤10	其他动物性水产品	≤0.5
组胺含量[a]/（mg/100g）		镉（Cd）含量/（mg/kg）	
鲐鱼	≤100	鱼类	≤0.1
其他鱼类	≤30		≤2.0
铅（Pb）含量/（mg/kg）		多氯联苯[b]含量/（mg/kg）	
鱼类	≤0.5	PCB138 含量（mg/kg）	≤0.5
		PCB153 含量（mg/kg）	≤0.5

注：a 不适用于活的水产品。

b 仅适用于海水产品，并以 PCB28、PCI-152、PCB101、PCB118、PCB138、PCB153、PCB180 总和计。

二、腌制生食动物性水产品卫生标准（GB 10136—2005）

1. 原料、辅料要求

（1）原料 应符合 GB 2733—2005 的规定，其中泥螺、河蟹、蟛蜞、贝类应鲜活。

（2）辅料应符合相应标准的规定。

2. 感官指标

无异味、无杂质。

3. 理化指标

理化指标如表 3-39 所示。

表 3-39 腌制生食动物性水产品理化指标

项目	指标	项目	指标
挥发性盐基氮含量/（mg/100g）		N-甲基亚硝胺[a]含量/（μg/kg）	≤4
蟹块、蟹糊	≤25	多氯联苯[b]含量/（mg/kg）	≤2.0
无机砷含量/（mg/kg）	≤0.5	PCB138 含量/（mg/kg）	≤0.5
甲基汞含量/（mg/kg）		PCB153 含量/（mg/kg）	≤0.5
食肉鱼类	≤1.0		
其他动物性水产品	≤0.5		

注：a 仅适用于海产品。

b 仅适用于海水产品，且以 PCB28、PCB52、PCB101、PCB118、PCB138、PCB153、PCBISO 总和计。

4. 微生物指标

微生物指标如表 3-40 所示。

表 3-40　腌制生食动物性水产品微生物指标

项目	指标
菌落总数/（cfu/g）	≤5000
大肠菌群/（MPN/100g）	≤30
致病菌（沙门菌、副溶血性弧菌、志贺菌、金黄色葡萄球菌）	不得检出

5. 寄生虫囊蚴指标

不得检出寄生虫囊蚴。

三、动物性水产干制品卫生标准（GB 10144—2005）

1. 原料要求

应符合相应的标准规定。

2. 感官指标

无霉变、无虫蛀、无异味、无杂质。

3. 理化指标

理化指标如表 3-41 所示。

表 3-41　动物性水产干制品理化指标

项目	指标
无机砷含量/（mg/kg）	
贝类及虾蟹类	≤1.0
铅（Pb）含量/（mg/kg）	
鱼类	≤0.5
酸价（以脂肪计）（KOH）/（mg/kg）	≤130
过氧化值（以脂肪计）/（g/100g）	≤0.60

4. 微生物指标

微生物指标如表 3-42 所示。

表 3-42　动物性水产干制品微生物指标

项目	指标
菌落总数（cfu/g）	≤30000
大肠菌群（MPN/100g）	≤30
致病菌（沙门菌、金黄色葡萄球菌、志贺菌、副溶血性弧菌）	不得检出

四、鱼及鱼制品的卫生评价

良质新鲜鱼与鱼制品应符合国家规定的感官、理化及细菌指标，通过检验后，根据其卫生质量做出相应的卫生处理。

（1）新鲜鱼不受限制食用。

（2）次鲜鱼通常应立即销售食用（以高温烹调为宜）。

（3）腐败变质鱼禁止食用。变质严重者，也不能作为饲料。

（4）变质咸鱼缺陷轻微者，经卫生处理后可供食用。但有下列变化者，不得供食用：

①由于腐败变质产生明显的臭味或异味时。

②脂肪氧化蔓延至深层者。

③严重的"锈斑"或"变红"（赤变）侵入肌肉深部时。

④虫蛀已侵入皮下或腹腔时。

⑤凡青皮红肉的鱼类（鲣鱼、鲐鱼、参鱼等）要特别注意检查质量鲜度。这类鱼易分解产生大量组胺，发现鱼体软化者则不能销售，防止食后引起中毒。

⑥凡因中毒致死的鱼类不得供食用。

⑦黄鳝应鲜活出售。凡已死亡者不得销售或加工。

五、贝甲类的卫生评价

凡供食用的贝甲类水产品必须符合国家卫生标准和相应的行业标准的规定。

（1）虾类，虾肉组织变软，无伸屈力，体表发黏，色暗、有臭味等，说明虾已自溶或变质，不能食用。

（2）甲鱼、乌龟、蟹、各种贝蛤类均应鲜活出售。凡死亡者不得出售加工。

（3）含有自然毒的贝蛤类，不得出售，应予销毁。

（4）凡因中毒致死的贝类及虫蛀、赤变、氧化蔓延和深层腐败的贝类，不得供食用。

📧 项目小结

鱼类在被捕获之后，除少数淡水鱼尚可存活短时间外，绝大多数很快死亡。鲜鱼在保藏时鱼体相继发生僵硬、自溶和腐败等变化过程。在鱼的冻藏过程中，所发生的最明显的变化为失水干缩和脂肪氧化。咸鱼常见的异常变化为发红、脂肪氧化、变质。干鱼在保藏中可能发生的变化，主要是霉变、发红、脂肪氧化及虫害。鱼与鱼制品加工的卫生管理包括原料、辅佐料和生产用水、机械和操作人员等。鱼及鱼制品的检查以感官检查为主。必要时辅以理化检验和细菌检验。贝甲类的检验，一般只作感官检验，必要时才做理化检验或微生物检验。

复习思考题

1. 鲜鱼在保藏时会发生哪些变化？如何对鲜鱼进行检验？
2. 冻鱼、咸鱼、干鱼在保藏时会发生哪些变化？如何进行检验？
3. 鱼与鱼制品加工的卫生有哪些要求？
4. 虾与虾制品的感官特征有哪些？如何鉴别虾与虾制品的质量？
5. 蟹与蟹制品的感官特征有哪些？如何鉴别蟹与蟹制品的质量？
6. 贝蛤类的感官特征有哪些？如何鉴别贝蛤类的质量？

模块四 实训指导

实训一 参观定点屠宰场

一、实训目的

（1）了解定点屠宰场的选址、布局和场所的卫生设施及管理情况；
（2）了解屠宰前检疫的方法、步骤；了解屠畜宰后检验技术；
（3）了解屠畜屠宰的加工工艺流程。

二、材料设备

帽、口罩、白工作服、长筒胶靴。

三、方法与步骤

参观定点屠宰场需在教师和屠宰场检验员指导下进行。

1. 参观定点屠宰场的选址、布局和场所的卫生管理情况（参照《GB 12694—1990肉类加工厂卫生规范》，以下简称《规范》）

（1）厂址选择是否符合规范。
（2）各种圈舍、厂房、车间的布局、建筑、结构以及设备是否符合《规范》。
（3）饲料的保管与调制是否符合《规范》。
（4）供水系统是否符合《规范》。
（5）污水处理系统及对污水无害处理的程度。
（6）粪便处理是否符合《规范》。
（7）废品的处理情况是否符合《规范》。

2. 参观宰前检疫和宰前管理

（1）宰前兽医卫生监督（各种检查、报表制度）的实施情况。

（2）动、静、食三大环节观察。
（3）看、听、摸、检四大要领操作观察。
（4）饲养管理制度是否符合《规范》。
（5）屠畜的宰前准备工作（宰前停食与淋浴等）进行的情况。

3. 参观屠宰加工过程
（1）屠宰加工工艺流程设置是否符合《规范》。
（2）加工过程的机械化程度以及每一工序的卫生水平。

4. 参观宰后检验
（1）宰后兽医卫生监督（各种检查、报表制度）的实施情况。
（2）宰后检验的检验点的设置。
（3）头部检验。
（4）胴体（肉尸）检验。
（5）内脏检验。
（6）旋毛虫检验。
（7）皮肤检验。
（8）病害肉的卫生处理。

四、实训报告

通过参观总结以下内容：
（1）画出（或写出）定点屠宰场建筑布局情况。
（2）写出卫生设施及管理情况。
（3）写出畜禽宰前准备、屠宰操作及宰后检疫的调查报告。
（4）写出对工作人员个人卫生及健康的调查报告。

实训二　屠猪的宰后检验技术

一、实训目的

通过实训使学生掌握屠猪宰后的要点和常见疫病的鉴别检验要点，发现和检出不适合人类使用或已染疫有害的胴体及组织器官；同时初步掌握屠猪宰后检验的基本操作方法。

二、实训内容

（1）屠猪宰后检验的顺序和要点。
（2）屠猪头部、体表、肉尸、内脏及旋毛虫检验的技术的操作方法。

三、材料设备

选择一个定点屠宰场或肉类联合加工厂，检验刀具，每学生1套，防水围裙、袖套及长筒靴、白色工作衣帽、口罩、乳胶手套和线手套等，每学生1套。

四、方法与步骤

1. 编号

实施宰后检验之前，首先将分割开的胴体、内脏、头蹄和皮张统一编上相同的号码，以便于各检验点发现异常及疾病备查。编号的方法多采用有色铅笔书写标号，或贴号码牌放置在该胴体的前面，方便对照检查。大型的屠宰场或肉类联合加工厂多采用同步检验方法，进行头、蹄、内脏和胴体的现场检验。

2. 头部检验

（1）剖验颌下淋巴结　颌下淋巴结位于颌间隙的后部，颌下腺的前端（如倒挂时，在颌下腺下方），其表面被耳下腺口侧所覆盖。剖检术式：一般由两人操作，助者右手握屠猪的右前蹄，左手持长柄钩固定颈部切口的右壁的中部，向右牵拉做一扩张切口。检验者左手持钩，钩住切口左壁的中间部位，向左方牵开切口，右手握刀起于切口向其深部纵向切到喉头软骨处，接着以喉头为中心，朝下颌骨的内侧，分别左右各作一个弧形切口，就在下颌骨内侧左右方处。找到两个卵圆形的颌下淋巴结进行剖检（图4-1）。主要观察其是否肿大，切面色泽是否为砖红色，有无坏死灶及周边有无水肿或胶样浸润的异常变化。

（2）剖检咬肌　检查猪囊虫时，若头部连在肉尸上，可以检验钩着颈部断面咽喉部的提头，在左右侧咬肌处分别与下颌骨平行切口，切开两侧咬肌，检查有无囊尾蚴寄生。如果已割头，则在检验台上剖检两侧咬肌（图4-2）。

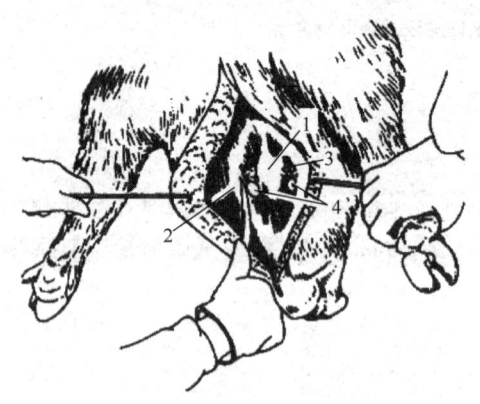
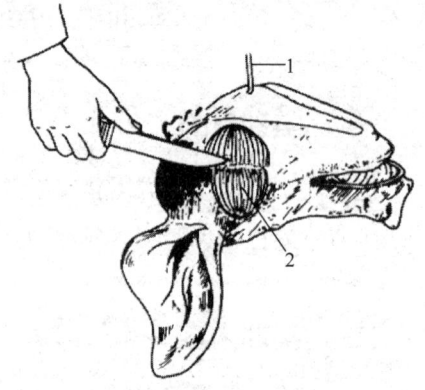

图4-1　猪头部检验　　　　　　　　图4-2　猪咬肌检验
1—咽喉隆起　2—下颌骨　3—颌下腺　4—下凳淋巴结　　1—提起猪头的铁钩　2—被切开的咬肌

头部检验注意检查口蹄疫、猪传染性水泡病等疫病。必要时可增加剖检扁桃体和颈部淋巴结，观察其局部有无出血性炎、溃疡、坏死，切面有无楔形的灰红或砖红色的小病灶，尤其注意有无针尖大的坏死点。

3. 皮肤检验

一般带皮猪应在烫毛后编号时进行，而剥皮猪是在头检后清洗猪体时初检，然后待剥离皮张复检时，结合皮下脂肪等的病变进行综合诊断。主要检查皮肤的完整性和色泽，尤其在耳根、胸腹部、背部和四肢的内外侧有无充血、出血、疹块、痘疮和黄染等病变。

4. 内脏检验

（1）白下水检验 即胃、肠和脾检验，分为非离体检验和离体检验两种方式。重点注意有无猪瘟，猪丹毒，败血型炭疽和副伤寒等疫病。

非离体检查法多在开膛之后，脏器未摘离肉尸之前进行检查。检查的顺序是脾脏→肠系膜淋巴结→胃肠。肠系膜淋巴结包括前肠系膜淋巴结（位于前肠系膜动脉根部附近）和后肠系膜淋巴结（位于结肠终袢系膜中），数量众多，称之为肠系膜淋巴群。在猪的宰后检疫中，常剖检的是前肠系膜淋巴。

开膛后先检查脾脏（在胃的左侧、窄而长、紫红色、质较软），视检其大小、形态、颜色或触检其质地。必要时可切开脾脏，观察断面。然后提起空肠观察肠系膜淋巴结，并沿淋巴结纵轴（与小肠平行）纵行剖开淋巴结群，视检其内部变化（见图4-3）。这对发现肠炭疽具有重要意义。最后视检整个胃肠浆膜有无出血、梗死、溃疡、坏死、结节、寄生虫。

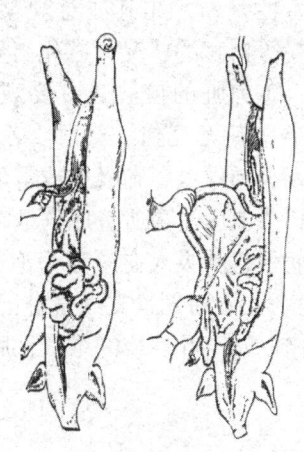

图4-3 猪的脾脏和肠系膜淋巴结检疫

离体检查在胃、肠、脾摘除后，放置在内脏检验台上进行白下水检验。首先编号，接着视检脾、肠胃浆膜面（视检的内容同上），必要时切开脾脏；然后检查肠系膜淋巴结。一般要求胃放置在检验者的左前方，把大肠圆盘摆在检验者的面前，冉用于将此内者间肠管较细、弯曲较多的空肠部分提起，肠系膜在大肠圆盘上铺开，可见一长串珠状隆起的肠系膜淋巴结群。剖检肠系膜淋巴结进行检查（见图4-4）。

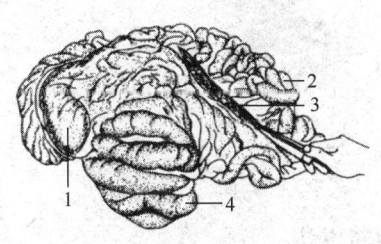

图4-4 胃肠放置法
1—胃 2—小肠
3—肠系膜淋巴结 4—大肠圆盘

（2）红下水检验 即肺、心和肝的检查，也是包括非离体检查和离体检查两种方式。

非离体检查。当屠宰加工白下水后，隔开胸腔，把肺、心、肝一并拉出胸腹腔，使其自然悬垂于肉体下面，从肺到心、肝依次检查。

离体检查。离体检查的方式分为悬挂式和平案式两种。首先要求编号；悬挂式是把脏器挂钩在同步运行的检测轨道上受检，此方法基本上同于非离体检查；平案式是将脏器置于检验台检验，脏器的纵隔面（两肺的内侧）向上，检验者立在左肺叶的右侧，近脏器的后端（膈叶端）处检验（见图4-5）。

红下水检查按肺、心、肝的顺序采用视检、触检和剖检的方法，全面检查各脏器进行综合性判断，尤其注意观察咽喉黏膜和心耳、胆囊等器官的状况，避免出现漏检现象。

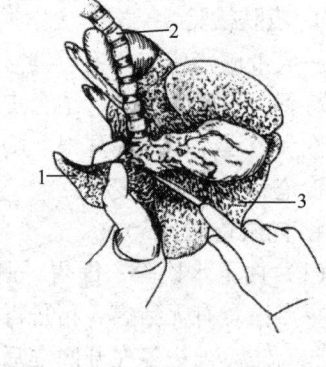

图4-5　猪心、肝、肺平案检验法
1—右肺尖叶　2—气管　3—右肺膈叶

①肺脏的检验：主要观察肺外表的色泽、大小、有无充血、气肿、水肿、出血、化脓、坏死、肺丝虫、肺吸虫或霉形体肺炎等病变，并触检其弹性。但须与因电麻时间过长或电压过高所造成的散在性出血点相区别。此外还须注意屠宰放血时误伤气管而引起肺吸入血液和为泡烫污水灌注（后者剖切后流出淡灰色污水带有温热感），必要时剖检支气管淋巴结（见图4-6）和肺实质，观察有无局灶性炭疽、肿瘤以及小叶性或纤维素性肺炎等。

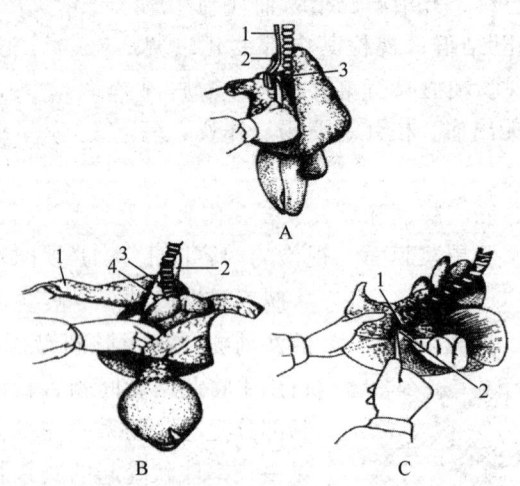

图4-6　肺支气管淋巴结剖检法
A. 肺左支气管淋巴结剖检法巴结　1—食管　2—主动脉　3—左支气管淋巴结
B. 肺左支气管淋巴结剖检法　1—肺尖叶　2—食管　3—气管　4—右支气管淋巴结
C. 肺尖叶支气管淋巴结和右支气管淋巴结剖检法
1—尖叶支气管淋巴结　2—右支气管淋巴结

a. 结核病可见淋巴结和肺实质中有小结节、化脓、干酪化等特征。
b. 肺丝虫病以突出表面白色小叶性气肿灶为特征。
c. 猪肺疫以纤维素性坏死性肺炎（肝变状）为特征。
d. 猪丹毒以卡他性肺炎和充血、水肿为特征。
e. 猪气喘病以对称性肺炎的炎性水肿肉变为特征。
f. 此外，猪肺常见到肺吸虫、肾虫、囊虫、细颈囊尾蚴、棘球蚴等。

②心脏的检验：在检验肺的同时视察心脏外表色泽、大小、硬度、有无炎症、变性、出血、囊虫等病变，触摸心肌僵硬度有无异常。必要时剖切左心，注意二尖瓣有无花菜样疣状物（慢性猪丹毒）（见图4-7）。

③肝脏的检验：先观察肝的形状、大小、色泽有无异常，触检其弹性；最后剖检肝门淋巴结及左外叶肝胆管和肝实质，有无脂肪变性或颗粒变性、淤血、出血、纤维素性炎、肝硬变或肿瘤等。注意有无肝片吸虫、华枝睾吸虫等寄生虫（见图4-8）。

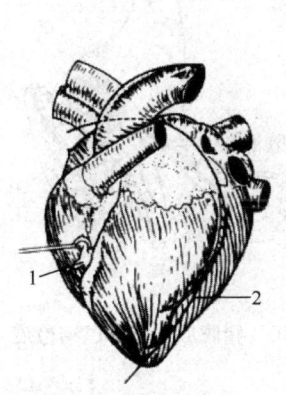

图4-7 猪心脏切开法
1—左纵沟 2—纵剖心脏切开线

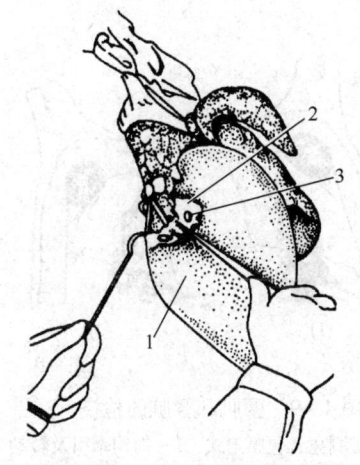

图4-8 肝门淋巴结剖检法
1—肝的膈面 2—肝门淋巴结周围的结缔组织
3—被切开的肝门淋巴结

5. 胴体检查

屠宰过程中，胴体多采用架空轨道上倒挂，依次编号检查。

（1）判定放血程度　放血不良的肌肉颜色发暗，剖检时切面上可见暗红色区域，皮下静脉血液滞留，挤压可有少量的血液滴出。根据肉尸放血不良程度，检疫人员可初诊该肉尸是来自疫病还是宰前衰弱或疲劳等因素引起，再综合判断。

（2）胴体检查　整体视检胴体皮肤、皮下组织、肌肉、脂肪胸腹膜、关节及筋腱等处有无异常。若感染猪瘟、猪肺疫、猪丹毒等疫病时，皮肤上常有特殊的出血点或出血斑等病变。

（3）腰肌的检验 检验人员用检验钩先固定胴体后，再用刀于荐椎与腰椎接合部做一深切口，沿此切口向下紧贴脊椎切开，使腰肌与脊柱分离开来；这时再移动检验钩，拉伸腰肌展开，顺肌纤维走向做 3～5 条平行的切口，视检切面有无猪囊虫寄生（图 4-9）。

（4）剖检淋巴结 在正常的检疫中，必检的淋巴结有腹股沟浅淋巴结、腹股沟深淋巴结，必要时再剖检股前淋巴结、肩前淋巴结、腘淋巴结。剖检时应纵向切开为宜。

腹股沟浅淋巴结（即乳房淋巴结）胴体倒挂时，位于最后一个乳头平位或稍后上方皮下脂肪内。剖检时，检验员用钩钩住最后乳头稍上方的皮下组织向外牵拉，检验刀从脂肪层正中部位切开，即可发现被切开的腹股沟浅淋巴结（图 4-10）。

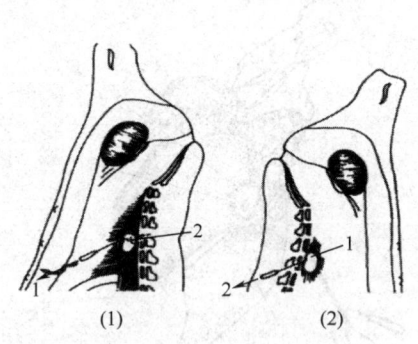

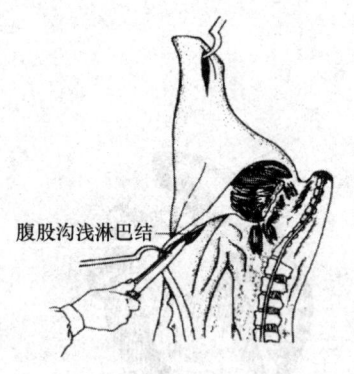

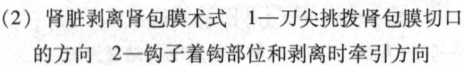

图 4-9 腰肌和肾脏的检疫
（1）肾脏剥离肾包膜术式 1—肉钩牵引及转动的方式 2—刀尖挑拨肾包膜切口的方向
（2）肾脏剥离肾包膜术式 1—刀尖挑拨肾包膜切口的方向 2—钩子着钩部位和剥离时牵引方向

图 4-10 猪腹股沟浅淋巴结检疫

腹股沟深淋巴结剖检时，先沿腰椎假设一垂线 AB（图 4-4），再从第 5，6 腰椎结合处斜向上方虚引一直线 CD，使其与线 AB 相交为 35°～45°角。然后沿 CD 线切开脂肪层，可见到髂外动脉，沿此动脉在旋髂深动脉分叉上方处可找到腹股沟深淋巴结。同时在髂外动脉和腹主动脉分叉附近可找到髂内淋巴结。注意腹股沟深淋巴结分布靠近在髂外动脉分出旋髂深动脉旁，甚至有时与髂内淋巴结连接在一起（图 4-11）。

（5）肾脏的检验 一般肾脏附在胴体上检验不剖开检查。先用刀剥离肾包膜，用钩钩住肾盂，并用刀沿肾脏中间纵向轻轻划下，然后刀外倾用刀背将肾包

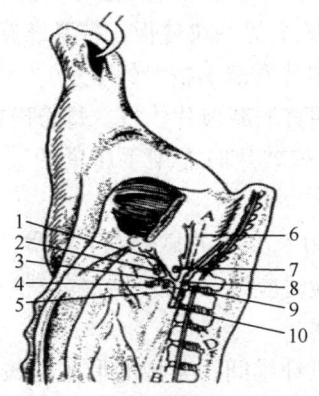

图 4-11 猪腹股沟淋巴结检验
1—髂外动脉 2—腹股沟深淋巴结 3—旋髂深动脉 4—髂外淋巴结
5—检查腹股沟淋巴结的切口线 6—沿腰椎假设 AB 线 7—腹下淋巴结
8—髂内动脉 9—髂内淋巴结 10—腹主动脉

膜挑起,用钩拉开暴露肾脏,观察肾的形状、大小、弹性、色泽及有无出血、化脓、坏死灶病变。必要时再沿肾脏边缘纵切开肾实质,对皮质、髓质、肾盂进行观察,注意区别猪瘟的"麻肾卵肾"变和猪丹毒的"大肾红"变。摘除肾上腺。

6. 旋毛虫检验

在宰后检验中,猪旋毛虫的检验非常必要。特别在本病流行的地区及有吃生肉习惯的地方更为必要。其方法有以下几种。

(1) 肉眼检察 这是提高旋毛虫检出率的关键,因为在可检面上挑取可疑点进行镜检,要比盲目剪取 24 个肉粒压片镜检的检出率高。

(2) 采样 旋毛虫的检验以横膈膜肌脚的检出率最高,尤其是横膈膜肌脚近肝脏部较高,其次是膈膜肌的近肋部。

从肉尸左右膈肌脚采取重量不少于 30g 的肉样两块,编上与肉尸相同的号码,送实验室检查。

(3) 视检 检查时的光线,以自然光线较好,检出率高。按号取下肉样,先撕去肌膜,在良好的光线下,将肌肉拉平,仔细观察肌肉纤维的表面,或将肉样拉紧斜看,或将肉样左右摆动,使成斜方向才易发现。有两种情况:一种是在肌纤维的表面,看到一种稍凸出的卵圆形的针头大小发亮的小点,其颜色和肌纤维的颜色相似而稍呈结缔组织薄膜所具有的灰白色,折光良好;另一种肉眼可见肌纤维上有一种灰白色或浅白色的小白点应可疑。另外,刚形成包囊的呈露点状,稍凸于肌肉表面,应将病灶剪下压片镜检。

(4) 显微镜检查法(压片法)

①压片标本制作:用弓形剪刀,顺肌纤维从肉块的可疑部位或其他不同部位

随机剪取麦粒大小的24个肉粒（两块肉共剪24块），使肉粒均匀地排列在夹压器的玻板上，每排12粒。盖上另一块玻板，拧紧螺旋或用手掌适度地压迫玻板，使肉粒压成薄片（能透过肉片看清书报上的小字）。

无旋毛虫夹压器时可用普通载玻片代替。每份肉样则需要4块载玻片，才能检查24个肉粒。使用普通载玻片时需用手压紧两玻片，两端用透明胶带缠固，方能使肉粒压薄。

②镜检：将压片置于50~70倍的显微镜下观察，检查由第一肉粒压片开始，不能遗漏每一个视野。镜检时应注意光线的强弱及检查的速度，如光线过强、速度过快，均易发生漏检。

旋毛虫的幼虫寄生于肌纤维间，典型的形态呈梭形、椭圆形或圆形的包囊，囊内有螺旋形蜷曲的虫体。有时候会见到肌肉间未形成包囊的杆状幼虫、部分钙化或完全钙化的包囊（显微镜下见一些黑点）、部分机化或完全机化的包囊。

显微镜下应注意旋毛虫与猪住肉孢子虫的区别。猪住肉孢子虫寄生在膈肌等肌肉中，一般情况下比旋毛虫感染率高，往往在检查旋毛虫时发现住肉孢子虫，有时同一肉样内既有旋毛虫，也有住肉孢子虫，注意鉴别（图4-12）。

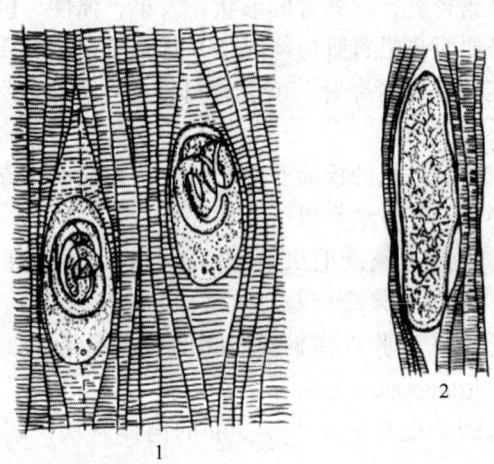

图4-12　旋毛虫与住肉孢子虫区别
1—旋毛虫幼虫包囊　2—住肉孢子虫包囊

对于钙化的包囊，滴加10%稀盐酸将钙盐溶解后，如果是旋毛虫包囊，可见到虫体或其痕迹；住肉孢子虫不见虫体；囊虫则能见到角质小钩和崩解的虫体团块。

7. 复检

检疫人员认定是健康无染疫的合格胴体，应在胴体上加盖肉检验讫印章，内脏加封检疫标志，同时出具动物产品检疫合格证明。

对不合格的胴体，在胴体上加盖无害化处理验讫印章，并在动物防疫监督机构监督下进行相应的无害化处理。

8. 宰后检疫结果的登记

猪宰后检疫完成后，对所检出的疫病种类进行统计分析（包括宰前检出）。检疫结果统计可参考表4-1进行。

表4-1 生猪屠宰检疫检出病类统计

时间	产地	屠宰总数	猪瘟	猪丹毒	猪肺病	炭疽	囊虫病	旋毛虫病	弓形虫病	住肉孢子	钩端螺旋	黄疸	白肌肉	…	…	死因不明

9. 宰后检疫注意事项

（1）在使用检疫工具时注意安全，不要伤及检验者及周围人员。

（2）为了保证肉品的卫生质量和商品价值，剖检时只能在规定的部位切开，且要深浅适度，切勿乱划和拉锯划切割。肌肉应顺肌纤维切开，以免形成巨大的裂口，导致细菌的侵入或蝇咀的孳生。

（3）内脏器官暴露后，一般都应先视检外形，不要急于剖检。按要求需要剖检的器官，剖检要到位。

（4）检疫人员要穿戴干净的工作服、帽、围裙、胶靴，离开工作岗位时必须脱换工作服，并注意个人消毒。

（5）检疫人员在检疫过程中注意力量集中，并严禁吸烟和随地吐痰。

五、实训报告

（1）说出猪颌下淋巴结、腹股沟浅淋巴结、腹股沟深淋巴结、肩前背侧淋巴结的剖检术式。

（2）猪宰后如何进行旋毛虫的检验？

实训三 家禽屠宰检验技术

一、实训目的

通过实训使学生掌握鸡的宰前检疫与宰后检验的要点，同时初步掌握家禽的屠宰检验的基本方法。

二、材料设备

一个正规的肉鸡屠宰厂或实验室，肉鸡屠宰线（机械屠宰），鸡笼，公母鸡，解剖刀，剪子，镊子，搪瓷盘，盆，污物桶等。

三、方法与步骤

以教师或现场指导教师现场操作示教，然后学生分组操作的方法来实施鸡的屠宰操作检验。

1. 宰前检疫

采取以群体检查为主，个体检查为辅的综合方法，将10～20只实验鸡放在鸡笼内，主要以静态、动态、饮食状态3个方面仔细观察，把鸡群中有病鸡或疑似病鸡剔出，然后对这些异常鸡逐一详细的进行个体检查，并将病鸡、健鸡区分开，并初步判断疾病性质。

2. 宰后检验

实验鸡分组宰杀，经放血，烫毛，脱毛，清洗，冷却各步骤的加工工艺后待检。在鸡宰后检验，主要以感官检验为主，要求按程序依次进行胴体检验和内脏检验。

（1）胴体检验　首先检验放血程度，视检皮肤的色泽和皮下血管的充盈度，以此来判断胴体的放血程度是否良好。放血不良的鸡具有暗（紫）红色皮肤，皮下血管充盈，在杀口处多留有血凝块。注意查明原因，应分开检验，并做好防疫工作。

体表和体腔检查。观察皮肤是否完整、清洁卫生以判定其加工质量和卫生状况；体表有无出血、水肿、痘疮、化脓和损伤等；然后将白条鸡取仰卧位放于搪瓷盘中，沿腹中线由胸骨柄切开腹壁至肛门处止，绕肛门一周。于胸前侧颈基部切开皮肤，剥离嗉囊后，沿腹壁开口，顺序取出胃、肠、脾、嗉囊和心、肝等脏器，放在一侧的搪瓷盘中进一步检验。检查气囊，肾脏有无病变，可用手术刀柄钝性剥离肾脏，同时暴露腰间神经丛视检有无病变，有必要可在左、右大腿内侧肌肉缝找到坐骨神经剥离对照检查。注意神经干的粗细和色泽。视检体躯、四肢关节和肌肉有无病变。

头部和肛门检查。检查鸡冠、肉髯、眼、口腔、鼻腔、咽喉、气管和肛门有无出血、充血、变色、肿胀病变或异常渗出物。注意肛门的清洁度和松弛度。

（2）内脏检查　依次检查肝、脾、心、胃、肠和卵巢等器官，注意其大小、形态、色泽、弹性、有无出血、坏死、结节和肿瘤等。尤其应注意小肠、盲肠、腺胃和肌胃的异常变化，必要时可剪开肠管进一步检查肠黏膜情况；剖开腺胃和肌胃，剥去肌胃角质膜，检查有无出血点或出血斑和溃疡等病变。

四、实训报告

（1）简述鸡的屠宰检验程序和要点。
（2）能初步判定禽宰后检验的结果及进行处理。
（3）检验中主要观察到的病变及其结果分析、体会与收获等。

实训四　肉的新鲜度检验

一、实验目的

掌握肉新鲜度的检测方法及卫生评价；了解各项指标测定的原理、方法和意义；进一步了解肉的变化规律。

二、感官检查

肉在腐败变质时，由于组织成分的分解，首先使肉品的感官性状发生令人难以接受的改变，如强烈的臭味、异常的色泽等。因此，借助人的感觉器官（嗅觉、视觉、触觉、味觉）来鉴定肉的卫生质量，在理论上是有根据的，而且简便易行，具有一定的实用意义。感官检查正是利用人的感觉器官（嗅觉、视觉、触觉、味觉）对肉进行检查，主要观察肉品表面和切面的颜色，观察和触摸肉表面和新切面的干燥、湿润和黏手程度，观察肌肉纤维的清晰程度和感觉其韧性，用手指按压肌肉判断肉的弹性，嗅闻气味判断是否变质而发出氨味、酸味或臭味，观察煮沸后肉汤的清亮程度、脂肪滴的大小以及嗅闻其气味，最后根据检验结果作出综合性判定。按下表（表4-2）填写感官指标。

表4-2　肉新鲜度感官指标

项目	一级鲜度	二级鲜度	变质肉
色泽			
黏度			
弹性			
气味			
肉汤			
处理			

三、实验室检验

(一) 总挥发性盐基氮 (TVBN) 的测定

挥发性盐基氮 (TVBN) 是指动物性食品在腐败过程中，由于细菌和酶作用，使蛋白质分解而产生氨、有机胺等碱性含氮物质，与腐败过程中同时产生的有机酸类结合形成盐基态氮而存在于肉中，因其具有挥发性，故名挥发性盐基氮。肉品中 TVBN 的含量随着腐败变质程度的增加而增加，且与肉品腐败程度之间具有明确的相应关系，因此可用于衡量肉品的新鲜度。TVBN 的测定方法有半微量定氮法和微量扩散法两种。

1. 半微量定氮法

(1) 原理 蛋白质分解产生的氮、胺类等碱性含氮物质，在碱性环境中具有挥发性，在碱性溶液中游离并被蒸馏出来，经硼酸溶液吸收，用盐酸（硫酸）标准溶液滴定，计算求得含量。

(2) 仪器与器材

①半微量定氮器。

②微量滴定管。最小分度 0.01mL。

③绞肉机。

④烧杯、吸管、量筒、漏斗、100mL 锥形瓶等。

(3) 试剂

①1% 氧化镁混悬液：称取 1.0g 氧化镁，加 100mL 水，振摇成混悬液。

②吸收液：2% 硼酸溶液。

③甲基红-次甲基蓝混合指示液：0.2% 甲基红乙醇溶液与 0.1% 次甲基蓝溶液，临用时将两液等量混合，即为混合指示液。

④盐酸 $[c(HCL)=0.1mol/L]$ 或硫酸 $[c(1/2H_2SO_4)=0.01mol/L]$ 的标准滴定溶液。

⑤无氨蒸馏水。

(4) 操作方法

①样品处理：将样品除去脂肪、骨及腱后，切碎搅匀，称取约 10.00g，置于锥形瓶中，加 100mL 水，不时振摇，浸渍 30min 后过滤，滤液置冰箱中备用。

②蒸馏滴定：将盛有 10mL 吸收液及 5 滴或 6 滴混合指示液的锥形瓶置于冷凝管下端，并使其下端插入吸收液的液面下，准确吸收 5.0mL 上述样品滤液于蒸馏器反应室内，加 5mL 氧化镁混悬液 (1%)，迅速盖塞，并加水以防漏气，通入蒸汽，进行蒸馏，蒸馏 5min 即停止，吸收液用盐酸标准溶液 (0.01mol/L) 或硫酸标准滴定溶液滴定，终点至蓝紫色。同时做试剂空白试验。

(5) 计算

$$X_1 \frac{(V_1 - V_2) \times c_1 \times 14}{m_1 \times 5/100} \times 100$$

式中　X_1——样品中挥发性盐基氮的含量，mg/100g；
　　　V_1——测定用样液消耗盐酸或硫酸标准溶液体积，mL；
　　　V_2——试剂空白消耗盐酸或硫酸标准溶液体积，mL；
　　　c_1——盐酸或硫酸标准溶液的实际浓度，mol/L；
　　　14——与 1.00mL 盐酸标准溶液 [c（HCL）= 1.000mol/L] 或硫酸标准溶液 [c（1/2H_2SO_4）= 1.000mol/L] 相当的氮的质量，mg；
　　　m_1——样品质量，g。

结果的表述：报告算术平均值的 3 位有效数字。
允许差：相对相差≤10%

2. 微量扩散法

（1）原理　挥发性盐基氮物质可在碱性溶液中释放出来，利用饱和碳酸钾溶液，使样品中含氮物质在 37℃恒温条件下游离并扩散至康维皿密闭空间中，并被硼酸溶液吸收。然后用标准酸溶液滴定，计算求得含量。

（2）仪器与器材
①扩散皿（标准型）：玻璃质，内外室总直径 61mm，内室直径 35mm，外室深度 10mm，内室深度 5mm，外室壁厚 3mm，内室壁厚 2.5mm，加磨砂厚玻璃盖。
②微量滴定管，最小分度 0.01mL。
③恒温培养箱。
④绞肉机。
⑤研钵。

（3）试剂
①水溶性胶：取 10g 阿拉伯胶，加 10mL 水、5mL 甘油、5g 无水碳酸钾（或无水碳酸钠），摇匀。
②饱和碳酸钾溶液：称取 50g 碳酸钾，加 50mL 无氨蒸馏水，微加热助溶。使用时取上清液。
③吸收液：2%硼酸溶液。
④甲基红-次甲基蓝混合指示液：0.2%甲基红乙醇溶液与 0.1%次甲基蓝溶液，临用时将两液等量混合，即为混合指示液。
⑤盐酸 [c（HCL）= 0.01mol/L] 或硫酸 [c（1/2H_2SO_4）= 0.01mol/L] 的标准溶液。
⑥无氨蒸馏水。

（4）操作方法
①样品处理：同半微量定氮法。

②样品测定：将水溶性胶涂于扩散皿的边缘，在皿中央内室加入2%硼酸溶液1mL及1滴混合指示液。在皿外室一侧加入1.00mL样液，另一侧加入1mL饱和碳酸钾溶液，注意勿使两液接触，立即盖好；密封后将皿于桌面上轻轻转动，使样液与碱液混合，然后于37℃恒温箱内放置2h，揭去盖，用盐酸或硫酸标准溶液（0.100mol/L）滴定，终点呈蓝紫色。时做试剂空白试验。

（5）计算

$$X_1 = \frac{(V_1 - V_2) \times c_1 \times 14}{m_1 \times 1/100} \times 100$$

式中 X_1，V_1，V_2，c_1，14，m_1 同半微量定氮法。

3. 判定标准

我国食品卫生标准中规定各种畜禽肉新鲜度判定指标为：新鲜肉 TVBN 含量≤15mg/100g。

（二）肉品新鲜度综合判定方法

1. pH 测定

（1）原理　牲畜生前肌肉 pH 为 7.1~7.2，屠宰后由于糖原酵解产生乳酸，ATP 分解产生磷酸，肉的 pH 下降；而肉品腐败分解时，由于蛋白质分解为氨和有机胺类等碱性物质，使肉 pH 上升。因此 pH 在一定程度上可以表示肉的新鲜度。

（2）测定方法　常用 pH 试纸法和酸度计法。

（3）判定标准　健康新鲜肉 pH5.8~6.5；非新鲜肉 pH≥6.6。

2. 粗氨的测定

（1）原理　肉品腐败时产生的氨和有机胺类称为粗氨，粗氨的含量随腐败程度的加深而增多，因此可用于判定肉的新鲜度。测定方法采用纳氏试剂法：粗氨在碱性环境可与纳氏试剂作用，生成黄色或橙色的碘化二亚汞胺沉淀，其颜色深浅和沉淀物多少能反映肉中粗氨的含量。

（2）试剂　纳氏试剂：取 10g 碘化钾，溶于 10mL 水中，陆续加入饱和升汞溶液（5.7%氯化汞），并不断搅拌，直至溶液产生的朱红色沉淀不再溶解为止，然后再加 50%氢氧化钠溶液 80mL，冷却后加无氨蒸馏水稀释至 200mL，静置后取上清液移入棕色瓶中备用。

（3）操作方法　取两支试管，一支加入 1mL 肉浸液，另一支加入 1mL 无氨蒸馏水作对照。分别向两管中加纳氏试剂 1~10 滴，每加 1 滴都要振摇，并比较试管中溶液颜色深浅程度、透明度、有无浑浊或沉淀等。

（4）判定标准

健康新鲜肉：淡黄色透明，或呈黄色轻度混浊，以"－"表示；

非新鲜肉：出现明显混浊或黄色、橙色沉淀，以"＋/＋＋"表示。

3. 球蛋白沉淀试验

（1）原理　肌肉中球蛋白在碱性环境中呈可溶状态，在酸性环境中呈不溶状态。新鲜肉呈酸性反应，故肉浸液中无球蛋白存在；而腐败时由于大量有机胺和氨的产生而呈碱性，故肉浸液中溶有球蛋白，且随腐败程度加重其含量也增加。本试验采用 $CuSO_4$ 溶液作为试剂，使 Cu^{2+} 与被检肉浸液中球蛋白结合形成沉淀来判定肉浸液中是否含有球蛋白，并以此来检验肉的新鲜度。

（2）试剂　$CuSO_4$ 溶液（100g/L）。

（3）操作方法　取两支小试管，一支加入 2mL 肉浸液，另一支加入 2mL 水作对照。分别向两管中滴加 $CuSO_4$ 溶液 5 滴，充分振摇后观察。

（4）判定标准

新鲜肉：溶液呈淡蓝色完全透明或微浑浊，以"－"表示。

非新鲜肉：溶液出现明显浑浊、明显絮状物或白色沉淀，以"＋/＋＋"表示。

4. 硫化氢的测定

（1）原理　肉自溶和腐败时蛋白质分解可释放出 H_2S，因此测定 H_2S 的存在与否可判定肉品的新鲜程度。本实验根据 H_2S 在碱性环境中与醋酸铅发生反应生成黑色的硫化铅的原理，观察硫化铅呈色的深浅，判断肉品的新鲜度。

（2）试剂　醋酸铅碱性试纸：于醋酸铅溶液（100g/L）中加入氢氧化钠溶液（100g/L）至沉淀析出。将滤纸条浸入数分钟后取出阴干，保存备用。

（3）操作方法　取约 20g 肉样，剪成米粒大小，置 100mL 具塞瓶中，向瓶中挂醋酸铅碱性试纸一张（或使用前用醋酸铅将滤纸浸湿），使其下端接近但不触及肉表面，另一端固定于瓶口，塞紧瓶塞，静置 15min 后观察滤纸条颜色变化。

（4）判定标准

健康新鲜肉：滤纸条无变化，以"－"表示。

非新鲜肉：滤纸条变成褐色，以"＋"表示。

5. 过氧化物酶反应

（1）原理　健康动物新鲜肉中含有过氧化物酶，而非新鲜肉过氧化物酶显著减少或缺乏。在肉浸液中加入过氧化物，肉浸液中若含有过氧化物酶则可以从过氧化物中裂解出氧使指示剂氧化而改变颜色。目前常用方法为试管法和试纸法。

（2）试管法

①试剂：

A 联苯胺乙醇溶液（2g/L）：称取 0.2g 联苯胺溶解于 100mL 95% 乙醇中，置棕色瓶内保存，有效期不超过 1 个月。

B 1%过氧化氢溶液：取 1 份 30%过氧化氢溶液与 29 份水混合即成，临用时配制。

②操作方法：取两支小试管，一支试管中加入 2mL 肉浸液，另一支加入 2mL 蒸馏水作对照。向两管中各加入 4～5 滴联苯胺乙醇溶液，充分振摇后加入过氧化氢溶液 3 滴，立即观察颜色变化及其速度和程度（注：加入过氧化氢后不得振摇）。

③判定标准：

健康新鲜肉：立即或数秒内呈蓝色，以"+"表示；

可疑肉：2～3min 出现淡青棕色或无明显颜色变化，以"-"表示。

（3）试纸法　过氧化物酶反应试纸的制备：将无菌滤纸条浸泡于联苯胺乙醇溶液中，过夜干燥后 4℃冷藏备用。

①试剂：过氧化物酶反应试剂、过氧化物酶反应试纸。

②操作方法：剪取肉样小块，置于平皿中，新鲜断面朝上。取酶反应试纸一张贴于肉样新鲜断面上，按压试纸使之与断面紧密贴附。待纸片充分浸湿后置平板上，滴加酶反应试剂 B 1 滴，立即观察变化。

③判定标准：

健康新鲜肉：试纸呈现鲜艳的蓝色，以"+"表示；

可疑肉：试纸片不出现上述变化或数秒后呈现淡蓝色，以"-"表示。

注：（1）用上面综合判定法"1、2、3、5"不能区分病死动物肉、过度疲劳动物肉和非新鲜肉。

（2）H_2S 测定也可受到动物生前产生的 H_2S 和腐败变质程度的影响。

实训五　大肠菌群的测定

一、实训目的

（1）了解大肠菌群在食品卫生检验中的意义；

（2）学习并掌握大肠菌群的检验方法。

二、实训原理

大肠菌群系指一群能发酵乳糖，产酸产气，需氧和兼性厌氧的革兰阴性无芽孢杆菌。该菌主要来源于人畜粪便，故以此作为粪便污染指标来评价食品的卫生质量，具有广泛的卫生学意义。它反映了食品是否被粪便污染，同时间接地指出食品是否有肠道致病菌污染的可能性。食品中大肠菌群数系以每 100g（或 mL）检样内大肠菌群最可能数（The most probable number，简称 MPN）表示。

三、材料设备

1. 样品
乳、肉、禽蛋制品、饮料、糕点、发酵调味品或其他食品。

2. 菌种
大肠埃希氏菌（Escherichia coli）、产气肠杆菌（Enterobacteria aerogenes）。

3. 培养基及试剂
单料乳糖胆盐发酵管、双料乳糖胆盐发酵管、乳糖胆盐发酵管、伊红美蓝琼脂（EMB）、革兰染色液。

4. 其他
恒温箱、恒温水浴、药物天平、培养皿、载玻片等。

四、方法步骤

1. 样品稀释
（1）以无菌操作，取检样25g（或25mL），放于225mL灭菌生理盐水或其他稀释液的灭菌玻璃瓶内（瓶内预置适当数量的玻璃珠）或灭菌乳钵内，经充分振摇或研磨制成1:10的均匀稀释液。固体检样在加入稀释液后，最好置灭菌均质器中以8000~10000r/min的速度处理1~2min，制成1:10的均匀稀释液。样品匀液的pH应在6.5~7.5，必要时用1mol/L NaOH或1mol/L HCl调节。

（2）用1mL灭菌吸管吸取1:10稀释液1mL，沿管壁徐徐注入含有9mL灭菌生理盐水或其他稀释液的试管内（注意吸管或吸头尖端不要触及稀释液面），振摇试管混合均匀，制成1:100的稀释液。

（3）另取1mL灭菌吸管，按上项操作顺序，制10倍递增稀释液，如此每递增稀释一次即换用1支1mL灭菌吸管。从制备样品匀液至样品接种完毕，全程不得超过15min。

（4）根据标准要求或对污染情况的估计，选择3个适宜稀释度，分别在制10倍递增稀释的同时，以吸取该稀释度的吸管移取1mL稀释液于灭菌平皿中，每个稀释度作3个平皿。

2. 乳糖发酵试验
根据食品卫生要求或对检样污染程度的估计，选择3个稀释度，每个稀释度接种3管乳糖胆盐发酵管。接种量在1mL以上者，用双料乳糖胆盐发酵管，1mL及1mL以下者，用单料乳糖胆盐发酵管，同时用大肠埃希氏菌和产气肠杆菌混合菌种混合接种于1支作单料乳糖胆盐发酵管对照。置（36±1）℃温箱内，培养（24±2）h，如所有发酵管都不产气，则可报告为大肠菌群阴性，如有产气者，则与对照的混合菌种一起按下列程序进行。

3. 分离培养
将产气的发酵管分别在伊红美蓝琼脂（EMB琼脂）平板上划线分离。然后置（36±1）℃温箱内，培养18~24h后取出，观察菌落形态，并做革兰染色和证实试验。

4. 证实试验

在上述平板上，挑取可疑大肠菌落1个或2个进行革兰染色，同时接种乳糖发酵管，置（36±1）℃温箱培养（24±2）h，观察产气情况，凡乳糖管产气、革兰染色为阴性的无芽孢杆菌，即可报告为大肠菌群阳性。

5. 报告

根据证实为大肠杆菌阳性的管数，查MPN表，报告每100mL（g）大肠菌群的MPN值。

五、实训报告

根据食品检样测定的方法、结果，报告被检食品的大肠菌群MPN，并对检样进行卫生评价。

实训六 肉制品中亚硝酸盐测定

一、实训目的

（1）明确亚硝酸盐的测定与控制成品质量的关系；
（2）明确与掌握盐酸萘乙二胺法的基本原理与操作方法；
（3）进一步熟悉分光光度计的使用与操作。

二、实训原理

样本经沉淀蛋白质、去除脂肪后，在弱酸条件下，亚硝酸盐与氨基苯磺酸重氮化后，再与$N-1-$萘基乙二胺偶合形成紫红色染料，在550nm处有最大吸收，测定吸光度以定量（或与标准比较定量）。

三、仪器和试剂

1. 仪器

分光光度计、小型绞碎机。

2. 试剂

（1）氯化铵缓冲液（pH=9.6~9.7） 1L溶量瓶加入500mL水，准确加入20.0mL盐酸，振摇混匀，准确加入50mL氨水，用水稀释至刻度，必要时用稀盐酸和稀氨水调pH至所需范围。

（2）硫酸锌溶液 $[c(1/2ZnSO_4)=0.42mol/L]$ 称取120g硫酸锌（$ZnSO_4 \cdot 7H_2O$），用水溶解并稀释至1L。

（3）NaOH 溶液（20g/L）　称取 20g 氢氧化钠，用水溶解，稀释至 1L。

（4）对氨基苯磺酸溶液　称取 10g 对氨基苯磺酸，溶于 700mL 水和 300mL 冰醋酸中，置棕色试剂瓶中混匀，温室储存。

（5）盐酸萘基乙二胺溶液（别名 $N-1-$ 萘基乙二胺，1g/L）　称取 0.1g 盐酸萘基乙二胺，加 100mL 60% 乙酸溶解混匀后，置棕色试剂瓶中，放冰箱贮存，1 周内稳定。

（6）显色剂　临用前将 1g/L 盐酸萘乙二胺和对氨基苯磺酸溶液等体积混合，临用时现配，仅供一次使用。

（7）亚硝酸钠标准储备溶液　精确称取 250.0mg 于硅胶干燥器干燥 24h 的亚硝酸钠，加水溶解移入 500mL 的容量瓶中，加 100mL 氯化钠缓冲液，加水稀释至刻度，混匀，在 4℃ 避光储存。此溶液每毫升相当于 500μg 的亚硝酸钠。

（8）亚硝酸钠标准使用液　准确吸取亚硝酸钠标准储备溶液 1.0mL，置 100mL 容量瓶中，加水稀释至刻度，混匀。临用时现配。此溶液每毫升相当于 5μg 亚硝酸钠。

四、方法步骤

1. 样本处理

准确称取 10.0g 经绞碎混匀的肉制品，置打碎机中，加 70mL 水和 12mL 20g/L 氢氧化钠溶液，混匀，测试样品溶液的 pH。如样品液呈酸性，用 20g/L 氢氧化钠调成碱性（pH=8），定量转移至 200mL 容量瓶中，加 10mL 硫酸锌溶液，混匀。如不产生白色沉淀，再补加 2~5mL 20g/L 氢氧化钠，混匀，在 60℃ 水浴中加热 10min，取出，冷至室温，稀释至刻度，混匀。用滤纸过滤，弃去初滤液 20mL，收集滤液待测。

2. 亚硝酸盐含量的测定

（1）亚硝酸盐标准曲线的制备　吸取 5μg/mL 亚硝酸钠标准使用液 0.0、0.5、1.0、2.0、3.0、4.0、5.0mL（相当于 0、2.5、5、10、15、20、25μg），分别置于 20mL 带塞比色管中，于标准使用液中分别加入 4.5mL 氯化铵缓冲液，加 2.5mL 60% 乙酸后立即加入 5.0mL 显色剂，用水稀释至刻度，混匀，在暗处放置 25min。用 1cm 比色皿，以空白液调节零点，于波长 550nm 处测吸光度，绘制标准曲线。

（2）样品测定　吸取 10.0mL 样品滤液于 25mL 带塞比色管中，按（1）"于标准管中分别加入 4.5mL 氯化铵缓冲液"起依法操作，测定吸光度。

五、结果处理

1. 数据记录

序号	1	2	3	4	5	6	7	样品
亚硝酸钠含量/μg								
吸光度								

2. 绘制标准曲线

以吸光度为纵坐标，亚硝酸钠含量为横坐标绘制标准曲线。

3. 结果计算

$$w = \frac{m_1 \times 10^{-6}}{m \times (10/200)}$$

式中　w——样品中亚硝酸盐的质量分数；
　　　m——样品的质量，g；
　　　m_1——测定用样液中亚硝酸盐的质量，μg。

六、实训报告

采集肉样进行测定，对结果进行分析，写出实训报告。

实训七　注水畜禽肉的检验

一、实训目的

使学生基本掌握注水畜禽肉的各种检验方法。

二、材料设备

来自市场的正常肉和注水肉，如市场上无注水肉，可以购买正常畜禽肉，自行注水后检验。要求肉必须是瘦肉。

三、方法与步骤

（一）感官检验

利用人的感觉器官（嗅觉、视觉、触觉、味觉）对肉进行检查，主要观察畜禽肉的外观特征。活体掺水后，明显可见腹部膨胀，体态臃肿，步履蹒跚，行动困难。掺水的畜禽肉色较正常的淡，有一种水样光泽，切面呈淡红色或玫瑰色。用手指按压时，有水滴流出，指压后凹陷恢复较慢。

（二）放大镜观察法

1. 设备与器材

15～20倍放大镜、检验刀、大镊子、20mL注射器各1个，大瓷盘2个，每组1套。

2. 操作步骤

（1）将正常的和注水的肉或光禽放入大瓷盘内，以备检验者观察。

（2）检验者用镊子固定住被检肉，用检验刀顺着肌纤维方向切开肌肉后用放大镜观察。

3. 判定标准

（1）正常肉　肌纤维排列均匀，结构致密紧凑无断裂、无变细增粗等形态变化，色泽呈鲜红、浅红色，看不到血液和渗出液。

（2）注水肉　肌纤维肿胀、粗细不匀、结构纹理不清、有大量血水和渗出液。

（三）滤纸贴附检验法

1. 设备与器材

将定量滤纸剪成1cm×8cm大小的纸条若干，检验刀、镊子各1个。每组1套。

2. 方法和操作

（1）检验者用镊子固定被检肉，用检验刀切开肌肉。

（2）立即将滤纸条插入肉新鲜切面上2cm深，贴紧肉面1～2min。

（3）观察滤纸条被浸润情况，纸条揭下后两手均匀拉，检验其拉力。

3. 判定标准

（1）正常肉滤纸贴后稍湿润且有油渍，揭后耐拉。

（2）注水肉滤纸贴后立即被水分和肌肉汁浸湿，均匀一致，超过插入部分2mm以上（注水越多，湿得越快、超过部分越高）。揭后不耐拉，易断。

（四）燃纸检验法

1. 设备与器材

卷烟纸1本，火柴1盒，检验刀、镊子各1把，瓷盘2个，每组1套。

2. 方法和操作

（1）检验者用镊子固定被检肉，用检验刀顺着肌纤维切开肌肉。

（2）将卷烟纸贴于肉的新鲜切面上，取下后点火燃烧。

3. 判定标准

（1）正常肉　卷烟纸贴后有油渍，点火后易燃烧。

（2）注水肉　卷烟纸贴后立即湿润，点火后不燃烧。

(五) 加压检验法

1. 设备与器材

干净塑料袋、重 5kg 的哑铃或铁块。

2. 方法和操作

(1) 取 10cm×10cm×5cm 的正常肉和注水肉分别装在干净的塑料袋内扎紧。

(2) 将哑铃或铁块压在塑料袋上,10min 后观察袋内情况。

3. 判定标准

(1) 装正常肉的塑料袋内无水或有非常少的几滴血水。

(2) 装注水肉的塑料袋内有被挤出的水。

(六) 熟肉率检验法

1. 设备与器材

锅、电炉子、检验刀、秤、量筒(500~1000mL)各 1 个、每组 1 套。

2. 方法和操作

(1) 称取正常肉和注水肉各 0.5kg 重的肉块,放入锅内,加 2000mL 水。

(2) 水煮沸后继续煮 1h,捞出晾凉后称取熟肉重量。

(3) 计算

$$熟肉率 = \frac{熟肉重}{鲜肉重} \times 100\%$$

3. 判定标准

(1) 正常肉 >50%。

(2) 注水肉 <50%。

4. 注意事项

正常肉与注水肉放在同锅内煮沸时要进行标记,以免混淆。

(七) 肉的损耗检验法

1. 设备与器材

吊钩、秤。

2. 方法和操作

(1) 取相同大小的正常肉和注水肉各 1 块,分别称重。

(2) 将其分开挂在 15~20℃ 通风良好的阴凉处的吊钩上,24h 后分别称重。

(3) 计算

$$损耗率 = \frac{晾前肉重 - 晾后肉重}{晾前肉重} \times 100\%$$

3. 判定标准

(1) 正常肉损耗率为 0.5%~0.7%。

(2) 注水肉损耗率为 4.0%~6.0%。

(八) SY-01 型肉类注水测定仪检测法

1. 原理

该仪器应用电导原理进行测量。正常情况下,瘦肉中含水量一般均为 70% 左右,正常肉电导率 $S<1/51V$,电阻 $R>51\Omega$,加入不洁水质的肉电导率 $S\geqslant1/51V$,电阻 $R\leqslant51\Omega$。

2. 设备与器材

SY-01 型肉类注水测定仪。鲜猪、牛、羊前后肢(瘦肉)。

3. 方法和操作

将检测探头插入被检部位瘦肉中,按下测量键。表头指针所指为检测结果。

4. 判定标准

(1) 正常肉表头指针停在蓝色带上。

(2) 注入少量水的肉表头指针停在黄色带上。

(3) 严重注水肉表头指针停在红色带上。

(九) 试纸法检测注水肉

1. 设备与器材

检验用试纸、检验刀、检验钩、大镊子各 1 个,瓷盘 2 个,每组 1 套。正常和注水的老牛肉、小牛肉和猪肉。

2. 方法和操作

(1) 检验者用检验钩钩住被检肉,用检验刀将肌纤维横断,要求切面必须光滑平整。

(2) 翻开切口,于一侧面贴试纸,立即压实并记录时间,试纸由蓝变红,观察记录试纸变色程度及完全变色(变红)时间。

3. 判定标准

(1) 正常猪肉 试纸完全变色时间超过 20s;注水猪肉 20s 以内试纸完全变色。

(2) 正常老牛肉 试纸完全变色时间超过 25s;注水老牛肉 25s 以内试纸完全变色。

(3) 正常小牛肉 试纸完全变色时间超过 20s;注水小牛肉 20s 以内试纸完全变色。

4. 注意事项

不同部位、不同品种、宰后贮存时间都会使试纸变色时间有所不同。肉质细嫩、含水量高,如小牛肉的背最长肌,试纸变色快。

除上述几种方法外,还有直接干燥法等。注水肉是个复杂的问题,注入的水,多是掺进其他物质或是不洁的水,使之不易流出和鉴别。每种检验法都不十分理想,所以注水肉可采用多种方法进行检验,综合判定。

四、实训报告

采集检品（注水肉）进行检验，对结果进行综合评价，写出实训报告。

实训八　病死畜禽肉的实验室检验

一、实训目的

使学生基本能掌握病死畜禽肉的检验操作方法和卫生评价标准。

二、材料设备

正常与病死畜各 1 头，禽各 4 只。

三、方法与步骤

（一）感官检验和剖检

详见模块二项目六任务三中病死畜禽肉的鉴定和处理。

（二）细菌学检验

感官检验一旦发现有病死畜禽肉征象时，应立即采样—触片—染色—镜检。

1. 设备与器材

显微镜、有盖搪瓷盘、酒精灯、镊子、剪子、载玻片（要求灭菌）。革兰染色液 1 套、瑞氏染色液。

2. 方法和操作

（1）无菌操作取有病理变化的淋巴结、实质器官和组织、触片（每个检样制备两个以上的触片）。

（2）将干燥并经火焰固定的触片，经革兰染色法进行染色（也可将自然干燥的组织触片，经瑞氏法进行染色）。光学显微镜或油镜下检查。

3. 判定标准

同微生物或动物性食品微生物学检验标准进行炭疽杆菌、猪丹毒杆菌、巴氏杆菌、链球菌等各种致病菌的判定。

（三）放血程度检验

1. 滤纸浸润法

（1）设备与器材　新华滤纸 0.5cm×5cm、镊子、检验刀、瓷盘，每组 1 套。

（2）方法和操作

①检验者用镊子固定被检肉，用检验刀切开肉。

②取滤纸条插入被检新鲜肉切口 1～2cm 深。

③经 2～3min 后观察。

(3) 判定标准

①放血不全滤纸条被血液浸润且超出插入部分 2～3cm。

②严重放血不全滤纸条被血样液严重浸润且超出插入 5cm 以上。

2. 愈创木脂酊反应法

(1) 设备与器材　镊子、检验刀、瓷皿、吸管、吸球、量筒（10mL）。每组 1 套。

①愈创木脂酊：称取 5g 愈创木脂酊，加 75% 乙醇至 100mL 溶解后备用。

②3% 过氧化氢溶液：量取 30% 过氧化氢 3mL，用蒸馏水稀释至 30mL 即成（现用现配）。

(2) 方法和操作

①检验者用镊子固定肉，用检验刀切取前肢或后肢肉片 1～2g，置于瓷皿中。

②用吸球吸管吸取愈创木脂酊 5～10mL 注入瓷皿中，此时肌肉不发生任何变化。

③加入 3% 过氧化氢溶液数滴，此时肉片周围产生泡沫。

(3) 判定标准

①放血良好：肉片周围溶液呈淡蓝色环或无变化。

②放血不全：数秒钟内肉片变为深蓝色，周围组织全成深蓝色。

(四) 细菌毒素检验（鲎试剂试验）

1. 原理

鲎试剂中含有内毒素敏感因子凝固酶原、凝固蛋白等凝固素。微量的内毒素可将其依次激活，产生胶冻样凝集现象，其程度与被检物中内毒素含量呈正比。本法不但可以定性，还可以依据凝集的最小需要量，推算出检样中内毒素含量。此反应敏感，特异性高，简便快速。

2. 设备与器材

水浴锅、天平、灭菌的剪子和镊子。小试管 3 支、锥形瓶、大平皿或广口瓶（带玻璃珠）、吸管 4 支等均需除热原处理。每组 1 套。

除热原处理方法：玻璃器皿用清洁液浸泡 24h，取出后流水冲洗，1% NaOH 煮沸 30min，流水充分洗净后蒸馏水冲洗，无热原蒸馏水冲洗，置于 250℃烘箱中烘烤 30min 或 180℃烘箱中烘烤 2h。

(1) 鲎试剂（TAL 试剂）　冻干制品，临用时从冰箱内取出，打开安瓿，加入稀释液 0.5mL 溶化后备用（可保存 2 周）。

(2) 无热原蒸馏水。

(3) 大肠杆菌内毒素的制成品，临用前从冰箱取出。

(4) 氢氧化钠（除热原用）。

(5) 健康新鲜肉浸液和生理盐水。

3. 方法和操作

（1）检验液的制备　检验者以无菌法从被检肉中心剪取 3cm 肉一块，用无热原蒸馏水冲洗表面后，置于除热原处理的平皿中剪成肉泥，称取 10g 置于装有玻璃珠的广口瓶中，加入无热原的蒸馏水 90mL 混匀，在 5℃ 下放置 15min（每 5min 振荡 1 次）后静置 2min，取上清液过滤备用。

（2）取 3 支小试管，第 1 支加入检样液 0.1mL，第 2 支加入大肠杆菌内毒素稀释液 0.1mL 作阳性对照，第 3 支加入健康新鲜肉浸液或生理盐水 0.1mL 作阴性对照。

（3）依次向上述 3 个试管中加入鲎试剂 0.1mL 稀释液，立即用透明胶带封好管口，防止污染和蒸发。

（4）轻轻摇匀后将试管置于 37℃ 水浴中保温 1h，取出试管慢慢倾斜成 40°~180°，观察结果。

4. 判定标准

（1）完全凝固，试管中凝胶完全凝固不变形为强阳性（＋＋＋）。

（2）80% 凝固，倾斜试管，凝胶稍变形，但不流动为阳性（＋＋）。

（3）40% 凝固，倾斜试管，凝胶呈半流动态，具有黏性为弱阳性（＋）。

（4）无凝固，倾斜试管，凝胶不凝固为阴性（－）。

四、实训报告

采集样品，进行实验室检验，并对检验结果作出评价。

实训九　乳酸度测定、掺假掺杂乳、乳房炎乳的检验

一、乳的酸度测定

（一）实训目标

通过实训，掌握滴定法、酒精实验法和煮沸实验法测定乳酸度的方法。

（二）材料设备

碱式滴定管、水浴锅、250mL 锥形瓶、试管、烧杯、0.5% 酚酞乙醇溶液、0.1mol/L NaOH 溶液、68% 或 70%、72% 中性酒精等。

（三）方法与步骤

1. 滴定法

（1）吸取 10mL 牛乳，移入 250mL 锥形瓶中，加入 20mL 中性蒸馏水，滴入 0.5% 酚酞乙醇溶液 0.5mL，摇匀，用 0.1mol/L NaOH 溶液滴定，至出现微红色并在 0.5min 内不消失为终点。

（2）将滴定时所消耗的 0.1mol/L NaOH 溶液的毫升数乘以 10，即为牛乳的酸度（°T）。

2. 酒精试验法

取 1~2mL 乳于试管中，加入等量的中性酒精（68% 或 70% 或 72% 的酒精）。迅速充分混合，如有絮状物（蛋白沉淀）出现，即为酒精阳性乳，否则为酒精阴性乳。出现絮状物，表示酸度高，乳的酸度与酒精浓度的关系见表 4-3。

表 4-3　乳的酸度与酒精浓度的关系

酒精度	出现絮状物乳的酸度/°T
68	20
70	19
72	18

3. 煮沸实验法

取试管或小烧杯，加入乳样 10~20mL，然后在酒精灯上加热，观察其煮沸后的情况，摇动试管如见白色絮状物附着管壁或沉淀管底，即表示乳的酸度已达到 26°T 以上。

二、掺假、掺杂乳的检测

（一）实训目的

通过实训，学会乳中常见掺假、掺杂物进行检测并根据检测结果进行分析判断。

（二）材料设备

移液管，试管，碘液，0.04% 嗅麝香草酚蓝溶液，醚醇混合液（1:1，体积比），25% NaOH，硫酸，硝酸，硝酸银，10% 铬酸钾等。

（三）方法与步骤

1. 掺入淀粉、米汤的检测

取 5mL 乳样注入试管中，稍稍煮沸，冷却后加数滴碘液（碘的酒精溶液或 0.1mol/L 的碘液），有淀粉存在时，则有蓝色或青蓝色沉淀物出现。

2. 掺入碱的检验

取被检乳样 5mL 于试管中，将试管倾斜，沿管壁加入 0.04% 嗅麝香草酚蓝溶液 2 滴或 3 滴于液面上，转动试管 2~3 转，使这些液体更好地接触，但切忌使液体互相混合。然后将试管垂直静置 2min，再观察液面间颜色。同时用鲜乳作空白对照实验。掺碱量与颜色深浅的半定量对应关系见表 4-4。

表 4-4 乳中掺碱量与颜色的对应关系

掺碱量/%	无	0.05	0.1	0.3	0.5	0.7	1.0	1.5
颜色	黄色	浅绿色	深绿色	青绿色	绿色	浅蓝色	蓝色	深蓝色

3. 掺入豆浆的检测

吸取 2mL 乳样于试管中，加入醇醚混合液 3mL 和 25% NaOH 5mL，摇匀，静置 5~10min，同时吸取 2mL 蒸馏水或正常乳作对照实验，如出现黄色，表明乳中掺有豆浆。

4. 乳中掺甲醛的检测

吸取 5mL 乳样注入试管内，仔细缓慢地沿着试管壁加入 2mL 硫酸和硝酸混合液，注意防止乳与酸混合，要使乳与酸分成两层。经过 1~2min 后在乳与酸交接面处如产生紫色环，说明有甲醛存在（不含甲醛的牛乳在交接面处呈淡黄褐色）。当甲醛含量极少时（少于 0.00001%）需要经过 0.5~1h 后才出现。

5. 乳中加入盐的检测

取 5mL 硝酸银溶液于试管中，再加 2 滴 10% 铬酸钾溶液，混匀（呈红色），取被检乳 1mL 注入试管中，充分混匀。如果红色消失，溶液变为黄色，说明乳中含氯量 0.14% 以上，则此乳为异常乳。若红色不变，则说明氯的含量低于指标为正常乳。

三、乳房炎乳的检验

（一）实训目标

掌握检验乳房炎乳的嗅甲酚紫法及结果判定，掌握氯糖数的测定方法及判定标准。

（二）材料设备

1. 溴甲酚紫法

称取 60g 碳酸钠（$Na_2CO_3 \cdot 10H_2O$，化学纯）溶于 100mL，蒸馏水中，称取 40g 无水氧化钙溶于 300mL 蒸馏水。二者均需均匀搅拌、加温、过滤，然后将两种滤液倾注一起，予以混合、搅拌加温和过滤，于第 2 次滤液中加入等量的氢氧化钠溶液继续搅拌、加温、过滤即为试液，加入溴甲酚紫于试液内，有助于结果的观察。试剂宜放在棕色瓶中保存。

2. 氯糖数的测定

10mL 吸管，100mL 量筒，250mL 锥形瓶，200mL 容量瓶，50mL 滴定管，石蕊试纸，20% 硫酸铝溶液，10% 铬酸钾溶液，0.2mol/L NaOH 溶液，0.02817mol/L 硝酸银溶液（每 1000mL 水溶解 4.788g 硝酸银，标定后使用）。

（三）方法与步骤

1. 溴甲酚紫法

吸取乳样 3mL 于白色平皿中，加 0.5mL 试液，立即回转混合，约 10s 后观察结果，见表 4-5。

表 4-5 乳房炎乳（溴甲酚紫法）检查结果判定

结果	判定
无沉淀及絮片	-（阴性）
稍有沉淀	±（可疑）
肯定有沉淀（片条）	+（阳性）
发生黏稠性团块并继之分为薄片	++（强阳性）
有持续性黏稠性团块（凝胶）	+++（强阳性）

2. 氯糖数的测定

（1）方法 用吸管吸取乳样 20mL，注入 200mL 容量瓶中，加 20% 硫酸铝溶液 10mL 及 0.2mol/L 的 NaOH 溶液 8mL，混合均匀加水至刻度，摇匀后过滤。

取 100mL 滤液，用 0.02817mol/L 硝酸银标准溶液滴定到砖红色。0.02817mol/L 硝酸银溶液相当于 1mg 氯。

在滴定前用石蕊试纸测定溶液的酸碱性并调整溶液至中性。

（2）计算

$$氯含量（\%） = \frac{V \times 10}{1.030 \times 1000}$$

式中 V——制表时用去硝酸银体积，mL；

1.030——正常乳的相对密度；

$V \times 10$——每 100mL 牛乳中含氯量。

$$氯糖数 = \frac{氯含量（\%） \times 100}{乳糖含量（\%）}$$

健康牛乳中的氯糖数不超过 4。患乳房炎时乳中氯化物增加，乳糖数减少，故氯糖数大于 4。

四、实训报告

采集样品，进行实验室检验，并对检验结果作出评价。

实训十　乳中抗生素残留的检验

一、实训目的

通过实训，掌握用 TTC 试验检测乳中抗生素残留的方法，并能进行正确判定。

二、实训原理

往检样中先后加入菌液和 TTC 指示剂（2，3，5-氯化三苯四氮唑），如检样中有抗生素存在，则会抑制细菌的繁殖，TTC 指示剂不被还原、不显色；反之，则细菌大量繁殖，TTC 指示剂被还原而显红色，从而可以判定有无抗生素残留。

三、材料设备

（1）嗜热乳酸链球菌。
（2）4% TTC 指示剂。
（3）水浴锅、试管等。

四、方法与步骤

（一）检验程序

抗生素残留的检验程序如图 4-13 所示。

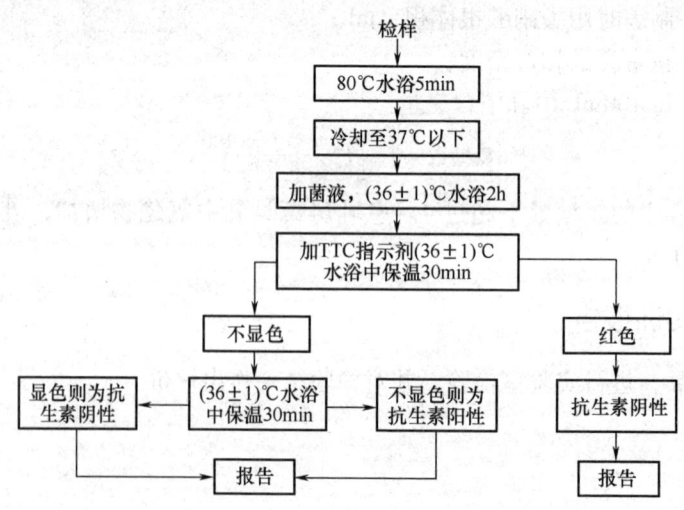

图 4-13　抗生素残留检验程序

（二）操作方法

1. 菌液制备

将嗜热乳酸链球菌接种入灭菌脱脂乳，置于（36±1）℃培养箱中保温15h，然后再用灭菌脱脂乳以1:1比例稀释备用。

2. 操作步骤

(1) 取乳样9mL放入试管中。
(2) 置80℃水浴中保温5min。
(3) 冷却至37℃以下。
(4) 加入菌液1mL。
(5) 置（36±1）℃水浴中保温2h。
(6) 加入4% TTC指示剂0.3mL。
(7) 置（36±1）℃水浴中保温30min。
(8) 观察牛乳颜色的变化。

3. 结果判定

加入TTC指示剂并于水浴中保温30min后，如检样呈红色反应，说明无抗生素残留，即报告结果为阴性；如检样不显色，再继续保温30min作第2次观察，如仍不显色，则说明有抗生素残留，即报告结果为阳性，反之则为阴性。显色状态判断标准见表4-6。

表4-6 显色状态判断标准

显色状态	判断
未显色者	阳性
微红色者	可疑
桃红色→红色	阴性

五、实训报告

详细记录实训过程，根据观察结果进行分析判断。

实训十一　鲜蛋的卫生检验

一、实训目的

掌握鲜蛋感官检查和常用检验方法、原理及蛋的卫生评价。

二、材料设备

蛋盘、平皿，镊子、找蛋器、FHK型蛋质分析仪（日本），各种不同程度的鲜蛋、破蛋和次劣质变质蛋。

三、方法与步骤

1. 感官检查

运用嗅觉、视觉和触觉检查来判定蛋的感官性状。

2. 灯光透视检验法

该法简便易行，通过灯光透视，可以确定气室的大小、蛋白、蛋黄、系带、胚珠和蛋壳的状态和透光程度。

3. 气室高度测定

（1）蛋在存放过程中，由于温度、湿度等各种因素的影响，蛋内水分不断蒸发，使气室日益增大。因此，测定气室的高度，有助于判定蛋的新鲜程度。

（2）操作方法　测定时将蛋的大头向上，使蛋的顶点和机尺上的零线重合。检验者的视线应该和蛋的顶点取平，然后读取气室左右两端落在规尺刻度线上的刻度数（即气室左右边的高度）。

（3）计算

$$气室高度 = \frac{气室左边高度 + 气室右边高度}{2}$$

（4）判定标准

特级鲜蛋高度为3mm以内。

一级鲜蛋高度为4～5mm。

二级鲜蛋高度为10mm以内。

三级鲜蛋高度为11mm以上但不超过蛋长轴的1/3。

陈旧蛋高度超过蛋长轴的1/3。

4. 蛋黄指数测定

（1）方法　将被测蛋小心破壳，再将破壳蛋内容物轻轻倒于蛋质分析仪的水平玻璃测试台上。然后用蛋质分析仪的垂直测微器取蛋黄最高点的高度，用卡尺小心量取蛋黄最宽处的宽度（即横径）。量时小心不要弄破蛋黄膜。

（2）计算　$$蛋黄指数 = \frac{蛋黄高度（cm）}{蛋黄宽度（cm）}$$

（3）判定标准　新鲜蛋：0.40～0.45，次鲜蛋：0.25～0.40，陈旧蛋：0.25以下。

5. 哈夫单位测定

（1）方法　先将蛋称重，然后把蛋打开倒在水平的玻璃台上。用蛋质分析仪的垂直测微器测定浓蛋白最宽部位的高度，这个部位大约距蛋黄1cm，优质蛋的蛋黄周围几乎紧贴着浓蛋白。测定时将垂直测微器的轴慢慢地下降到和蛋白表面接触，读取读数，精确到0.1mm，依次选取3个点，测出3个高度值，取其平均数为蛋白高度。

(2) 计算

$$Hu = 100 \times \lg \left[H - \frac{G(30m^{0.37} - 100)}{100} + 1.9 \right]$$

式中　Hu——哈夫单位；

　　　H——蛋白高度，mm；

　　　G——36.2，常数；

　　　m——蛋的质量，g。

(3) 判定标准　哈夫单位的指标范围从 30~100，"30"表示质量差，"100"为最高指标。

特级：哈夫单位72以上；甲级：哈夫单位60~72；乙级：哈夫单位30~60。

四、实训报告

根据实际检测方法写出蛋新鲜度的检验，并根据检验结果提出处理意见。

参考文献

[1] 刁有祥，张雨梅. 动物性食品卫生理化检验. 北京：中国农业出版社，2011.

[2] 王爱华，魏明奎，田应华. 动物性食品卫生检验. 北京：化学工业出版社，2010.

[3] 杜克生. 肉制品加工技术. 北京：中国轻工业出版社，2006.

[4] 王雪敏. 动物性食品卫生检验. 北京：中国农业出版社，2010.

[5] 周光宏. 肉品加工学. 北京：中国农业出版社，2009.

[6] 王玉田，马兆瑞. 肉品加工技术. 北京：中国农业出版社，2008.

[7] 李志明. 食品卫生微生物检验学. 北京：化学工业出版社，2009.

[8] 曹斌，姜凤丽. 动物性食品卫生检验. 北京：中国农业大学出版社，2008.

[9] 李雷斌. 畜产品加工技术. 北京：化学工业出版社，2010.

[10] 潘小慈. 食品卫生安全问题对餐饮业发展的影响分析［J］. 商业时代，2008. 12.

[11] 杜克生. 肉制品加工技术. 北京：中国轻工业出版社，2006.

[12] 杨宝进，张一鸣. 现代食品加工学. 北京：中国农业大学出版社，2006.

[13] 蒋爱民，南庆贤. 畜产品工艺学. 北京：中国农业出版社，2008.

[14] 赵改名主编. 酱卤肉制品加工. 北京：化学工业出版社，2008.

[15] 车云波，林春艳. 肉制品加工技术. 北京：中国质检出版社，2011.

[16] 斩跃平. 肉制品加工技术. 北京：化学工业出版社，2007.

[17] 黄锦殷. 肉制品安全的影响因素及相关法规标准［J］，动物医学进展，2012. 02 期.

[18] 姜海英. 解析 ISO22000 标准构建中国食品安全［J］，粮油加工与食品机械，2005. 08 期.

[19] 刘贯勇. 乳酸菌制作发酵西式火腿［J］，肉类工业，2005，（10）：61 - 63.

[20] 赵月兰，王雪敏. 动物性食品卫生学. 北京：中国农业科学技术出版社，2008.

[21] 张妍，姜淑荣. 食品卫生与安全. 北京：化学工业出版社，2010.

[22] 高翔，王蕊. 肉制品生产技术. 北京：中国轻工业出版社，2010.

[23] 李雷斌. 畜产品加工技术. 北京：化学工业出版社，2010.

[24] 迟玉杰. 蛋制品加工技术. 北京：中国轻工业出版社，2009.

[25] 展跃平，杨士章. 肉制品加工技术. 北京：化学工业出版社，2010.

[26] 葛长荣，马美湖. 肉与肉制品工艺学. 北京：中国轻工业出版社，2005.

[27] 朱维军. 肉品加工技术. 北京：高等教育出版社，2007.